消防应用技术

（第二版）

张凤娥　乐　巍　主编

中国石化出版社

内 容 提 要

本书是在第一版的基础上修订而成，内容包括消防基本知识、消防灭火器材、城市消防、建筑消防、石油化工消防、气体灭火系统和城市火灾对环境的影响等。内容涉及火灾发生、扑救的基础知识；灭火剂、灭火器种类及其配置；建筑材料的耐火等级；建筑防火分区及防烟分区的划分及安全疏散等防火方法和技术；建筑消火栓给水系统与自动喷水灭火系统；石油化工企业的消防站建立、油罐消防设计；各种气体消防设计与计算；火灾探测技术；城市火灾对环境资源的消耗及对空气、水体和土壤的影响分析等。

本书可作为高等院校给排水工程、建筑环境与设备工程、化学工程、安全工程、石油储运等专业的本科教材；还可作为设计、监理、管理、安装等行业有关消防工程技术人员的参考书。

图书在版编目(CIP)数据

消防应用技术 / 张凤娥，乐巍主编 .—2 版 .
—北京：中国石化出版社，2016. 2
ISBN 978-7-5114-3819-5

Ⅰ. ①消… Ⅱ. ①张… ②乐… Ⅲ. ①消防-基本知识
Ⅳ. ①TU998. 1

中国版本图书馆 CIP 数据核字(2016)第 020959 号

中国石化出版社出版发行

地址：北京市东城区安定门外大街 58 号
邮编：100011　电话：(010)84271850
读者服务部电话：(010)84289974
http://www. sinopec-press. com
E-mail：press@ sinopec. com
北京富泰印刷有限责任公司印刷
全国各地新华书店经销

*

787×1092 毫米 16 开本 16 印张 393 千字
2016 年 3 月第 2 版　2016 年 3 月第 1 次印刷
定价：48. 00 元

再版前言

消防应用技术是一门综合性较强的工程技术，它涉及建筑结构、给排水、建筑环境与设备、电气控制、石油储运、石油化工等不同的专业门类。因此，消防技术的应用从分散走向综合是必然趋势，《消防应用技术》的编写正是基于这种认识。

本书是在《消防应用技术》(第一版)的基础上修订、编写的。此次修订基本上保留了原有的章节顺序，但在内容上做了一些增删和修改，主要有：根据《建筑设计防火规范》GB 50016—2014(2015 版)、《石油库设计规范》GB 50074—2014、《火灾自动报警系统设计规范》GB 50116—2013、《泡沫灭火系统设计规范》GB 50151—2010、《建筑给水排水设计规范》GB 50015—2003(2009 版)、《石油化工企业设计防火规范》GB 50160—2008、《建筑灭火器配置设计规范》GB 50140—2005 以及新实施的消防类规范和标准的内容做了全面的更新和充实；增加了城市火灾对环境的影响(第七章)，目的是让大家了解火灾对环境的危害，增强火灾防范意识。

本书力求做到：

在内容上力求科学性、系统性、基础性、前沿性。本书在编写过程中注重于构建消防系统的完整体系，从城市消防到建筑消防再发展到石油化工企业的消防；体现了各系统间的相互联系和整体作用，在内容安排上着重阐述各个子系统的使用，使读者能把握消防技术的基本规律和核心，便于在工作实践中不断理解、学习和发展新的消防技术。

在功能上力求广泛性与实用性。消防是涉及很多专业方面知识的一门科学，本书结合实际及国家相关标准规范，介绍了很多专业的相关知识，力求将它们汇集到一起，精干简练阐述了相关的知识，这样可以应用于多个专业、多个角度，以提高本书的实用性。

在风格上力求简练，注重工程性。消防工程是一个工程性很强的科学，从事消防工作的人员有多个岗位，要求知识面丰富、掌握的角度不同，所以本书考虑到了几个专业的需要从多个方面进行论述，注重工程设计的渗透，本书在编写上力求语言简练，案例有代表性。

在本书的编写过程中，硕士研究生陈梦杰同学在编辑绘图方面给予了大力帮助，在此表示衷心感谢！

在本书的编写过程中，参考了大量的资料，特向这些资料的作者致谢！

由于作者水平有限，书中难免存在缺点和不足之处，恳请广大读者批评指正。

目　　录

第一章　消防基本知识

消防是与火灾并行的，“预防为主，防消结合”的消防方针是我国人民长期以来与火灾斗争的经验总结。要做好消防工作，我们必须了解最基本的消防知识。

第一节　火灾基本知识

一、火灾的分类

根据国家标准 GB/T 4968—2008《火灾分类》的规定，火灾分为 A、B、C、D、E、F 六类。

（1）A 类火灾：指固体物质火灾。这种物质往往具有有机物的性质，在燃烧时能产生灼热的余烬。如木材、棉、毛、麻、纸张及其制品等燃烧的火灾。

（2）B 类火灾：指液体火灾和可熔化固体物质火灾。如汽油、煤油、柴油、原油、甲醇、乙醇、沥青、石蜡等燃烧的火灾。

（3）C 类火灾：指气体火灾。如煤气、天然气、甲烷、乙烷、丙烷、氢气等燃烧的火灾。

（4）D 类火灾：指金属火灾。如钾、钠、镁、钛、锂、锆、铝镁合金等燃烧的火灾。

（5）E 类火灾：指带电物体的火灾。如发电机房、变压器室、配电间、仪器仪表间和电子计算机房等在燃烧时不能及时或不宜断电的电气设备带电燃烧的火灾。

（6）F 类火灾：指烹饪器具内的烹饪物（如动植物油脂）火灾。

二、火灾的特点

（1）起火因素多。现代建筑功能复杂，人员流动频繁，管理不便，火灾隐患不易发现；室内装修要求高，易燃物品多；同时火源多，如厨房和维修管道、设备的焊枪明火、烟蒂余星以及各类电器设备使用不当漏电、短路等，均能引起火灾。

（2）火势蔓延迅速。由于建筑越高，风力越大，同时高层建筑内设有的竖向通道多，如电梯井、管道井、通风竖井、电缆井、垃圾道、自动扶梯和楼梯间等，所以高层建筑物着火时烟气的水平扩散速度可达 0.5～0.8m/s，而垂直方向的速度可达 3～4m/s，半分钟上升 100m 左右，对于建筑物而言，楼梯间、管道井、电缆井通风道形成“烟囱”为燃烧产生的热烟提供了上升的条件，加上新鲜空气的补充，火势蔓延更加迅速。

（3）疏散困难，易造成伤亡事故。楼梯是疏散的主要通道，人多不易疏散，而且烟气扩散迅速，又含有一氧化碳等有害气体，在浓烟中会窒息晕倒，伤亡损失大，均增大了控火、灭火的难度，所以公共建筑和廊道式居住建筑要求设置不少于两个的安全出口或安全楼梯。

（4）扑救困难。由于目前我国消防设备能力有限，24m 以上的建筑发生火灾时，从室外扑救困难。多层建筑可借助于城市的消防车灭火，高层建筑主楼在中央，周围是裙房，消防车无法靠近高层建筑，而且还需要在热辐射强、烟雾浓的环境下工作，均增大了控火、灭火的难度，所以高层建筑应立足于自救，同时高层周围一定要设置消防通道。例如 2000 年 6 月 30 日广东江门市某高级烟花厂发生特大爆炸事故；2008 年 8 月 26 日广维化工股份有限公司发生爆炸事故，爆炸引发的火灾导致车间内装有甲醇等易燃易爆物品的储罐发生爆炸；2009 年 2 月 9 日夜，尚在建设中的中央电视台新址园区文化中心 159m 高的屋顶发生火灾，火灾是由于燃放烟花爆竹引起的，前后共出动了 85 台各类消防车辆，595 名消防员参加扑救。

三、燃烧的基本条件

着火即是燃烧，燃烧是一种放热发光的化学反应。凡发生燃烧就必须同时具备燃烧的必要条件和充分条件。

（一）燃烧的必要条件

（1）可燃物。凡能与空气中的氧或其他氧化剂起剧烈反应的物质，都可称为可燃物。可燃物的种类繁多，按其物理状态，分为气体可燃物、液体可燃物和固体可燃物三种类别。如木材、纸张、汽油、乙炔，金属钠、钾等。

（2）氧化剂(助氧剂)。凡能帮助和支持燃烧的物质，即能与可燃物发生氧化反应的物质称为助燃物。如空气、氧、氯、溴氯酸钾、高锰酸钾、过氧化钠等。

（3）温度(着火源)。着火源是指供给可燃物与氧或助燃剂发生反应的能量来源。最常见的有明火焰、赤热体、火星和电火花等。

所谓明火焰是最常见而且比较强的点火源，如一根火柴、一个烟头都会引起火灾，明火焰的温度约在 700~2000℃之间，可以点燃任何可燃物质。

所谓赤热体是指受到高温或电流因素作用，由于蓄热而具有较高温度的物体，如烧红了的铁块、金属设备等。赤热体点燃可燃物的速度主要取决于物质的性质和状态。

火星是在铁器与铁器或铁器与石头之间强力摩擦撞击时产生的火花，火星的能量虽小，但温度很高约有 1200℃，也能点燃。如棉花、布匹、干草、糠类的易燃固体物质。

电弧和电火花是在两极间放电放出的火花或者是击穿产生的电弧光，这些火花能引起可燃气体、液体蒸气和固体物质着火，是一种较危险的着火源。

（二）燃烧的充分条件

在某些情况下，虽然具备了燃烧的三个必要条件，也不一定能发生燃烧。这就需要可燃物的浓度(H_2在空气中的含量达到 4%~75%之间就着火甚至发生爆炸)和提供充足的氧，否则就不会使燃烧继续下去，表 1-1 为某些物质燃烧的最低含氧量。

表 1-1　某些物质燃烧所需最低含氧量

物质名称	含氧量/%	物质名称	含氧量/%
氢气	5.90	煤油	15.0
乙炔	3.70	汽油	14.4
乙醚	12.0	多量棉花	8.0
乙醇	15.0	黄磷	10.0
丙酮	13.0	碎橡胶屑	13.0
二硫化碳	10.5	蜡烛	16.0

四、防火的基本措施

根据燃烧的基本条件，一切防火措施都为了防止燃烧的三个条件同时结合在一起，所以防火措施也就从这几个方面考虑。

（1）控制可燃物。用难燃或不燃的材料代替易燃、可燃材料；用水泥或混凝土结构代替木结构；用防火涂料代替可燃材料，提高耐火极限；对散发可燃气体或蒸气的场所加强通风换气，防止积聚形成爆炸性混合物；对装有易燃气体或可燃气体的容器关闭角阀，防止泄漏。

（2）隔绝助燃物。对使用生产易爆化学物品的生产设备实行密闭操作，防止与空气接触形成可燃混合物。如：①存放遇水易燃易爆的化学仓库进行严密禁水，一旦这类火灾着火，用干沙或干粉灭火剂或埋压，使燃烧物隔绝氧气而窒息，严禁用水或泡沫灭火；②炼油场的仓库，常用泡沫灭火系统隔绝空气防止冷却爆炸。

（3）消除着火源。火源是火灾的苗头，我们就把它消灭在萌芽状态，仓库、油库、加油站严禁任何火源，在爆炸危险的场所安装整体防爆电气设备等。

（4）阻止火势蔓延。为防止火势蔓延，在建筑分区之间要设防火通道、防火墙、防火安全门或留防“火”间距；在面积较大的场所划分防火分区，用卷帘门隔开，在可燃气体管道上安装阻火器；塑料管道易燃，一旦着火下层火舌会顺着管道蔓延到上层，所以在楼板下管道上设阻火圈。

五、灭火的基本原理

灭火的基本原理可分为四个方面，冷却、窒息、隔离和化学抑制。前三种灭火作用属于物理过程，化学抑制是一个化学过程。

（1）冷却灭火。达到着火点是可燃物持续燃烧的条件，所以对于一般可燃固体，将其冷却到燃点以下；对于可燃液体，将其冷却到闪点以下燃烧反应就会终止。用水扑灭一般固体物质的火灾，主要是通过冷却作用来实现。水能大量吸收热量由液态变成气态，使燃烧物的温度迅速降低，所以水是救火的主要灭火剂，既经济又实惠，也没有太多的副作用。而对于可燃液体，不能用水来灭火，通常用泡沫灭火。

（2）窒息灭火。火灾燃烧是依靠氧，只要周围空气中氧的浓度$\geq 15\%$就可能燃烧，所以降低氧的浓度，就可以灭火。如采用湿棉被、湿帆布封闭孔洞，封闭门窗避免新鲜空气进入，或用手提式CO_2或管道灭火器窒息灭火。

（3）隔离灭火。把可燃物与火焰以及氧隔离开来，燃烧反应会自动终止，如转移可燃物，关闭有关阀门，切断可燃气体与可燃液体的通道。另外用灭火器把燃料与氧和热隔离开来，通常用泡沫灭火器将泡沫覆盖住燃烧体或固体的表面，把可燃物与火焰和空气隔开。封闭门窗孔洞防止火焰和热气流从孔洞蔓延，从而引燃其他可燃物。

（4）化学抑制灭火。通过化学反应产生抑制燃烧的物质，可燃物质的燃烧都是游离基的链锁反应，碳氢化合物在燃烧过程中其分子被活化，发生游离基H·、OH·、O·的链锁反应。卤代物灭火剂能有效压制游离基的产生，中断燃烧反应或者能降低游离基的连锁反应，达到灭火的目的，但是卤代物灭火剂具有破坏大气臭氧层的作用。所以应尽可能少使用卤代物灭火剂。干粉灭火剂灭火也属于化学抑制灭火，灭火效果很好。卤代物灭火剂能够扑灭的火灾，干粉灭火剂均可扑灭，但是干粉灭火剂易污染环境与破坏设备，所以对精密仪器不可使用干粉灭火剂。

六、热传播的几种途径

火灾在发生这个过程伴随着热传播过程，热传播有三种途径，即热传导、热对流和热辐射。

(1) 热传导。热量通过直接接触的物质从温度高的传给温度低的物质叫热传导。影响热传导的主要因素有温度差、导热系数、导热物体的厚度以及截面面积。固体物质是强的导热体、液体次之、气体较差。

(2) 热对流。热通过流动的介质将热量由空间的一处到另一处的现象叫热对流。热对流的方向是热流体向上，冷流体的向下流动，因而火焰总是向上扩散燃烧。影响热对流的主要因素是温度差，通风孔洞面积、高度和通风洞所处的位置的高度。热对流是热传播的主要方式，是影响早期火灾发展的最主要的因素，温度差越大，热对流越快，通风孔洞面积越大热对流越快。

(3) 热辐射。以电磁波形式传递热量的现象叫热辐射。热辐射的主要特点是，任何物质(固体、液体、气体)都能把热量以电磁波的形式辐射出去，也能吸收别的物质辐射出来的热量。同时热辐射不需要任何介质，通过真空也能辐射。热辐射的热量和火焰温度的四次方成正比。因此，当燃烧处于发展阶段时，热辐射成为热传播的主要形式。

第二节　燃烧的类型与特点

一、燃烧的类型

燃烧的类型有许多种，主要有闪燃、着火、自燃和爆炸。

(1) 闪燃。一定温度下，液体能蒸发成蒸气或少量固体如樟脑、萘、木材、塑料(聚乙烯、聚苯乙烯等)表面上能产生足够的可燃蒸气，遇火源能产生一闪即灭的现象。发生闪燃的最低温度称为闪点，液体的闪点越低，火险性越大。闪点是评定液体火灾危险性的主要依据。表 1-2 给出了某些可燃液体的闪点温度。

表 1-2　某些可燃液体的闪点温度

可燃物名称	二硫化碳	乙醚	汽油	丙酮	润滑油	甲苯	乙醇	松节油	石油
闪点/℃	−45	−45	10	−10	285	26. 3	10	32	30

注：1. 闪点低于或等于 45℃的液体为易燃液体，闪点大于 45℃的称为可燃液体；
2. 易燃和可燃液体的闪点高于储存温度时，火焰的传播速度低。

(2) 着火。可燃物质发生持续燃烧的现象叫着火，如油类、酮类。可燃物开始持续燃烧的所需要的最低温度，叫燃点(又称为着火点)，燃点越低，越容易起火。根据可燃物质的燃点高低，可以鉴别其火灾危险程度，表 1-3 给出了 20 种可燃物质着火的燃点。

表 1-3　几种可燃物质的燃点

名称	汽油	煤油	乙醇	樟脑	萘	赛璐珞	橡胶	纸张	石蜡	麦秸
燃点/℃	16	86	60~76	70	86	100	120	130	190	200
名称	布匹	棉花	烟草	松木	有机玻璃	胶布	聚乙烯	聚氯乙烯	涤纶	尼龙 6
燃点/℃	200	210	222	250	260	325	340	391	390	395

（3）自燃。可燃物在空气中没有外来火源，靠自热和外热而发生的燃烧现象称为自燃。根据热的来源不同，可分为本身自燃和受热自燃。使可燃物发生自燃的最低温度叫自燃点，物质的自燃点越低发生火灾的危险性越大。自燃有固体自燃、气体自燃及液体自燃，表 1-4 给出了 27 种物质的自燃点。

表 1-4　几种可燃物的自燃点

物质名称	黄磷	松香	汽油	煤油	轻柴油	木材	无烟煤	稻草	涤纶纤维
自燃点/℃	30	240	255~530	240~290	350~380	400~500	280~500	330	442
物质名称	氢	CO	H_2S	甲烷	乙醇	乙醛	丙酮	乙酸	苯
自燃点/℃	572	609	292	537	392	275	661	650	580
物质名称	铝	铁	镁	锌	有机玻璃	硫	聚苯乙烯	树脂	合成橡胶
自燃点/℃	645	315	520	680	440	190	490	460	320

自燃物品的防火与灭火：储运自燃物品时必须通风散热，远离火源、热源、电源，不要受日光曝晒，装卸时防止撞击、翻滚、倾倒和破损容器。储存或运输时严禁与其他化学危险品混放或混运，码垛时容器间应垫有木板，白磷（黄磷）必须保存于水中，且不得渗漏。浸泡过的水和容器有毒，要特别注意，油布、油纸等只许分层、分件挂置，不许堆放存放，应注意防潮湿。扑灭自燃火灾一般可以用水、干粉或沙土扑救。黄磷火灾可用雾状水，不要用高压水枪乱冲，以免黄磷四处飞溅，扩大火灾。

（4）爆炸。由于物质急剧氧化或分解反应产生温度、压力分别增加或同时增加的现象，称为爆炸。爆炸时化学能或机械能转化为动能，释放出巨大能量，气体、蒸气在瞬间发生剧烈膨胀等现象。常见的爆炸分为物理爆炸和化学爆炸，其中物理爆炸由于液体变成蒸气或者气体迅速膨胀，压力增加超过容器所能承受的极限而造成容器爆炸，如蒸汽锅炉、液化气钢瓶。化学爆炸是固体物质本身发生化学反应，产生大量气体和热而发生的爆炸，可燃气体和粉尘与空气混合物的爆炸属于此类化学爆炸，能发生化学爆炸的粉尘有铝粉、铁粉、聚乙烯塑料、淀粉、烟煤及木粉等。爆炸性物质又分为爆炸性化合物和爆炸性混合物，其中爆炸性化合物按组分分为单分解爆炸物质（如过氧化物、氯酸和过氯酸化合物、氮的卤化物等）和复分解爆炸物质，如 TNT、硝化棉等；爆炸性混合物通常由两种或两种以上的爆炸组分和非爆炸组分经机械混合而成，如黑色火药、硝化甘油炸药等。在此要注意"二次爆炸"，如果容器中装有可燃气体或液体，在发生物理爆炸的同时往往伴随着化学爆炸，这种爆炸称为"二次爆炸"。2008 年 8 月 2 日，贵州某公司的一精甲醇储罐中的甲醇蒸气与二氧化碳形成爆炸性混合气体，由于精甲醇罐附近又在违规进行电焊等动火作业，引起爆炸性混合气体燃烧并通过管道引发爆炸，同时附近的储罐也被点燃发生爆炸。2015 年 8 月 12 日天津滨海新区集装箱码头发生爆炸，出事仓库内存放四大类、几十种易燃易爆危险化学品，有气体、液体、固体等化学物质，主要有硝酸铵、硝酸钾、电石等，第一次爆炸震级 ML 约 2. 3 级，相当于 3t TNT，第二次爆炸在 30s 后，近震震级 ML 约 2. 9 级，相当于 21t TNT，损失惨重，人员伤亡严重。粉尘或可燃气体爆炸后，如果扑救不当，也可能引起"二次爆炸"，"二级爆炸"迫害性很大，所以对盛装可燃气体或液体的容器，设计一定要严格、科学。

二、可燃物的燃烧特点

（一）气体的燃烧特点

气体燃烧所用热量仅用于氧化或分解，或将气体加热到燃点，不需要像液体或固体需要蒸发或熔化，因此易燃烧，速度也快。

根据燃烧前可燃气体与氧混合状态的不同，燃烧分为两大类，即预混燃烧与扩散燃烧。预混燃烧是指可燃气体与氧在燃烧之前混合，并形成一定浓度的可燃混合气体，被火源点燃所引起的燃烧，此类燃烧易引起爆炸。如液化气泄漏与空气中氧气混合达到一定浓度时易造成爆炸。扩散燃烧是指可燃气体从喷口喷出，在喷口处与空气中的氧边扩散、边混合、边燃烧，如正常使用煤气炉点火后发生的燃烧、天然气井的井喷燃烧这类。

易燃烧气体有H_2、CO、CH_4、乙烷、乙烯等，助燃气体有O_2、Cl_2等。

（二）液体的燃烧特点

液体的燃烧是液体蒸发出蒸气而进行燃烧，所以燃烧与否，燃烧速率与可燃液体的蒸气压，闪点、沸点和蒸发速率有关。凡闪点低于或等于45℃的液体为易燃液体，闪点大于45℃的称可燃液体，易燃和可燃液体的闪点高于储存温度时，火焰的传播速度低。

（1）液体的分类。根据其闪点，国家有关技术标准将易燃、可燃液体分为甲、乙、丙三个类别。

甲类：汽油、苯、甲醇、丙酮、乙醚、石蜡油等，其闪点小于28℃。

乙类：煤油、松节油、丁醚、溶剂油、樟脑油、蚁酸等，其闪点28~60℃。

丙类：柴油、润滑油、机油、菜籽油等，其闪点大于等于60℃。

（2）液体的理化性质。液体的火灾危险性是由其理化性质决定的，可以从三个方面来表述。

① 密度。液体的密度越小，蒸发速度越快，闪点越低，火灾危险性就越大，密度小于水的液体不能用水扑救，应该用惰性气体或泡沫扑救。

② 流动扩散性。易燃可燃液体具有流动性，液体越黏稠，流动性与扩散性就越差，自燃点较低，但随着温度的升高，其流动性和扩散性也就越增强。

③ 水溶性。在芳香族碳氢化合物中，大部分易燃和可燃液体是难溶于水的，但醇类、醛类、酮类能溶于水，火险由大到小的次序为醚类、醛酮类、醇类、酸类，在水溶性易燃和可燃液体的灭火中，应采用抗溶性泡沫。

（3）燃烧应注意的现象。液态烃类燃烧时，通常具有橘色火焰并散发浓密的黑色烟云；醇类燃烧，通常具有透明蓝色火焰，无烟雾；醚类燃烧时，液体表面伴有明显的沸腾状，这类火灾难以扑灭。

对于不同类型的油类敞口储罐的火灾中应特别注意三种现象：沸溢、溅出、冒泡。原油和重质石油产品在油罐中燃烧时，表面温度会逐渐被加热到60~80℃，以后温度跳跃式上升到250~360℃，在高温下逐渐向液体深部加热，这种现象称为热波。冷热油的分界面叫热波界面，油品燃烧5~10min后，在液面下6~9cm处形成热波界面，当热波界面热油温度上升到149~360℃时，如果继续燃烧，温度不断上升，会发生分馏现象，轻馏分蒸发，重馏分中的沥青、树脂和焦炭产物比油重会下沉，油品的热波分界面继续向深处推移，直到热波界面与含水层相遇，水滴变成蒸汽，体积猛烈增加1700多倍，被油品薄膜包围的大量蒸汽气泡形成泡沫状的石油溢流向油罐液面移动，以至发生沸腾、喷溅冒泡现象。因此对油罐进油和储油温度必须严格控制在90℃以内，而且进油管流速较高时，由高到低地进入，易产生雾状喷出，落下的油撞击油罐和液面，致使静电荷急剧增加，极易引起油罐爆炸起火，因此油罐的进油管不能从油罐上部接入。

（三）固体的燃烧特点

凡遇火、受热、撞击、摩擦或与氧化剂接触能着火的固体物质，统称为燃烧固体。固体物质燃烧特点是必须经过受热、蒸发、热分解使固体上方可燃气体的浓度达到燃烧的极限，才能持续不断地发生燃烧。

（1）易燃固体的分类。易燃固体按照燃烧难易程度分一、二两级。

一级易燃固体：燃点低，易于燃烧或爆炸，燃烧速度快，并能释放出剧毒气体，它们有磷及磷的化合物如红磷、三硫化四磷、五硫化四磷，硝基化合物如二硝基苯及一些含氮量在12.5%的硝化棉、闪光粉等。

二级易燃固体：燃烧性能比一级固体差，燃烧速度慢，燃烧毒性小，它们大致包括各种金属粉末；碱金属氨基化合物，如氨基化锂、氨基化钙等；硝基化合物，如硝基芳烃；硝化棉制品，如硝化纤维漆布、赛璐珞、萘及其化合物等。

（2）固体燃烧的方式。固体可燃物由于其分子结构的复杂性，物理性质的不同，燃烧方式分为四种，有蒸发燃烧、分解燃烧、表面燃烧、阴燃。

蒸发燃烧：熔点较低的可燃固体，受热后熔融，然后与可燃液体一样蒸发称为蒸发燃烧，如硫、磷、沥青、热塑性高分子材料等。

分解燃烧：受热能分解出组成成分与加热温度相应的热分解的产物，燃后再氧化燃烧，称分解燃烧，如木材、纸张、棉、麻、丝合成橡胶等的燃烧。

表面燃烧：蒸气压非常小或难以热分解的可燃固体，不能发生蒸发燃烧或分解燃烧，当氧气包围固体表层时，呈炽热状态而无火焰燃烧，表现为表面发红而无火焰，如木炭、焦炭等的燃烧。

阴燃：没有火焰的缓慢燃烧现象称为阴燃，当空气不流通，加热温度较低或含水分较高时会阴燃，如成捆堆放的棉麻、纸张及大堆垛的煤、潮湿的木材。

（3）理化性质。可燃固体火灾危险性决定于该物质的理化性质。

熔点：熔点低（100℃以下）的固体物质容易蒸发和汽化，一般燃点也较低、燃烧速度快。

燃点：固体物质的燃点越低就越容易着火。

自燃点：自燃点低的物质具有较大的火灾危险性。

单位体积的表面积：同样的物质单位体积的表面积越大，氧化面积就越大，蓄热能力就越强，其危险性也就越大。

受热分解速度：低温下受热分解速度较快的物质，由于分解时温度会自行升高以致达到自燃点，其火灾危险性较大。

（4）灭火方法

多数固体可燃物着火可用水扑救，如镁、铝等金属粉末、樟脑、萘燃烧时，只能用干粉灭火或者干沙覆盖；赤磷冒烟，应采用黄沙、干粉等扑灭；散装硫黄冒烟应及时用水扑救。

第二章　灭火剂及灭火材料

第一节　灭火剂与灭火器

一旦发生火灾，灭火剂是必不可少的，它可以通过冷却、窒息、隔离及化学抑制达到破坏燃烧条件，终止燃烧的目的。灭火剂的类型有多种，有水、泡沫、干粉、二氧化碳等，可以扑灭各种不同类型的火灾，以下我们一一进行介绍。

一、水

（一）水的灭火作用

水是不燃液体，它在灭火中应用最广，是最为廉价的灭火剂。水灭火的作用有四个，一是冷却：1kg 水的温度升高 1℃吸收 4.187kJ 的热量，而 1kg 水汽化时要吸收 2261kJ 的热量；二是水对氧有稀释作用：水遇到炽热的燃烧物后汽化产生大量水蒸气，能够阻止空气进入燃烧区，同时，稀释燃烧区中氧的含量，使燃烧区的氧逐渐减少而减弱燃烧强度；三是水的冲击作用：经消防水泵加压后输入到水枪喷射出来的水流压力可达上百米水柱的压力，具有很大的动能冲击力；四是水对水溶性可燃易燃液体的稀释作用：如酒精、醇、醛等。

（二）不能用水扑救的场所

（1）与水反应能够产生可燃气体，遇水容易引起爆炸的物质着火时，不能用水扑救。如金属元素遇水生成氢气、电石遇水生成易燃的乙炔气，并放出大量的热，容易引起爆炸。

（2）非水溶性液体（如原油、石油等）着火时不能用水扑救。

（3）带电设备及可燃粉尘（面粉、铝粉、煤粉、糖粉、锌粉等）聚集处着火时不能用水扑救。

（4）储存大量浓硫酸、浓硝酸的场所，不能用水扑救。

（5）银行票据库、文献书库等不能用水扑救。

（三）水的灭火形态和应用范围

水的灭火形态有三种直流水、开花水和雾状水，其中直流水和开花水由消火栓所接水枪喷出柱状或开花水枪喷出的滴状水流，主要用于扑救 A 类固体火灾，或闪点在 120℃以上、常温下呈半凝固状态的重油火灾，以及石油或天然气井喷火灾。雾状水主要指水滴直径小于 100μm 的水流，以雾状喷出可以获得比直流水或开花水大得多的表面积，提高水与燃烧物的接触面积，有利于水对燃烧物的渗透，雾状水温降快，容易汽化，汽化后体积增大约 1700 倍，稀释了火焰附近的氧气的浓度，窒息了燃烧，又有效地控制了热辐射，它的灭火效率高，水渍损失小。该形态的水主要由自动喷水灭火系统基础上发展而成，用于扑救粉尘、纤维状物质，以及高技术领域的特殊火灾，如计算机房、航天飞行器舱内火灾，及现代大型企业的电器火灾，它具有取代卤代烷的趋势。

二、泡沫灭火剂

（一）组成

凡能与水混溶并可通过化学反应或机械方法产生灭火泡沫的灭火药剂，称为泡沫灭火剂。泡沫灭火剂一般由发泡剂，泡沫稳定剂、降黏剂、抗冻剂、助溶剂、防腐剂及水组成。主要用于扑救非水溶性可燃液体及一般固体火灾。特殊的泡沫灭火剂还可以扑灭水溶性可燃液体火灾。

（二）分类

泡沫灭火剂可分为化学泡沫灭火剂和空气泡沫灭火剂。化学泡沫是通过硫酸铝和碳酸氢钠的水溶液发生化学反应产生的，泡沫中包含的气体为二氧化碳。空气泡沫是通过空气泡沫灭火剂的水溶液与空气在泡沫产生器中进行机械混合搅拌而生成的，所以空气泡沫又称为机械泡沫，泡沫中所含气体为空气。空气泡沫灭火剂种类繁多，按泡沫的发泡倍数，可分为低倍数泡沫、中倍数泡沫和高倍数泡沫三类。低倍数泡沫灭火剂的发泡倍数一般在 20 倍以下，中、高倍数灭火剂的发泡倍数一般在 20~1000 倍以下。根据发泡剂的类型和用途，低倍数空气泡沫灭火剂又分为蛋白泡沫、氟蛋白泡沫、水成膜泡沫、合成泡沫、抗溶性泡沫五种类型，中、高倍数泡沫灭火剂属于合成泡沫的类型，见表 2–1。

表 2–1　各种泡沫灭火剂的比较

<table>
<tr><td rowspan="6">泡沫灭火剂</td><td rowspan="2">化学泡沫灭火剂</td><td>普通化学泡沫灭火剂</td><td colspan="3" rowspan="2">YPB 型、YP 型
扑救油类等非水溶性可燃易燃液体 B 类或 A 类火灾</td></tr>
<tr><td>抗溶化学泡沫灭火剂</td></tr>
<tr><td rowspan="4">空气泡沫灭火剂</td><td>高倍数泡沫灭火剂</td><td colspan="3">扑灭非水溶性可燃、易燃液体 B 类火灾，液化石油气、液化天然气；木材、纸张、橡胶、纺织品 A 类火灾、带电设备火灾；但不能扑灭硝化纤维火灾、炸药火灾、金属类火灾</td></tr>
<tr><td>中倍数泡沫灭火剂</td><td colspan="3">发泡倍数为 21~200 的泡沫</td></tr>
<tr><td rowspan="2">低倍数泡沫灭火剂</td><td>普通泡沫灭火剂</td><td>蛋白泡沫灭火剂
氟蛋白泡沫灭火剂
水成膜泡沫灭火剂
合成泡沫灭火剂</td><td>主要扑灭非水溶性、可燃、易燃液体火灾亦可扑灭木材</td></tr>
<tr><td>抗溶性泡沫灭火剂</td><td>金属皂型抗溶性灭火剂
凝胶型抗溶性灭火剂
抗溶氟蛋白泡沫灭火剂</td><td>主要扑灭水溶性液体，如醇、脂，主要在水表面上具有较好的稳定性</td></tr>
</table>

注：1. 氟蛋白泡沫灭火剂和水成膜泡沫灭火剂可与磷酸铵盐干粉灭火剂联用液下喷射。

2. 抗溶泡沫灭火剂对比金属沸点低的醚醛不宜使用。

（三）灭火原理

泡沫灭火是由泡沫灭火剂的水溶液通过化学、物理的作用，填充大量的气体后形成无数的小气泡。气泡的相对密度范围 0.001~0.5，远小于可燃、易燃液体的相对密度，可以覆盖在液体表面，形成泡沫覆盖层。泡沫灭火的作用机理有：

（1）泡沫在燃烧物表面形成了泡沫覆盖层，可以使燃烧物表面与空气隔绝；

（2）泡沫层封闭了燃烧物表面，可以遮断火焰的热辐射，阻止燃烧物本身与附近可燃物的蒸发；

（3）泡沫析出的液体对燃烧表面进行冷却；

（4）泡沫受热蒸发产生的水蒸气可以降低燃烧物附近氧的浓度。

（四）泡沫灭火剂的主要性质

（1）相对密度：它是指泡沫液在20℃时的密度与水在4℃时的密度的比值，通常泡沫液的相对密度在1.0~2.0的范围内。

（2）pH值：泡沫液的pH值一般在6~7.5范围内，接近中性，过高或过低泡沫则呈较强的酸性或碱性，对容器腐蚀，不利于长期储存，而且多数泡沫液中有黏性，pH值过高或过低都会造成胶体溶液不稳定。

（3）黏度：黏度是衡量泡沫液是否易于流动的一个指标。多数大型泡沫灭火器系统中，泡沫液都是通过比例混合器与水混合之后，输送到泡沫灭火器产生泡沫。在比例混合器中，泡沫液在一定的水压或负压作用下，通过一个固定孔径的孔板，被压入或被吸入水流中与水按一定比例混合，孔径一定时，泡沫液的黏度对通过孔板的流量会产生一定的影响，泡沫液的黏度过大，流动性差，会使泡沫液与水的混合比明显下降而影响灭火效果。多数国家规定：6%型泡沫液（指6份的泡沫液与94份体积的水混合）在20℃和0℃时测得的最高黏度应分别为$15\times10^{-6}m^2/s$和$100\times10^{-6}m^2/s$为符合使用要求。

（4）热稳定性：热稳定性是衡量泡沫液处于较高温度下在一定时间内质量变化的指标。一般将泡沫液加热至65℃保持24h后，测其沉降物和沉淀物的含量来衡量，稳定性好的泡沫液经上述处理后，沉降物和沉淀物的含量不应发生明显变化。

（5）发泡倍数：它是指形成一定体积的泡沫与发泡前液体体积的比值。发泡倍数在6~8的低发泡倍数范围内较好，发泡倍数小于6或高于8时，泡沫的含水量太大或太低，泡沫不够稳定，灭火效果不好。当液下喷射灭火时，则应采用发泡倍数2~4的泡沫液，便于防止泡沫从油罐底部上升到油面过程中携带较多的油品，发泡倍数在500~1000的称为高倍发泡，采用其中较低的发泡倍数时，泡沫的含水量较大，流动性较好，适用于扑救露天的大面积油类火灾。大倍数的泡沫液适用于扑救有限空间的火灾，如船舶舱间，地下建筑、矿井巷道、飞机库等火灾。

（6）25%析液时间和50%的析液时间：该指标用于衡量泡沫的稳定性，它是指从开始生成泡沫，到泡沫中析出1/4质量的液体所需的时间，为25%析液时间。同样，到泡沫中析出1/2质量液体所需的时间则为50%析液时间，析出时间越长，泡沫稳定性越好。

（五）化学泡沫灭火剂

化学泡沫灭火剂的类型目前有YP型和YPB型两种。

（1）组成：YP型用于100L以下的泡沫灭火剂中，由硫酸铝和碳酸氢钠和少量喷雾干燥成粉末状的蛋白组成，反应生成的胶体氢氧化铝分布于泡沫上，使泡沫具有一定的黏性，易于黏附在燃烧物上，泡沫的稳定性好，pH值约为7，但是蛋白泡沫的流动性和自封性较差，灭火效率低，它以水解蛋白作为稳定剂易发生腐败变质，不能久储。YPB型是以硫酸铝、碳酸氢钠作为发泡剂，并以氟碳表面活性剂、碳氢表面活性剂为增效剂所组成，YPB型是在YP型的基础上研制成功的一种新型化学泡沫灭火器。它克服了YP型的缺点，两者性能比较见表2-2。

（2）灭火原理：YP型和YPB型化学泡沫灭火剂灭火时可以通过颠倒灭火器或其他方法，使两种酸碱药剂的水溶液发生如下反应：

$$Al_2(SO_4)_3+6NaHCO_3 = 3Na_2SO_4+2Al(OH)_3+6CO_2\uparrow$$

上述反应中生成的二氧化碳，一方面在溶液中形成大量细微的泡沫，同时灭火器中的压力很快上升，在压力的作用下，将生成的泡沫从喷嘴中压出。反应生成的胶状氢氧化铝则分布于泡沫上，使泡沫具有一定的黏性，易于黏附在燃烧物体上，并可增强泡沫的热稳定性。YP 型发泡倍数≥8 倍，其 30min 内泡沫消失量≤50%，两者的性能比较见表 2-2。

表 2-2　泡沫灭火剂的性能比较

分　类	名　称	组成	优缺点	扑救场所
化学泡沫灭火剂	YP 型普通化学泡沫	硫酸铝、碳酸氢钠+水解蛋白稳定剂	泡沫黏稠、流动性差、灭火效率低、不能久储	A 类及 B 类非水溶性油类液体
	YPB 型	YP+氟碳蛋白表面活性剂+碳氢蛋白表面活性剂	泡沫黏度小、流动性好、自封性好、灭火效率高为同容量 YP 型灭火剂的 2~3 倍，储存期长	A 类及 B 类非水溶性油类液体，但不能扑灭水溶性液体火灾
空气泡沫灭火剂	蛋白泡沫灭火剂	蛋白泡沫灭火剂以动植物蛋白质或植物性蛋白质的在碱性溶液中浓缩液为基料，加入适当的稳定剂、防腐剂和防冻剂等添加剂的起泡性液体	该灭火剂具有成本低、泡沫稳定，灭火效果好，污染少等优点，但流动性差影响了灭火效率，该泡沫耐油性低，不能以液下喷射方式扑灭油罐火灾	各种石油产品，油脂等火灾，亦可扑救木材，油罐灭火、在飞机的跑道上灭火
	氟蛋白泡沫灭火剂	蛋白泡沫基料+氟碳表面活性剂配制而成	克服了蛋白泡沫灭火剂的缺点，同时可以液下喷射方式扑灭油罐火灾，与干粉（ABC 类）的相溶性好，可采用液下喷射方式	可扑救大型储罐散装仓库、输送中转装置、生产加工装置、油码头的火灾及飞机火灾
	水成膜泡沫灭火剂	氟碳表面活性剂，无氟表面活性剂和改进泡沫性能的添加剂（泡沫稳定剂、抗冻剂、助溶剂以及增黏剂）及水组成	具有剪切应力小，流动性小，泡沫喷射到油面上时，泡沫能迅速展开，并结合水膜的作用把火势迅速扑灭的优点	适用于扑救石油类产品和贵重设备。油罐可以采用液下喷射方式
	高倍数泡沫灭火剂	以合成表面活性剂为基料的泡沫灭火剂。与水按一定的比例混合后通过高倍泡沫灭火剂产生器，可产生数百倍以上甚至千倍的泡沫	1min 内产生 1000m^3 以上的泡沫，泡沫可以迅速充满着火的空间，是燃烧物与空气隔绝，使火焰窒息	主要用于扑救非水溶性可燃易燃液体的火灾，如油罐漏滴、防火堤内的火灾，以及仓库、飞机库、地下室、地下街室、煤矿抗道的火灾
	抗溶性泡沫灭火剂	在蛋白质水解液中+有机酸金属络合盐	析出的有机酸金属皂在泡沫上形成连续的固体薄膜，这层膜能使泡沫能持久地覆盖在溶剂液面上起到灭火的作用	扑救水溶性易燃、可燃液体火灾，如醇、脂、醚、醛、酮、有机酸、胺等

（六）常用空气泡沫灭火剂

常用的空气泡沫灭火剂有五种，它们的组成及性能比较见表 2-2。

1. 蛋白泡沫灭火剂（P）

（1）组成：蛋白泡沫灭火剂以动植物蛋白质或植物性蛋白质的在碱性溶液中浓缩液为基料，加入适当的稳定剂、防腐剂和防冻剂等添加剂的起泡性液体。

（2）灭火原理：蛋白泡沫灭火剂平时储存在原包装桶或储罐内，灭火时，通过负压比例混合器或带有压力比例混合器把蛋白泡沫液体吸入或压入带有压力的水流中，使泡沫液体与水按 6%或 3%混合比，形成混合液。混合液经过泡沫管枪或泡沫产生器吸入空气，在泡沫管枪或泡沫产生器中经机械混合或产生泡沫，并喷射到着火液面进行灭火。

(3) 适用范围：主要用于扑救各种不溶于水的可燃易燃液体，如各种石油产品，油脂等火灾，亦可扑灭木材、油罐火灾；另外在飞机的起落架发生故障而迫降时，在飞机的跑道上喷洒一层蛋白泡沫，也可以减少机身与地面的摩擦，防止飞机起火。为防止油罐火灾蔓延时，常将泡沫喷入未着火的油罐，长时间的封闭油面，防止附近着火油罐的辐射热引起燃烧。

2. 氟蛋白泡沫灭火剂(FP)

由于蛋白泡沫的流动性差，抵抗油类污染的能力低，灭火缓慢，不能以液下喷射方式扑救油罐火灾，且不能和干粉灭火剂联合使用。为了克服这些缺点，在蛋白泡沫基料中加了氟碳表面活性剂配制而成。氟蛋白泡沫灭火剂的灭火效率远优于蛋白泡沫灭火剂，具体表现在：

(1) 表面张力和界面张力显著降低，即产生泡沫所需的阻力相对较小。

(2) 临时剪切应力小，流动性好，油面上堆积泡沫的厚度相当于蛋白泡沫层的一半，可以较快地把油面覆盖，而且泡沫层不易受分隔破坏。

(3) 疏油能力强，泡沫喷射到燃烧着的油面上时，会与油面发生一定的冲击作用，这时一部分泡沫会不同程度地潜入油中，并挟带一定量的油沫，由于密度小又浮到油面上来。当泡沫表面含有一定量的油时，能自由燃烧，因而使用蛋白泡沫灭火剂时，要尽量减少泡沫与油面的冲击，以提高其灭火效率。而氟蛋白泡沫灭火剂，疏油性好，使它既可以在泡沫与油的交界面形成水膜，也能把油滴包于泡沫中，阻止油的蒸发，降低含油泡沫的燃烧性。

(4) 与干粉(ABC类)的相溶性好，氟蛋白泡沫灭火剂扑灭油类火灾时，往往将泡沫灭火剂与干粉灭火剂联合使用，这样可以同时发挥两种灭火剂的各自长处，缩短灭火时间。干粉灭火剂可以迅速压住火势，泡沫则覆盖在油面上，防止复燃，最后干粉灭火剂还能扫除边缘残火，把火迅速扑灭。但蛋白灭火剂不能与一般干粉灭火剂同时联用(干粉中常用的防潮剂对泡沫的破坏作用很大，两者一接触，泡沫会很快消失)。

(5) 可采用液下喷射方式，氟蛋白泡沫灭火剂可采用液下喷射方式扑救油罐火灾不会造成油品的散溢、喷溅。

适用范围：大型储罐散装仓库、输送中转装置、生产加工装置、油库码头的火灾及飞机火灾，与干粉灭火剂联合使用效果更好。

3. 水成膜泡沫灭火剂(AFFF)

亦称氟化学泡沫灭火剂或“轻水”泡沫灭火剂，是一种新型高效泡沫灭火剂。

水成膜泡沫由氟碳表面活性剂，碳氢表面活性剂和改进泡沫性能的添加剂(泡沫稳定剂、抗冻剂、助溶剂以及增黏剂)及水组成。它具有剪切应力小，流动性小，泡沫喷射到油面上时，泡沫能迅速展开，并结合水膜的作用把火势迅速扑灭的优点。

水成膜泡沫能在油的表面形成水膜，这层水膜可使燃油和空气隔绝，阻止燃油的蒸发，并有助于泡沫的流动，加速灭火。适用于扑救石油类产品和贵重设备，油罐可以采用液下喷射方式。

4. 高倍数泡沫灭火剂

高倍数泡沫灭火剂是一种以合成表面活性剂为基料的泡沫灭火剂，与水按一定的比例混合后，通过高倍数泡沫产生器可产生数百倍甚至上千倍的泡沫，因而称为高倍数泡沫。

(1) 组成：高倍数泡沫灭火剂由发泡剂、泡沫稳定剂、组合抗冻剂及水组成。

(2) 规格：高倍数泡沫灭火剂按其配比和使用性能分为YEGZ6A、YEGZ3A、YEGZ6B、YEGZ3B四种规格。

（3）灭火原理：高倍数泡沫是由高倍数泡沫灭火剂的水溶液通过高倍数泡沫产生器而生成的。它的发泡倍数可达 1000 倍以上，发泡直径约为 10mm 以上，1min 内产生 $1000m^3$ 以上的泡沫，泡沫可以迅速充满着火的空间，使燃烧物与空气隔绝，使火焰窒息。

（4）范围应用：主要用于扑灭非水溶性可燃易燃液体的火灾。如油罐漏淌到防火堤内的火灾或者仓库、飞机库、地下室、地下通道、煤矿坑道的火灾。

5. 抗溶性泡沫灭火剂(AR)

在前面几种泡沫灭火剂都是用于非水溶性的液体火灾。而对于水溶性的液体，如醇、脂、醚、醛、酮，此类物质发生火灾如果采用前面的几种泡沫灭火剂施加到水溶性液体中，泡沫会被水很快溶解消失，所以蛋白泡沫类等灭火剂不适用于水溶性液体火灾。

但是如果在蛋白质水解液中加入有机酸金属络合盐，再加上相应的添加剂就制成抗溶性泡沫灭火剂。有机酸金属络合盐与水接触，析出不溶于水的有机酸金属皂，当产生泡沫时，析出的有机酸金属皂在泡沫上形成连续的固体薄膜，这层膜能有效防止水溶性有机溶剂吸收泡沫中的水分而保护泡沫，使泡沫能持久地覆盖在溶剂液面上，而起到灭火的作用。

适用范围：扑灭水溶性易燃、可燃液体火灾。目前我国推广使用的抗溶性泡沫灭火剂有：以水解蛋白或合成表面活性剂为发泡剂；添加海藻酸盐类天然高分子化合物而制成的高分子型抗溶性泡沫灭火剂；由氟碳表面活性剂、碳氢表面活性剂和触变性多糖制成的凝胶型抗溶泡沫灭火剂；以蛋白泡沫液添加特制的氟碳表面活性剂和多种金属盐制成的氟蛋白抗溶性泡沫灭火剂；以聚硅氧烷表面活性剂为基料制成的抗溶性泡沫灭火剂。

三、干粉灭火剂

干粉灭火剂是一种细微的粉状灭火剂，一般借助于专用的灭火器或灭火设备中的气体压力，将干粉从容器中喷出，并以粉雾的形式灭火。

（一）分类

按充入灭火器的干粉灭火剂种类分，有：碳酸氢钠干粉灭火器，亦称 BC 类干粉灭火器；磷酸铵盐干粉灭火器(亦称 ABC 干粉灭火器)；氯化钠、氯化钾、氯化钡、碳酸钠等为基料的干粉灭火器，用于扑灭金属火灾。它们的性能比较见表 2-3。

表 2-3　干粉灭火剂的性能比较

<table>
<tr><th>干粉基料名称</th><th>组成</th><th>灭火原理</th><th>优缺点</th><th>扑救场所</th></tr>
<tr><td>碳酸氢钠（BC 类）</td><td>滑石粉、云母粉、硬脂酸镁</td><td rowspan="4">用干燥的 CO_2 或 N_2 作动力，将干粉从容器中喷出，形成粉雾喷射到燃烧区，以粉气流的形式扑灭火灾</td><td>成本低，应用范围广，灭火速度快，但流动性和斥水性差</td><td rowspan="2">易燃液体、气体带电设备、木材、纸张等 A 类</td></tr>
<tr><td>全硅化碳酸氢钠</td><td>活性白土、云母粉、有机硅油</td><td>防潮、不宜结块，流动性好储存期长，灭火效率相对高</td></tr>
<tr><td>磷铵干粉（ABC 类）</td><td>磷酸三铵
磷酸氢二铵
磷酸二氢铵</td><td>采用全硅化的防潮工艺，使干粉颗粒形成疏水的保护层，达到防潮、不结块目的，但价格昂贵</td><td>可燃固体、可燃液体、可燃气体及带电设备的火灾</td></tr>
<tr><td colspan="2">氯化钠、氯化钾、氯化钠</td><td></td><td>金属火灾</td></tr>
</table>

注：1. BC 与 ABC 干粉灭火剂不兼容；

2. BC 类干粉与蛋白泡沫或化学泡沫不兼容。

（二）干粉灭火原理

干粉灭火剂平时储存在干粉灭火器或干粉灭火设备中，灭火时靠加压气体CO_2或N_2的压力将干粉从喷嘴射出，形成一股夹着加压气体的雾状粉流，射向燃烧物，干粉与火焰接触发生一系列物理化学反应原理如下：

干粉中碳酸氢钠受高温作用分解，其化学反应方程式如下：

$$2NaHCO_3 = NaCO_3 + H_2O + CO_2 \uparrow$$

该反应是吸热反应，反应放出大量的二氧化碳和水，水受热变成水蒸气并吸收大量的热量，起到冷却、稀释可燃气体的作用；干粉进入火焰后，由于干粉的吸收和散射作用，减少火焰对燃料的热辐射，降低液体的蒸发速率。

（三）使用范围

干粉灭火剂大都装在灭火器中，主要用于扑救各种非水溶性和水溶性可燃易燃液体的火灾，以及天然气和液化石油气等可燃气体火灾或一般带电设备火灾，磷酸盐干粉灭火剂还可以扑灭固体火灾，磷酸盐干粉与氟蛋白泡沫或清水泡沫联用可有效扑灭非水溶性液体火灾。

（四）注意事项

（1）干粉灭火剂不能与蛋白泡沫和一般泡沫联用，因为干粉对蛋白泡沫和一般合成泡沫有较大的破坏作用。

（2）对于一些扩散性很强的气体如：氢气、乙炔气体，干粉喷射后难以稀释整个空间的气体。对于精密仪器、仪表火灾，使用干粉灭火剂会留下残渣，用干粉灭火不适用。

四、卤代烷烃类灭火剂

最常用的卤代烷灭火剂多为甲烷和乙烷的卤代物，分子中的卤素原子为氟、氯、溴，卤代烷灭火剂对大气臭氧层有一定的破坏作用。1211 与 1301(目前我国已停止生产)。新的替代剂有卤代烃类灭火剂有七氟丙烷、三氟甲烷、六氟丙烷。

（一）灭火原理

卤代烷烃灭火剂主要通过抑制燃烧的化学反应过程，使燃烧中断，达到灭火的目的。其作用是通过拿去燃烧连锁反应中的活泼性物质来完成的，这一过程称为断链过程和抑制过程，与干粉灭火剂作用相似，而其他灭火剂大都是冷却和稀释等物理过程。

由于卤代烷化合物本身含有氟的成分，因而具有较好的热稳定性和化学惰性，不变质，方便使用。作为灭火剂使用时也是用氮气、CO_2或氟利昂-12 加压压入容器，使用时由于压力作用，从喷嘴以雾状喷出，在燃烧热的作用下迅速变成蒸汽。

（二）应用范围

卤代烷灭火剂灭火后不容易留下痕迹，所以卤代烷灭火剂主要扑救各种易燃可燃气体火灾；甲、乙、丙类液体火灾；可燃固体的表面火灾和电器设备火灾，如：银行账库、电教室、计算机中心。

五、CO_2灭火剂

CO_2本身不燃烧、不助燃、制造方便，易于液化，便于装罐和储存，是一种性能好的灭火剂。CO_2是一种无色无嗅的气体，它相对于空气的密度为 1.5，通常的形态为气体，通常用降温加压的办法使其液化，装于钢瓶中，固态CO_2称为干冰，是一种良好的冷冻剂。

（一）灭火原理

CO_2灭火剂是以液态的形式加压充装在灭火器中，由于CO_2的平衡蒸气压高，瓶阀一打开，液体立即通过虹吸管、导管和喷嘴并经过喷筒喷出，液态的CO_2迅速汽化，并从周围空气中吸收大量的热(1kg 液态CO_2气化时需要 578kJ 热量)，但由于喷筒隔绝了对外界的热传导，因此CO_2液态汽化时，只能吸收自身的热量，导致液体本身湿气急剧降低，当其温度下降到-78.5℃(升华点)时，就有细小的雪花状CO_2固体出现。所以从灭火剂喷射出来的是温度很低的气体和固体的CO_2，尽管CO_2温度很低，对燃烧物有一定的冷却作用，然而这种作用远不足以扑灭火焰。它的灭火作用主要是增加空气中不燃烧、不助燃的成分，使空气中的氧气含量减少，实验表明：燃烧区域空气中氧气的浓度≤12%，CO_2的浓度在 30%~35%时，绝大多数的燃烧都会熄灭。

（二）应用范围

CO_2灭火剂与的卤代烷灭火剂应用范围设施区别不大，但是要注意它们的灭火有效程度不同，如飞机上 0.8m^2的油盘火灾，需要 7kg 的CO_2，用卤代烷灭火剂仅需要 2kg。CO_2适用于扑灭液体火灾和那些受水、泡沫、干粉等灭火剂的沾污容易损坏的固体物质的火灾。

第二节　灭火器材

一、灭火器

火灾中常用的灭火器有泡沫、干粉、酸碱、CO_2和 1211 五种类型。灭火器的本体通常为红色，并印有灭火器的名称、型号、灭火类型及能力、灭火剂以及驱动气体的种类和数量，并以文字和图像说明灭火器的使用方法。

（1）组成。灭火器是由筒体、器头、喷嘴等部件组成，借助于驱动压力可将充装的灭火剂喷出，达到灭火的目的。

（2）种类。按移动的方式分为手提式灭火器、推车式灭火器和背负式灭火器；按驱动灭火的目的分为储气瓶式灭火器和储气压式灭火器；按所充装的灭火剂分为泡沫灭火剂、干粉灭火剂、卤代烷灭火剂、CO_2灭火剂和清水灭火剂。灭火器的规格、性能如表 2-4 所示。

（3）表示方法。我国灭火器的型号用两个代号表示。

①类、组、特征代号。代表灭火器的类型，由移动方式、开关方式两大部分组成。形式如下：通常用 3~4 个字母或数字来表示；其中第一个字母 M 代表灭火剂；第二个字母代表灭火剂类型，如 F——干粉、T——CO_2、Y——1211、P——泡沫；第三个字母代表移动方式，如 T——推车式、Z——舟车式或鸭嘴式、B——背负式。

②主要参数。反映了充装灭火器的容量和质量。如：MF4 表示 4kg 干粉灭火器，数字 4 代表内装质量为 4kg 的灭火剂；MFT35 则表示 35kg 推车式干粉灭火器。MTZ5 表示 5kg 鸭嘴式CO_2灭火器。（T 代表CO_2）。MT——手提式CO_2灭火器、MTT——推车式CO_2灭火器；MY——手提式 1211 灭火器、MYT——推车式 1211 灭火器；MP——手提式泡沫灭火器、MPZ——舟车式泡沫灭火器、MPT——推车式泡沫灭火器、MFB——背负式干粉灭火器、MS——酸碱灭火器(S 代表酸碱)。

表 2-4 灭火器的规格性能

特征含义 灭火器类型		灭火剂充装量 L	灭火剂充装量 kg	灭火级别 A类火灾	灭火级别 B类火灾
水酸碱（MS）清水（MSQ）	手提式	6	—	5A	—
		9	—	8A	
化学泡沫灭火器	手提式 MP	6	—	5A	2B
		9	—	8A	4B
	推车式 MPT	40	—	13A	18B
		65	—	21A	25B
		90	—	27A	35B
干粉灭火器磷酸氢钠 BC类	手提式 MF	—	1	—	2B
		—	2	—	5B
		—	3	—	7B
		—	4	—	10B
		—	5	—	12B
		—	6	—	14B
		—	8	—	18B
		—	10	—	20B
	推车式 MFT	—	25	—	35B
		—	35	—	45B
		—	50	—	65B
		—	70	—	90B
		—	100	—	120B
CO_2 灭火器	手提式 MT	—	2	—	1B
		—	3	—	2B
		—	5	—	3B
		—	7	—	4B

特征含义 灭火器类型		灭火剂充装量 L	灭火剂充装量 kg	灭火级别 A类火灾	灭火级别 B类火灾
干粉灭火器碳酸铵盐 ABC	手提式	—	1	3A	2B
		—	2	5A	5B
		—	3	5A	7B
		—	4	8A	10B
		—	5	8A	12B
		—	6	13A	14B
		—	8	13A	18B
		—	10	21A	20B
	推车式	—	20	35A	35B
		—	35	27A	45B
		—	50	34A	65B
卤代烷 1211	手提式 MY	—	0.5	—	1B
		—	1	—	2B
		—	2	3A	4B
		—	3	3A	6B
		—	4	5A	8B
		—	6	8A	12B
	推车式	—	20	—	24B
		—	25	—	30B
		—	40	—	35B
卤代烷 1301	手提式	—	2	—	4B
		—	4	3A	8B
CO_2 灭火器	推车式 MTT	—	20	—	8B
		—	25	—	10B

（一）泡沫灭火器

组成：酸液和碱液分别充装在两个不同的筒内，混合后发生反应。

适用范围：该灭火剂扑救油脂类，石油产品及一般固体物质。

类型：MP 型手提式、MPZ 型手提舟车式、MPT 型推车式。

（1）MP 型手提式灭火器

① 构成：由筒身、瓶胆、筒盖、提环等组成，筒身用钢板滚压焊接而成。筒身内悬挂玻璃或聚乙烯塑料瓶胆，瓶胆内装有酸性溶液，筒内装有碱性溶液。瓶胆用瓶盖盖上，以防蒸发，或因震荡溅出，而与碱性溶液混合。筒盖用塑料或钢板压制，装滤网、喷嘴，盖与筒身之间有密封垫圈，筒盖用螺栓、螺母固定在筒身上。

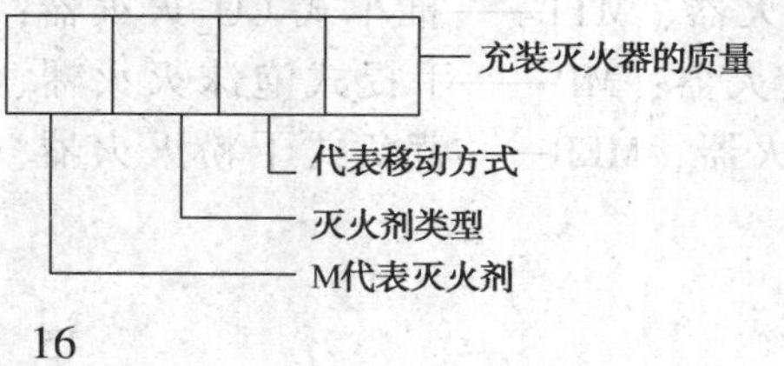

② 使用方法：在使用时颠倒筒身，使两种药液混

合而发生化学反应，产生泡沫，由喷嘴喷出。注意：使用提取 MP 型泡沫灭火器或到现场灭火时，注意筒身不宜过度倾斜，以免两种药液混合，使用时注意不要将筒盖、筒底对着人体，以防万一。

③ 维护保养和检查：装药一年后，必须检查药液的发泡倍数和持久性是否符合规定的技术。发泡倍数检验方法是将灭火器内酸性药液取出 7.5mL，倒入 500mL 量筒内，再取出 33mL 碱性药液迅速倒入量筒内，计算产生泡沫的体积是否为两种体积之和的 8 倍（320mL）以上。泡沫的持久性检验方法则是测试其在 30min 后消失量是否小于 50%，不符合以上规定，应重新更换药剂。检查筒身有无腐蚀或泄漏，使用两年以上的灭火器更换新药时，筒身必须经过 $25kg/cm^2$ 水压试验。在此压力下如持续一定的时间而无泄漏、膨胀、变形等现象方能继续使用。

（2）MPZ 型舟车式泡沫灭火器

①构造：基本上与 MP 型手提式相同，只是在筒盖上装有瓶盖起闭机构，以防止在车辆或船舶行驶时震动和颠簸而使用药液混合。瓶盖的起闭，有用把手的，也有用手轮的，如图 2-1 所示。

② 使用方法：先将瓶盖上的把手向上扳起（或旋送手轮）中轴即向上弹出开启瓶口，然后颠倒筒身，使酸碱两种溶液混合，生成泡沫，从喷嘴喷出。

（3）MPT 型推车式泡沫灭火器

① 构造：筒身用钢板制成，内装碱性溶液。瓶胆悬挂在筒身内，内装酸性溶液。按逆时针方向旋转手轮。瓶塞在手轮丝杆作用下，将瓶口封闭，以防止两种药液混合。筒盖由螺母和螺栓紧固在筒身上，盖内装有密封和油烫石棉绳。筒盖上还装有安全阀，如喷射系统堵塞，泡沫无法喷出，当筒内压力大于等于 1MPa 时，安全阀即自动开放，可防止筒身爆破。喷射系统由过滤器、旋塞阀、喷管、喷枪组成。筒身固定在车架上，车架上还装有胶轮，便于行动，如图 2-2 所示。

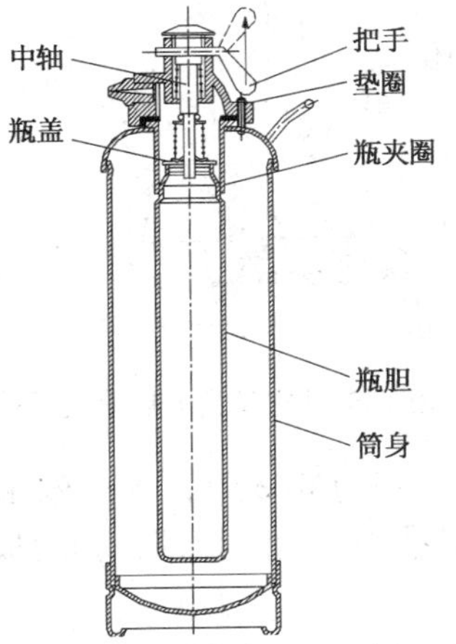

图 2-1　MPZ 舟车式泡沫灭火器

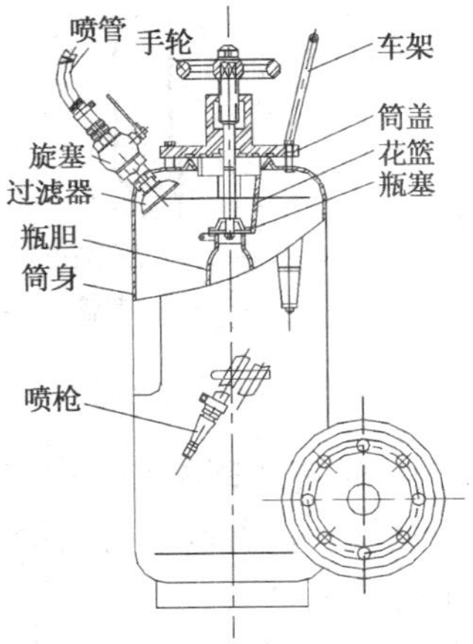

图 2-2　MPT 型推车式泡沫灭火器构造图

② 使用方法：一人施放喷管，双手握住喷枪对准燃烧物，另一人按逆时针方向转动手轮，开启瓶塞后将筒身放倒，使拖杆触地，在将旋塞阀手柄扳值，泡沫即通过喷管从喷枪喷出。

（二）干粉灭火器

以高压 CO_2 或氮气气体作为驱动动力，其中储气式以 CO_2 作为驱动气体，储压式以 N_2 作为驱动气体，来喷射干粉灭火剂。

适用范围：石油及其产品、可燃气体和电气设备的初起火灾。

种类：MF 型手提式、MFT 型推车式、MFB 型背负式。

1. MF 型手提式干粉灭火器

按照 CO_2 钢瓶的安装方式，又有外装式和内装式之分，下面主要是以外装式为例进行简要的介绍。

① 构造：灭火器筒身外部悬挂充有高压二氧化碳的钢瓶，钢瓶外部标有标志，钢瓶重的钢字。钢瓶与筒身(内转干粉)由提盖上的螺母进行连接，在钢瓶阀上有一穿针。当打开保险销，再拉动拉环时，穿针即刺穿钢瓶口的密封膜，使钢瓶内高压 CO_2 气体沿进气管进入筒内，筒内干粉在 CO_2 气体的作用下，沿出粉管经喷管喷出，构造如图 2-3 所示。

② 使用方法：打开保险销，把喷管口对准火源拉动手环，干粉即喷出灭火。

③ 维护保养：每年检查一次 CO_2 的存气量，检查方法是将钢瓶拧下称重，在减去钢瓶自重，即为瓶内 CO_2 气体的质量，如少于表中规定的 CO_2 质量应立即重新装气。

2. MFT 型推车式干粉灭火器

① 构造：MFT 型推车式干粉灭火器，按照 CO_2 钢瓶安装位置不同，可分为内装式和外装式两种。内装式 MFT35 型推车式干粉灭火器示意图如图 2-4，它主要由 CO_2 钢瓶、干粉储筒、车架、压力表、喷枪、安全阀等部分组成。

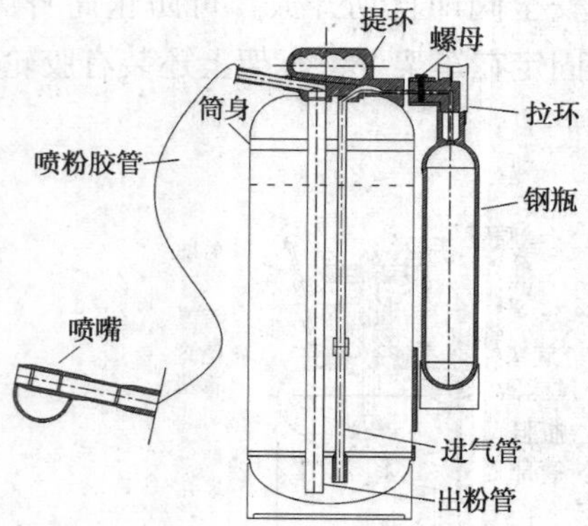

图 2-3 MF 型手提示灭火器

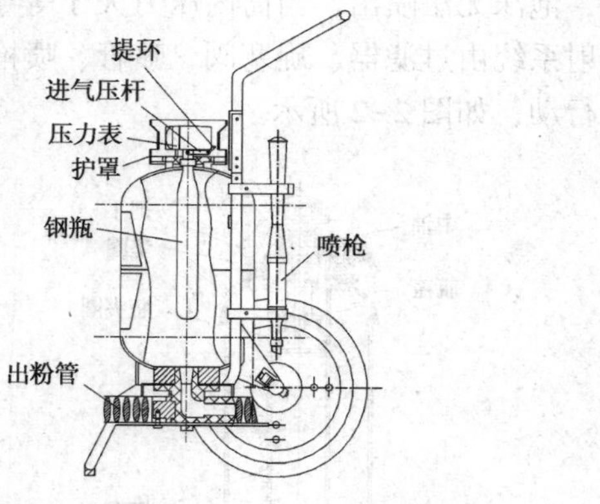

图 2-4 内装式 MFT35 型推车式干粉灭火器构造图

② 使用方法：先打开钢瓶 CO_2 进气，当表压升至 0.7~1.1MPa 时，灭火效果最佳，放下进气压杆停止进气。接着两手持喷枪双脚站稳，枪口对准火焰边缘根部，扣动扳机，将干粉喷出，由近至远将火扑灭。

③ 维护保养：每隔 3 年，干粉储罐需经 2.5MPa 水压试验，CO_2 钢瓶需经 22.5MPa 的水压试验，试验合格方能使用。

3. 背负式喷粉灭火器

灭火器装由干粉灭火器，以特制电点火发射药为动力，将干粉喷射出去，用来扑救油类，可燃气体和电气设备的初起火灾。优点：携带方便，操作方便，而且装添干粉和安装定型发射药也都快速容易，可反复使用，如图 2-5 所示。

① 构造：由三个干粉钢瓶（瓶上有安全阀，控制和发射药室）、电点火系统、输粉管、喷枪和背带等构成。

② 使用方法：a. 装添干粉和发射药后，应装转换开关扳至“0”位置，并关上保险栓，使它不致因误动而喷粉。b. 灭火时，将灭火器背负至火场充实水柱之内，一手紧握喷枪握把，另一手将转换扳开关扳至“3”位置（喷粉的顺序为“3”，“2”，“1”），打开保险栓，再将喷枪口对准火焰根部，扣动扳机，喷火，如火势较大，一只钢瓶内的干粉仍未将火扑灭，可将转换开关连续扳至“2”，“1”位置，反复喷射。

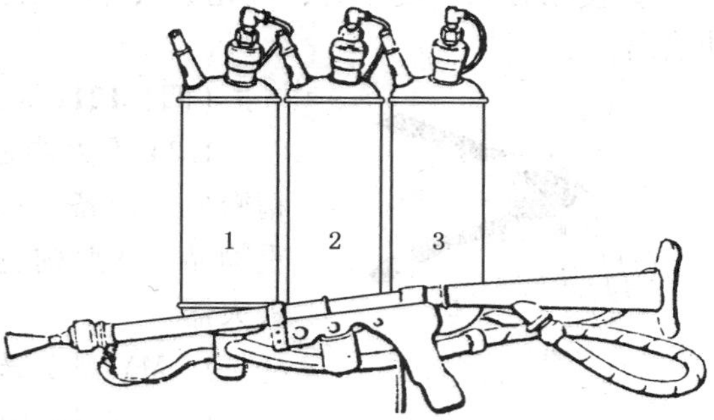

图 2-5　背负式喷粉灭火器

③ 养护：干粉钢瓶每隔半年进行一次水压试验，试验压力为 8MPa，保持 5min，不得有压力下降现象，安全阀的开启压力应调至 3MPa。

（三）CO_2灭火器

1. 适用场所

CO_2主要用于扑救贵重设备、档案资料、仪器仪表、600V 以下的电器和油脂等火灾。

2. 类型

为 MT 型手轮式、MTZ 型鸭嘴式两种。

（1）MT 型手轮式灭火器

① 构造：筒身、起闭阀（安全阀，需要 15MPa 气压、喷筒），如图 2-6 所示。

② 使用方法：将铅封去掉，手提提把，翘起喷筒，再将手轮按逆时针方向旋转开启，瓶内高压气体即自动喷出。

③ 维护保养：每隔 3 个月检查一次质量，如质量减少 10%时，应加足气体；每隔 3 年钢瓶需经 22. 5MPa 水压试验，起闭阀则需要经 15MPa 气压或水压试验，以保证安全。

（2）MTZ 型鸭嘴式灭火器

① 构造：基本上与 MT 型相同，只是启闭阀采用形如“鸭嘴”的压把，故取名鸭嘴式，如图 2-7 所示。

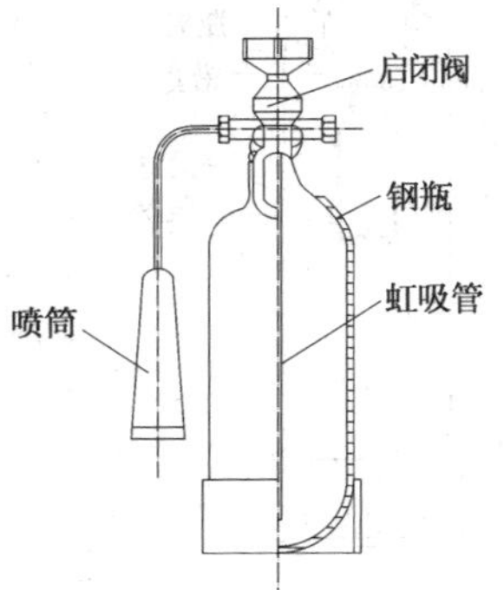

图 2-6　MT 型手轮式二氧化碳灭火器

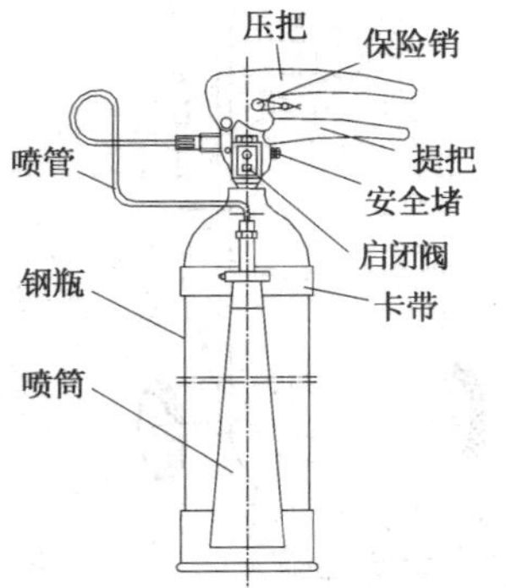

图 2-7　MTZ 型鸭嘴式二氧化碳灭火器构造

② 使用方法：使用时，应先扳去保险销，一手持喷筒，另一手紧压压把，气体立即自动喷出。

（四）1211 灭火器

1211 灭火器是一种轻便高效的灭火器械，适用于扑救油类、精密机械设备、仪表、电子仪器设备及文物、图书馆档案等贵重物品。按照构造不同分为 MY 型手提式、MYT 型推车式 1211 灭火器。

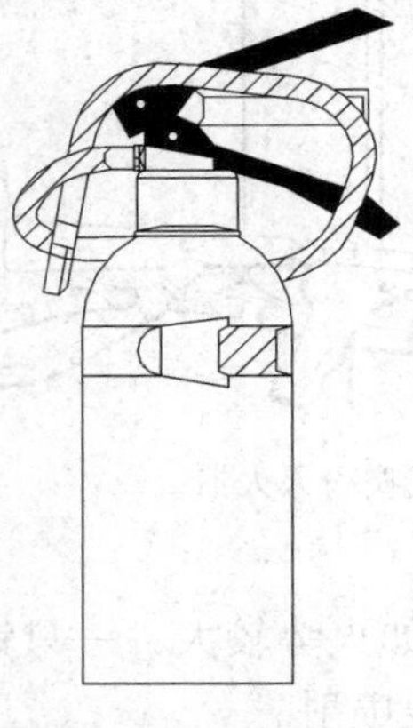

图 2-8　MY 型手提式 1211 灭火器

1. MY 型手提式灭火器

（1）构造：由筒身(瓶胆)和筒盖(压把、压杆、喷嘴、密封阀、虹吸管、保险销等)两部分组成，如图 2-8 所示。

（2）使用方法：先拔掉保险销，然后握紧压把开关，压杆就使密封阀开启，于是 1211 灭火剂在驱动气体氮气压力作用下，通过虹吸管有喷嘴射出，松开压把自动关闭。

（3）养护保养：1211 应放在明显，取用方便的地方，不应放在取暖或加热设备附近，也不应放在阳光强烈照射的地方。每半年检查一次灭火器的总质量，少于 10%则需要补充药剂和充气。

2. MYT 型推车式 1211 灭火器

（1）构造：有 MYT25 和 MYT40 型。主要由推车、钢瓶、阀门、喷射胶管、手握开关、伸缩喷杆和喷嘴等组成，如图 2-9 所示。

（2）使用方法：灭火时，取下喷枪，展开胶管，先打开钢瓶阀门，拉出伸缩杆，使喷嘴对准火源，握紧手握开关，灭火。将火源扑灭后，只要关闭钢瓶阀门，则剩余药剂仍能继续使用。

（3）养护：基本上同 MY 型，另外每隔 3 个月检查一次压力表，出现低于使用压力的≤9‰时，则重新装气，或质量减少 5%，应维修和再充装。

（五）酸碱灭火器

利用两种药液混合后喷射出来的水溶液扑灭火焰，适用于扑灭竹、棉、毛、草、纸等一般可燃物质的初起火灾。但不适用于油、忌水、忌酸物质及电气设备的火灾，基本结构见图 2-10。

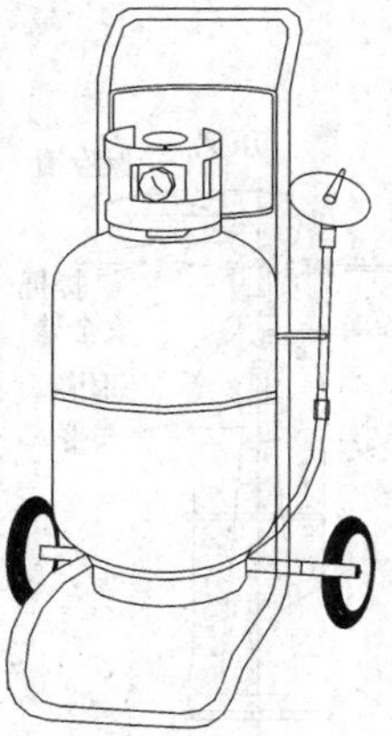

图 2-9　MYT25 型推车式 1211 灭火器

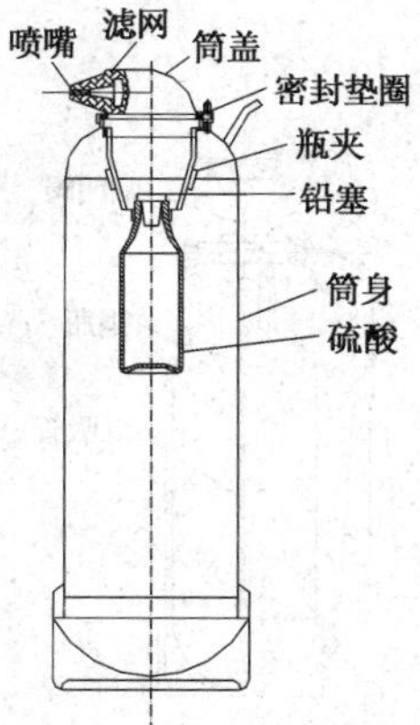

图 2-10　MS10 型手提式酸碱灭火器构造图

(1) 构造：构造与外形与 MP 型手提式灭火器基本相同，不同之处是瓶胆较小。由瓶夹固定，防止瓶胆内是浓硫酸吸水或稀释或同瓶胆外碱性溶液中和，筒内装有碳酸氢钠的水溶液，没有发泡剂。

(2) 使用方法：颠倒筒身，上下摇晃几次，将液体流射向燃烧最猛烈的地方。

(3) 维护保养：药液一年更换一次新的，其余同 MP 型。

(六) 灭火器的使用范围

灭火器类型的选择应符合 A、B、C、D、E 五类火灾可以使用的灭火器。

扑救 A 类火灾应选用水型灭火器、磷酸铵盐干粉灭火器、泡沫灭火器或卤代烷灭火器。

扑救 B 类火灾应选用泡沫灭火器、碳酸氢钠干粉灭火器、磷酸铵盐干粉灭火器、二氧化碳灭火器、灭 B 类火灾的水型灭火器或卤代烷灭火器；扑救极性溶剂 B 类火灾应选择灭 B 类火灾的抗溶性灭火器。

扑救 C 类火灾应选用磷酸铵盐干粉灭火器、碳酸氢钠干粉灭火器、CO_2灭火器或卤代烷灭火器。

扑救 D 类火灾应选用应选择扑灭金属火灾的专用灭火器；扑灭可燃金属火灾，应由设计部门与当地公安消防机构协商解决。

扑救 E 类带电火灾应选用磷酸铵盐干粉灭火器、碳酸氢钠干粉灭火器、卤代烷灭火器或 CO_2灭火器，但不得选用装有金属喇叭喷筒的二氧化碳灭火器。

在同一灭火器配置场所，当选用两种或两种以上类型灭火器时，应采用灭火剂相容的灭火器。

(七) 各种类型灭火器性能比较(表 2-5)

表 2-5　各类灭火器性能比较

选择因素	灭火器类型						
	磷酸铵盐干粉	碳酸氢盐干粉	二氧化碳	1211	1301	化学泡沫	水型
灭 A 类火灾	√	×	×	√	√	√	√
灭 B 类火灾	√	√	√	√	√	×	×
不污损	×	×	√	√	√	×	×
灭火速度	√	√	×	√	√	×	×
价格	(√)	√	√	√	×	√	√
质量、尺寸与灭火级别	√	√	(√)	√	√	√	√

二、灭火器的选择与配置

灭火器是扑救初起火灾的主要消防器材，它们配置应按照《建筑灭火器配置设计规范》GB 50140—2005，根据适用范围、保护场所的火灾危险性、可燃物质的种类、数量、扑救的难度、设备或燃料的特点进行灭火器类型的选择，并根据被保护场所的面积及灭火器的灭火级别(保护面积和周长)确定灭火器的型号和数量。

(一) 灭火器配置场所危险等级的划分

无论是工业建筑还是民用建筑，根据火灾危险性的大小、可燃物多少、起火后蔓延快慢程度扑救难易程度等因素，把灭火器设置场所按危险等级划分为：严重危险等级、中危险等级、轻危险等级。一些常见的设置场所建筑物的危险等级见附录2表2-1、表2-2。

(二) 灭火器的灭火等级

灭火器的灭火效能用灭火级别表示，灭火级别表示灭火器能够扑灭不同种类火灾的效能，由表示灭火效能的数字和灭火种类的字母组成，其中字母(A或B)表示灭火级别的单位及适用扑救火灾的种类。数字表示灭火级别的大小，如3A、5A、8A；1B、8B、20B。A或B代表A类火灾或B类火灾灭火的灭火级别规格。通常灭火器的规格由其充装的灭火剂量表示，如MP6、MY2、MF5等等。而灭火级别也可作为灭火器的一种规格表示法，如5A(MF6)、4B(MY2)、12B(MF5)等，详见附表2-3。

1. 我国现行标准规格与规格的灭火级别

现行标准规格与规格的两个标准系列分别为：1A、2A、3A、4A、6A、8A、10A和21B、34B、55B、89B……；而对C类火灾而言其火灾配置与B类相同；D类火灾场所的灭火器最低配置基准应根据金属的种类、物态及其特性等研究确定；E类火灾场所的灭火器最低配置基准不应低于该场所内A类(或B类)火灾的规定。

2. 灭火器的配置基准

所谓配置基准即是相关类型的灭火器按照不同危险等级的最小配置级别和配置数量。针对配置场所的火灾危险等级和灭火器的灭火级别，确定灭火器的配置基准见表2-6。

表2-6 灭火器配置基准表

扑救火的类型	A类火灾			B、C类火灾		
场所危险等级	轻危险级	中危险级	重危险级	轻危险级	中危险级	重危险级
单具灭火器最小灭火级别	1A	2A	3A	21B	55B	89B
单位灭火级别最大保护面积 m^2/A或B	100	75	50	1.5	1.0	0.5

(三) 合理选择灭火器的几个因素

(1) 灭火器配置场所的火灾种类。在某一灭火器配置场所内，正确合理选择灭火器是扑救火灾的关键之一，选择灭火器可按照灭火器使用范围执行。查明火灾所属A、B、C、D、E火灾类别，选择灭火器类型，如机房的特点和防火设计要求，决定选择手提式1211灭火器。

(2) 灭火器的火灾有效程度。对于同种类型灭火剂，要比较灭火剂的相同剂量的灭火效果，正确合理选择灭火剂类型，如卤代烷灭火效率是CO_2灭火剂的5倍。

(3) 对保护物品污损程度。干粉与卤代烷均可扑灭仪表、电器类火灾，但干粉残留物容易污染仪表，所以应注意针对火灾类型选择相应的灭火剂。

(4) 根据不同的灭火机理选择不同类型的灭火器。

(5) 在同一灭火器配置场所应选用灭火剂兼容的灭火器(如BC类干粉与ABC干粉不相溶，BC类干粉与泡沫或蛋白泡沫不相溶)。

(6) 灭火器的使用温度及灭火器设置点的环境温度见表2-7。

表 2-7 灭火器的使用温度范围

灭火器的类型		使用温度的范围/℃
水型灭火器	不加防冻剂	+5～+55
	添加防冻剂	-10～+55
机械泡沫灭火器	不加防冻剂	+5～+55
	添加防冻剂	-10～+55
干粉灭火器	二氧化碳驱动	-10～+55
	氮气驱动	-20～+55
卤代烷灭火器		-20～+55
二氧化碳灭火器		-10～+55

（四）灭火器的设置

（1）地点：灭火器通常设置在位置明显、便于取用的场所，通常设在走廊、楼梯、门厅等地。

（2）设置高度：灭火器顶部离地面应<1.5m，底部离地面高度≥0.15m。

（3）设置数量：一个计算单元内的灭火器数量不得少于 2 具。灭火器数量较多的场所，每个设置点的灭火器数量不宜多于 5 具。当住宅楼每层的公共部位建筑面积超过 $100m^2$时，应配置 1 具 1A 的手提式灭火器；每增加 $100m^2$时，增配 1 具 1A 的手提式灭火器。

（4）保护距离：灭火器的保护距离指配置场所内任一着火点至最近灭火器的行走距离。

（五）灭火器配置计算

灭火器配置的设计与计算应按计算单元进行。灭火器最小需配灭火级别和最少需配数量的计算值应进位取整。每个灭火器设置点实配灭火器的灭火级别和数量不得小于最小需配灭火级别和数量的计算值。灭火器设置点的位置和数量应根据灭火器的最大保护距离确定，并应保证最不利点至少在 1 具灭火器的保护范围内。对于地面建筑，灭火器配置所需的最小灭火级别应按下式计算

$$Q=K\frac{S}{U} \tag{2-1}$$

式中 Q——灭火器配置场所所需灭火级别，A 或 B；

K——修正系数；

S——灭火器的配置场所的保护面积，m^2；

U——A 类火灾或 B 类火灾的灭火器配置场所相应危险级别的灭火器配置基准 m^2/A、m^2/B。

具体计算时可参阅表 2-6 取值。

对于不设消火栓和自喷灭火系统的建筑 $K=1.0$；

对于设置消火栓系统的建筑 $K=0.9$；

对于设有自喷灭火系统的建筑 $K=0.7$；

设有消火栓和自喷系统的建筑 $K=0.5$；

同时设有消火栓和自喷系统的建筑物如：可燃露天堆放、甲乙类丙类液体储罐、可燃气体储罐，$K=0.3$。

灭火器的最大保护距离和最大保护面积见表 2-8 和表 2-9。

表 2-8　灭火器的最大保护距离表

扑救火的级别	A 类			B、C 类		
	轻危险级	中危险级	严重危险级	轻危险级	中危险级	严重危险级
手提式灭火器/m	25	20	15	15	12	9
推车式灭火器/m	50	40	30	30	24	18

注：D 类火灾场所的灭火器，其最大保护距离应根据具体情况研究确定，E 类火灾场所的灭火器，其最大保护距离不应低于该场所内 A 类或 B 类火灾的规定。

表 2-9　灭火级别的最大保护面积

灭火级别	最大保护面积/m^2			灭火级别	最大保护面积/m^2		
	严重危险级	中危险级	轻危险级		严重危险级	中危险级	轻危险级
3A			60	1B			10
5A	50	75	100	4B		30	40
8A	80	120	160	8B	40	60	90
13A	130	195	260	12B	60	90	120
21A	210	315	420	20B	100	150	200
27A	270	405	540	30B	150	225	300
34A	340	510	680	45B	225	337. 5	450
43A	430	645		90B	450	675	
55A	550			120B	600		

对于地下式建筑物灭火器配置场所所需的灭火级别按下式计算

$$Q=1.3K\frac{S}{U} \tag{2-2}$$

对于独立计算单元(灭火器配置的计算区域)，式(2-1)、式(2-2)中的 S 即为一个灭火器配置场所的保护面积。对于组合计算单元，公式中的 S 即为该单元所包括的若干个灭火器配置场所的保护面积之和。

灭火器配置场所每个设置点的最小需配灭火级别应按下式计算

$$Q_e=\frac{Q}{N} \tag{2-3}$$

式中　Q_e——每个设置点的最小需配灭火级别，A 或 B；

N——灭火器设置场所中设置点的数量。

【例 2-1】　某教学大楼六层有一间电子计算机房，墙内尺寸，长边为 30m，宽为 15m，房间内计算机等设备的占地面积均小于 $4m^2$，楼内设有消火栓系统，为保证初期防护的消防安全，用户要求为该计算机房配置灭火器。设计计算步骤如下：

解：(1) 确定该灭火器配置场所的危险等级。查附录 1 得知该计算机房属于严重危险等级的民用建筑物。

(2) 确定该灭火器配置场所的火灾种类。因扑救教学楼属于 A 类火灾，结合该机房通常使用的物品多为电子电器设备、电缆导线和磁盘、纸卡等固体可燃物，因此可以确认该机房可能发生 E 类火灾。且 E 类火突场所的灭火器最低配置基准不低于该场所内 A 类，按 A 类执行。查表 2-6 得知 A 类火灾配置场所灭火器的配置基准 $U=50m^2/A$。

(3) 划分计算单元。由于该机房与毗邻的教室危险等级不同，使用性质、平面布局和保护面积也不大相同，应将该机房作为一个灭火器配置场所的独立计算单元进行灭火器的配置设计计算。

(4) 计算该单元的保护面积。根据规定，建筑物的保护面积应按使用面积计算，因此该单元的保护面积为

$$S=30\times15=450\text{m}^2$$

(5) 计算该单元所需灭火级别。该机房属地面建筑，其扑救初期火灾所需的最小灭火级别合计值应按公式(2-1)计算：

$$Q=K\frac{S}{U}$$

该教学楼设有消防系统 $K=0.9$　则 $Q=0.9\times450/50=8.1\text{A}$

(6) 确定该单元的灭火器设置点数与位置：查表 2-8 严重危险级的灭火器最大保护距离为 15m，以长边或宽边两个中心点为圆心，以最大保护距离 15m 为半径画圆，要求该单元内任何一点均包含在这两个保护圆内，有“死角”存在。说明设两个点不合适。取三个点，位置分别在一个宽边的中点，两个长边的 10m 处，分别画圆，见图 2-11，没有“死角”存在。说明灭火器设在三处合适，所以 $N=3$。

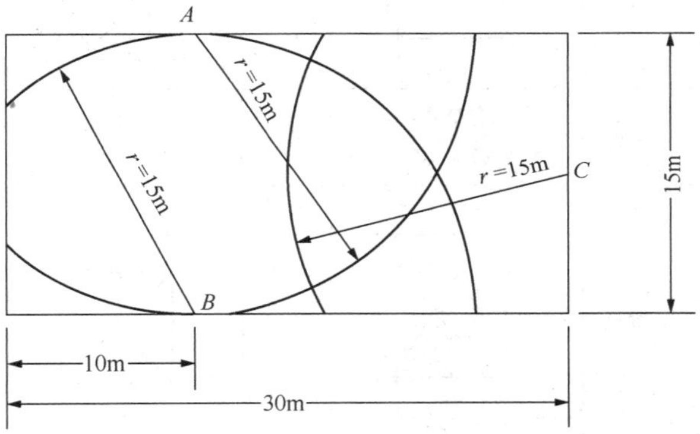

图 2-11　灭火器布置示意图

(7) 计算每个灭火器设置点的灭火级别。

$$\overline{Q}=Q/N=8.1/3=2.7(\text{取 3A})$$

(8) 确定每个设置点灭火器的类型、规格与数量。

① 根据机房的特点和防火设计要求，决定选择手提式 1211 灭火器。

② 规格与数量的确定。查规范严重危险等级单具灭火器最小灭火级别是 3A，所以需设 3A/3A=1(具)，取 1 具 3A 的 1211 灭火器。(本设计每个设置点选配 1 具 2kg 的 1211 灭火器，即 MY2×1 整个机房设置 3 处(独立计算单元)。

(9) 验算。

该单元实际配置的所有灭火器的灭火级别验算如下：

$$\sum Q_1=1(\text{具})\times3(\text{点})\times3\text{A}=9\text{A}>8.1\text{A}$$

(10) 确定灭火器设置方式，在设计图上标明灭火器的类型、规格与数量。

① 根据计算机房的使用性质和工艺要求，灭火器的设置方式应为嵌入式的墙式灭火箱，

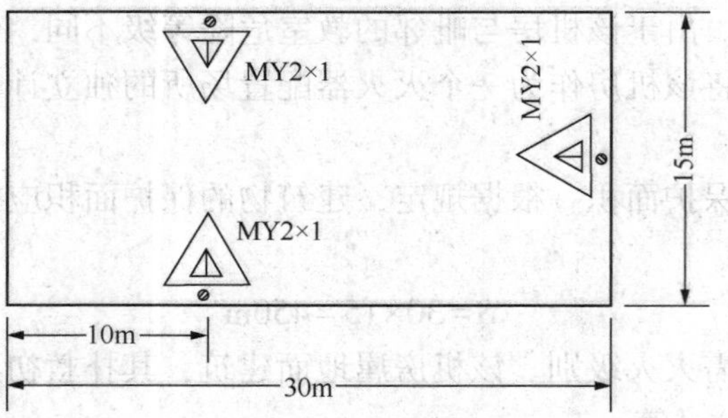

图 2-12　灭火器布置设计

即在 A、B、C 三处设置点处的内墙上(离地面高度小于 1.5m)预埋 3 只灭火器箱，将 3 具 MY2 灭火器平均分成三组分别放入 3 只箱内；

② 在设计图上的标记见表 2-10。

表 2-10　消防设施图形符号

编号	1	编号	2	编号	3	编号	4
符号	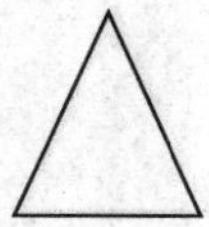	符号	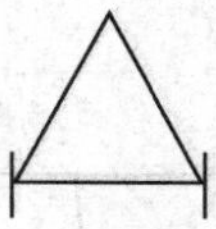	符号	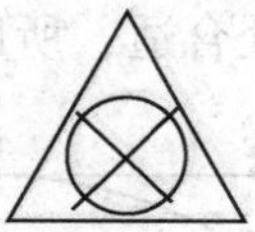	符号	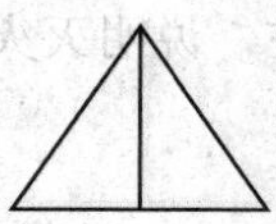
名称	手提式灭火器	名称	推车式灭火器	名称	手提式清水灭火器	名称	卤代烷灭火剂
编号	5	编号	6	编号	7	编号	8
符号	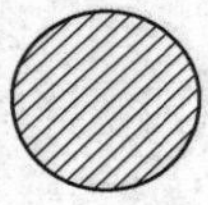	符号	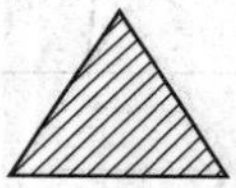	符号		符号	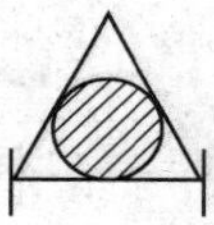
名称	泡沫灭火剂	名称	二氧化碳灭火剂	名称	BC 类干粉灭火剂	名称	推车式泡沫灭火剂
编号	9	编号	10	编号	11	编号	12
符号	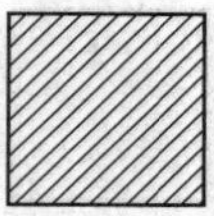	符号	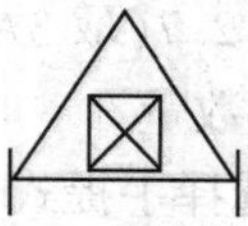	符号	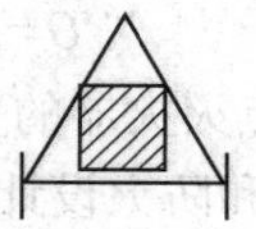	符号	
名称	ABC 类干粉灭火器	名称	推车式 BC 类干粉灭火器	名称	推车式 ABC 类干粉灭火器	名称	推车式卤代烷灭火器

三、消防器材

消防器材除了灭火器外，还有许多必要的灭火设施，如消火栓、水泵结合器、水带、水枪、消防泵及消防车等。

(一) 消火栓

消火栓分为室内消火栓(见图 2-13)和室外消火栓。其中室内消火栓有 *DN*65、*DN*25 两种型号。室外消火栓安装在室外市政管网上，通常采用生活与消防共享系统，室外消火栓分为地上式和地下式。

（1）室外地上式。气温较高的地区，并有市政给水管网的地方，供消防车或消防泵取水扑救火灾。

① 地上消火栓种类有三种。SS-150 型、SS-100 型（短管应小于 0.5m）、SS-65 型（防冻可加短管）（见图 2-14）。

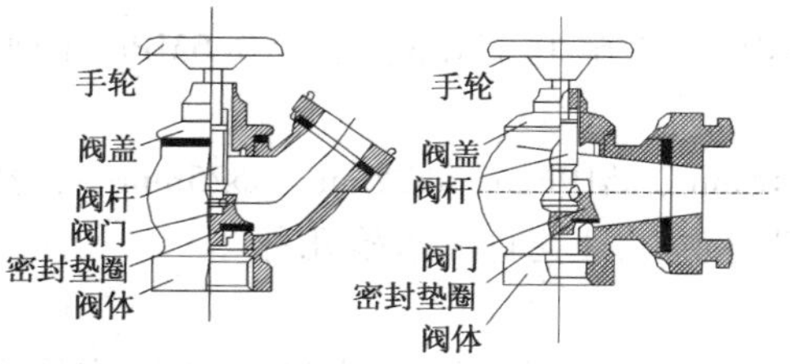

图 2-13　SN 型内消火栓结构图

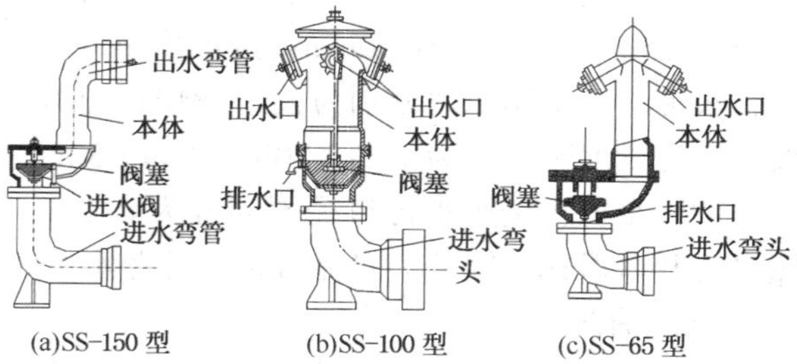

图 2-14　地上消火栓结构图

② 型号规格。SS-150 型，只有一个出水口，可供大型消防车取水用；SS-100 型，有一个直径为 100mm 的出水口供消防车取水，两个直径为 65mm 的出水口，供直接连接水带用；SS-65 型，只有供直接连接水带的 65mm 出水口两个。

（2）室外地下式。寒冷地区设置，应有明显的标志，便于寻找。室外地下式消火栓种类有 SX150、SX100A（单出口）、SX100（双出口），分别见图 2-15、图 2-16。

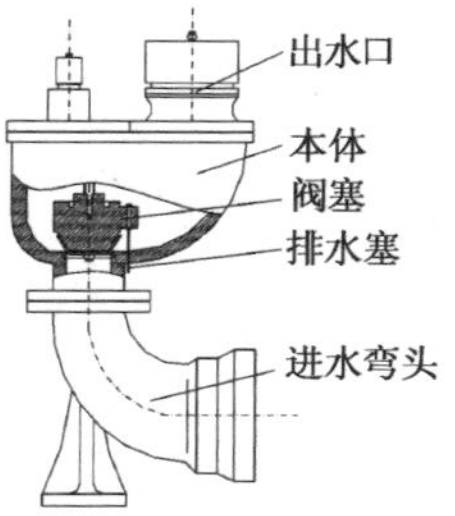

图 2-15　SX150/SX100A 型消火栓结构图

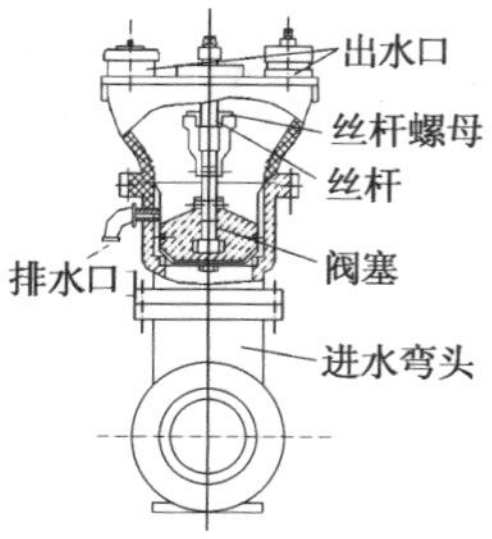

图 2-16　SX100 型消火栓结构图

（二）消防泵

1. 手抬机动消防泵

手抬机动消防泵适用于工矿企业、农村和城市道路、道路狭窄、消防车不能通过的地方。手抬机动消防泵有 BJT17、BJ10、BT15、BT20、BT22、BJ25D 六种，由汽油发动机、单级离化泵、手抬式排气引水装置，并配备吸水道、水带、水枪等必要的附件。

使用时携设备到火场水源附近，将吸水管与水泵进水口连接，并将吸水管另一端放入水中，检查油箱是否漏油，安装吸水管时，其弯曲度不应高于水泵进水口，以免形成空气囊，影响水泵性能。

2. 机动体引泵

机动体引泵主要用来扑救一般物质的火灾，也可附加泡沫管枪及吸液管喷射空气泡沫液，扑救油类、苯类等易燃液体的火灾，常用的有 BQ75 型牵引机动泵。

(三) 消防梯

消防梯是消防队队员扑救火灾时，登高灭火，救人或翻越障碍物的工具。目前普通使用的有单杠梯、挂钩梯、拉梯三种。单杠梯有 TD31 木质、TDZ31 竹质；挂钩梯有 TG41 木质挂钩、TGZ41 竹质挂钩、TGL41 铝合金挂钩；拉梯有二节拉梯 TE60(木)、TEZ61(竹)、TEL(铝)、三节拉梯 TS105 型。

(四) 水龙带和水枪

(1) 水龙带：水带按材料不同分为麻织、绵织涂胶、尼龙涂胶；按口径不同分为 50mm、65mm、75mm 和 90mm；按承压不同分为甲、乙、丙、丁四级各承受的水压强度不同，水带承受工作压力分别为大于 1MPa、0.8~0.9MPa、0.6~0.7MPa、小于 0.6MPa 几种；按照水带长度不同分为 15m、20m、25m、30m。

(2) 水枪：按照水枪口径不同分为 ϕ13mm、ϕ16mm、ϕ19mm、ϕ22mm、ϕ25mm…；按照水枪开口形式不同分为直流水枪、开花水枪、喷雾水枪、开花直流水枪几种。

(五) 消防车

目前我国的消防车有水罐泵浦车、泡沫消防车、干粉消防车、CO_2消防车、干粉泡沫水罐泵浦联用消防车、火灾照明车、曲臂登高消防车，部分消防车型号及车上离心泵的性能见附表 2-5。

第三章　城市消防建设和管理

现代城市是社会经济活动最为活跃的核心地域，要保证城市生产、生活等各项经济社会活动的正常进行，取决于城市基础设施的保障。交通、电力、热力、供水排水、环卫、防灾等各项城市工程系统构成了城市基础设施体系，为城市提供最基本的必不可少的条件，而城市的消防规划和消防安全设施是整个城市规划和城市建设的重要组成部分，是城市防灾、减灾的重要措施。

第一节　城市的消防规划

一、总平面防火设计的目的和依据

(一) 城市总平面防火设计目的

(1) 防止火灾对相邻建筑物或构筑物造成危害；

(2) 在总平面设计中要保证所设计的消防通道宽度在火灾中能使消防车辆及相关救助设施能顺利地完成灭火和救助工作；

(3) 确定重点保护单位。

(二) 城市总平面防火规划依据

(1) 建筑物的使用性质；

(2) 火灾危害性；

(3) 地形；

(4) 风向等因素，进行合理布局，尽量避免建筑物互相之间构成火灾威胁和发生火灾后可能造成的严重后果。

二、城市消防车道规划的要求

城市中的消防设施，必须根据城市的实际条件，进行具体的规划。各地的经济条件不一，消防的设施配套力量不同，各城市的规划要结合本地消防部队使用的消防车的外型尺寸、体积大小、周围通行条件等因素，然后结合城市长远规划来综合考虑进行设计。消防车道是供消防车灭火时通行的道路，消防车道可以与其他交通道路合用，但合用道路必须满足消防车的通行需要，它的设计首先应满足消防车使用的需要，通常消防车道应符合以下要求：

(1) 根据城市室外消火栓的设置要求：考虑一个室外消火栓的保护半径是150m左右，因此城市规划或总平面布局时街面内的道路应考虑消防车的通行，其道路中心线的间距不宜超过160m。

(2) 当有些沿街建筑物的长度超过150m或总长度超过220m时，扑灭这种建筑物的火灾很不方便，所以这类建筑物应设置穿过建筑物的消防车道，消防车进入或穿过建筑物的门洞，其净高和净宽均不小于 4m；门垛之间的净宽不应小于 3. 5m。

（3）消防车道的宽度不应小于 3. 5m，道路上空遇有管架、栈桥等障碍物时，其净高不应小于 4m，以免妨碍登高消防车操作，特殊大型消防车时，应与当地消防部门协商解决，各种消防车的满载(不包括消防人员)总重见附表 3-1。

（4）为保证火灾时消防车能够顺利、迅速地接近水源或水池，并便于取水，供消防车取水的天然水池，应设消防车道。消防车道的边缘距离取水点不宜大于 2m。

（5）消防车要靠近建筑物，必须开进庭院。为此设计庭院门垛时，要考虑特殊车辆进门时的技术条件，避免丁字路口、盘陀路或陡坡道，进入大门，按照车辆活动的极限范围设计门垛，满足消防车通行所需的宽度和净空高度见图 3-1。并要求路面具有重型车辆通行的承载能力，现将国产消防车的外型尺寸及满载质量列表如下：普通消防车的转弯半径为 9m，登高车的转弯半径为 12m，一些特种车辆的转弯半径为 16~20m。

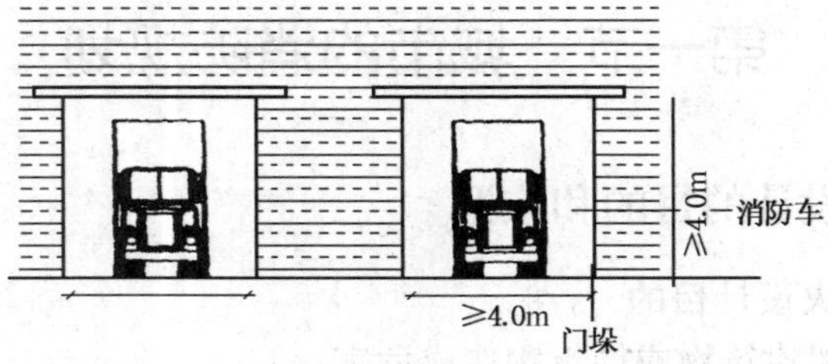

图 3-1　消防车道净高和净宽示意图

（6）为了给灭火创造有利条件，有必要在主体建筑物，特别是高大的公共建筑物周围，设置环行消防车道。尽头式消防车道应设置回车场或回车道，回车场的面积不应小于 12m×12m；对于高层建筑，不宜小于 15m×15m，供重型消防车使用时，不应小于 18m×18m。

三、城市规划的防火要求

城市的消防设施必须根据城市的实际条件，进行具体的规划，通常考虑以下几个方面：

（1）城市工业区应注意靠近水源，以满足消防供水的需要，易燃易爆的工厂和仓库，布置在远离城市的下风侧；易燃可燃液体仓库，应放在地势较低的地带，以便在发生火灾时不致因为液体流散而使火灾扩大蔓延，生产和储存爆炸物品的单位，与周围建筑物间应保持适当的安全距离，而且最好能在易燃易爆工厂或仓库周围种植阔树叶，布置防护林带，用于爆炸时减小冲击波的破坏作用；城市汽油站应远离重要公共建筑和人流集中的场所，位于河岸边的大型油库，最好设在城市下游，与城市保持相当远的距离。

（2）市政道路的宽度尽量不要小于沿街对面建筑之间的防火安全距离，从城市卫生要求来说，主要街道的走向应与常年主导风向一致。大型民用和工业建筑内的人员、物资都比较多，灭火时需要的器材装备也多，所以在大型建筑物前，除交通道路以外，还应适当考虑广场、绿地街心公园或停车场，以满足防火分隔、疏散人员、堆积疏散物资、消防操作、置放器材和停放各种救急车辆等用地的需要。

（3）城区内新建的建筑物应以一、二级耐火等级为主，控制三级耐火等级建筑物。在进行居住小区规划时，小区内应设置行车道，路宽不小于 3. 5m，间距不宜大于 160m，这些要求，主要是从灭火的需要出发的，如果街区或建筑物背街一面起火，消防车在街道上难于接近火场，给灭火造成很大困难，所以穿过建筑物的道路的间距不宜大于 150m 和建筑物沿街长度不要超过 160m。

沿街建筑有不少是 U 形、L 形的，从建设情况看，其形状较复杂且总长度和沿街的长度过长，必然会给消防人员扑灭火灾和内部区域人员疏散带来不便，延误灭火时机。根据实际情况，考虑在满足消防扑救和疏散要求的前提下，对 U 形、L 形建筑物的两翼长度不加限制，而对总长度做了必要的防火规定。另外，为方便街区内疏散和消防施救，在建筑沿街长度每 80m 的范围内设置一个从街道经过建筑物的人行通道或公共楼梯间是必要的。

(4) 地下(铁道、隧道、街道)地下停车厂的布置应与城市其他建筑有机地结合起来。

(5) 严格按照规格合理设置防火分隔、疏散通道、安全出口和报警、灭火、扑救等设施。

所以，在进行城市总平面防火设计中，应该首先满足城市规划的要求，其次还要考虑建筑物之间的防火间距，周围的消防通道设置及室外消防设施的设置等因素。

四、城市消防站

了解了城市的防火要求，再进行总体规划时，为保卫城市的消防安全将消防站布局列入城市规划，建立完整的消防体系，是为了控制火灾损失的重要条件。

城市消防站的数量，主要是将根据城区人口密度决定的，同时也要考虑城市的火灾危险度、气候、地形、交通等方面的条件，对消防站的数量做适当的调整，人口密度与消防站的数量关系见表 3-1。

表 3-1　人口密度与消防站的数量

人口密度(万人/km^2)	<1	1~2	2.1~3	≥3.1
定额(万人/站)	5~8	12~15	16~18	20~25

(一) 消防站的分布

消防站的任务是以能控制砖木结构初起火灾为标准，消防队必须在最短时间内到达火场。即从发现起火，从消防队到火场出水需要的时间为：发现起火 4min、报警和指挥中心处警 2.5min、接到指令出动 lmin、行车到场 4min、开始出水扑救 3.5min，共计 15min。

城市消防站就是消防车按平均时速 30~35km 计算消防车的行驶 4min 的实际路程，并以这段路程为半径，得到消防队管区的面积，为 4~7km^2。

实际上，消防队管区的面积，除考虑 5min 到达管区边界的要求以外，还要根据不同地区火灾危险度的大小和消防队相应灭火任务的多少，将消防队管区面积分别定为 5km^2、6.25km^2、8km^2。而且消防站应处在交通方便面临广场或较宽的街道上，以利随时出动。

(二) 消防站的占地面积

对于扑救一般的初期火灾，控制火势蔓延所需要的灭火力量，要求每个消防站至少应该配备两部消防车。消防站可分为普通消防站和特勤消防站两类，其中普通消防站可分为一级普通消防站和二级普通消防站。二级普通消防站有消防车 2~3 辆；一级普通消防站有消防车 4~6 辆；特勤消防站有消防车 7~10 辆。

消防站用地，包括消防站的建筑物、构筑物、训练场地等用地的总面积，因消防站规模的大小而有区别，在城市规划中，遇到的主要问题是训练场地问题。

消防站训练场地的密集，是由部分基本功训练的需要确定的。例如，为完成"消防战士基本功规定"的部分科目，需要的场地不能小于 1000m²；若为了完成全套科目的训练场地，则应不小于 1500m²。

但是为在城市起火次数多的繁华中心建立消防站，往往会因为找不到适当的训练场所地而无法实现，所以，在规划消防站的位置时，可将消防站与训练场地分开，采取邻近几个中队使用一个训练场的办法，也可利用附近公共体育馆等设施解决用地问题。

第二节　城市消防给水系统规划

建筑总平面防火设计中，除了要考虑防火间距，消防通道等因素外，还要考虑室外消防设施的布局。《建筑设计防火规范》中规定：在进行城镇、居住区、企事业单位规划和建筑设计中，必须同时设计消防给水系统，消防设施必不可少。

城市中的消防规划和消防安全车道是整个城市规划与建设的重要组成部分，大中城市应设有消防给水。

一、水源

城市自来水系统是城市的主要消防水源，因此在城市规划和建筑设计时，同时必须设计消防给水，在城市自来水扩建和改建时，应落实消防设施，保障城市用水。

大中城市消防给水的水源，一般不应少于两个，用于保障消防用水的安全。消防用水可由消防给水管道或天然水源供水，利用天然水源供水时，应确保枯水期最低水位时消防用水的可靠性，且应设置通向天然水源地的消防车道和可靠的取水设施，按使用水源不同，城市消防给水系统可分为地表水水源给水系统和地下水水源给水系统，若城市管网只能提供一个水源，则相关建筑或小区应另外修建消防水池。

二、水压

城市消防给水的水压按消防时水压要求分为高压给水系统、临时高压给水系统及低压给水系统。

（一）高压给水系统

高压给水系统又分常高压消防给水系统与临时高压消防给水系统。常高压消防给水系统：水压和流量在任何时间和地点均能满足灭火时所需压力和流量，系统中不需设置加压设备的消防给水系统，如图 3-2 所示。通常城市消防给水水压达到这样的要求是较少的，仅在石油化工厂、油库等独立的消防给水系统或建筑区设有高位水池的情况下，才有可能。但采用这种系统时，为了使消火栓能有效地供应消防车用水，当生产、生活与消防用水量达到最大时，水枪布置在保护范围内任何建筑物最高处时，水枪的充实水柱不应小于 10m。

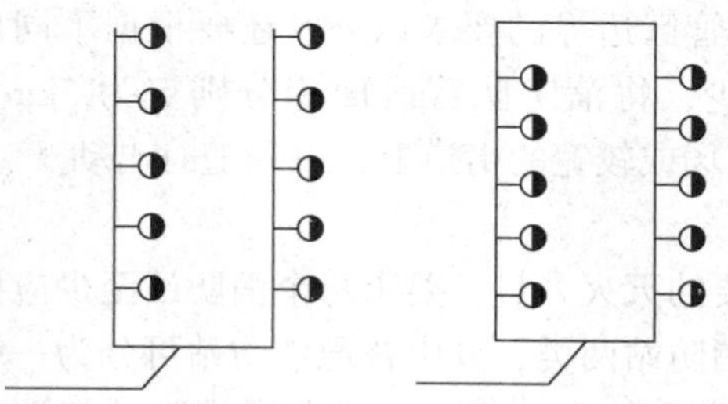

图 3-2　常高压消防给水系统

（二）临时高压给水系统

临时高压消防给水系统：系统内最不利点周围

的平时水压和水量不能满足消防时所需要求，火灾时需启动消防水泵，才能保证系统流量和压力对消防时的要求，如水池水泵水箱消防给水系统，如图 3-3 所示。

稳高压消防给水系统：它是临时高压系统的一种，水池水泵水箱临时高压消防给水系统(图 3-3)可满足建筑下部的水压水量，而稳高压消防系统在水箱间设有稳压设备，可经常保持系统所需水压，但水量不能经常保证，火灾时也如临时高压消防给水系统一样，需起动消防泵来保证系统消防时对水量水压的要求，如图 3-4 所示。

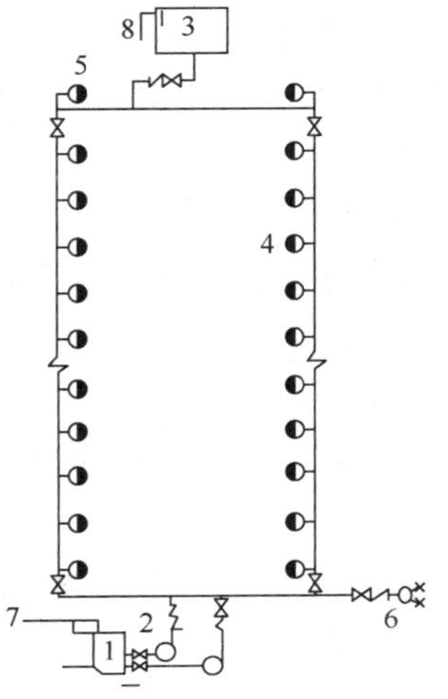

图 3-3　临时高压消防系统

1—水池；2—消防水泵；3—水箱；
4—消火栓；5—试验消火栓；6—水泵接合器；
7—市政进水管；8—水箱进水管

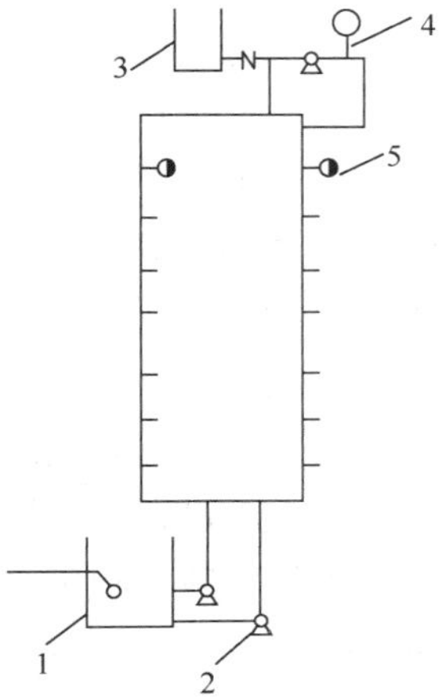

图 3-4　稳高压消防给水系统

1—水池；2—消防水泵；3—水箱；
4—稳压设备；5—消火栓

(三) 低压消防给水系统

平时系统不能满足消防灭火时所需水量水压要求、消防时需由消防车或消防泵来保证系统所需水量水压要求，如图 3-5 所示。采用这种系统时，保证灭火时管网上最不利点处消火栓的水压不小于 10m 水柱(从地面算起)。

三、供水设置分类

消防供水系统按用途分为四类。

(1) 生活用水与消防用水合用给水管道系统：通常城市、工矿企业常用此方式，此时 $Q=Q_{生活}+Q_{消防}$，该共享系统的管道仅按照生活水量确定管径，用消防流量作为最高峰用水量来校核管道管径。

(2) 生产与消防合用：在工业企业内，若消防时不会影响到生产的正常用水，而且生产设备检修时，不致引起消防用水中断的情况下，可采用生产与消防合用系统。

(3) 生产、生活、消防三者共享的给水系统：三者合用的给水系统，可以节约大量的投资和管材，是大中城市内广泛采用的给水系统，但在设计时应保证在生产用水和生活用水达到最大时，仍能供应全部消防用水量。

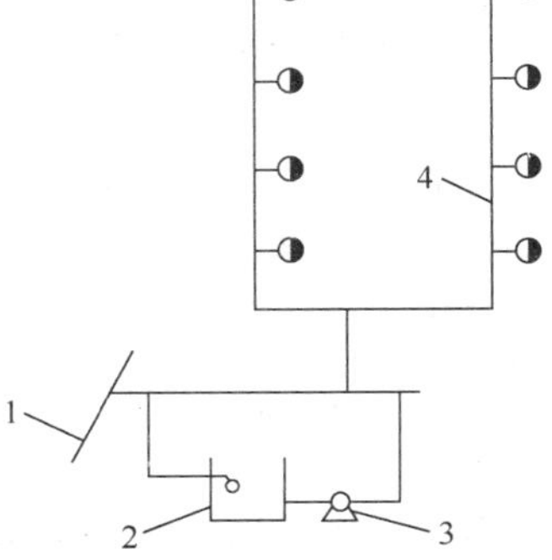

图 3-5　低压消防给水系统

1—室外管网；2—水池；
3—消防水泵；4—消火栓

（4）独立的消防给水系统：在工业企业内，生活、生产用水量较小而消防用水量较大时或生产用水可能被污染时，水质不同时，采用独立的消防给水系统，而且通常是采用临时高压系统供水。

四、城市给水管网布置

城市管网布置形式分为环状和枝状给水系统两种，一般以消防与生活共用水为多，所以顺沿城市给水管网布置，消火栓也隔一定的距离来铺设，为供水安全可靠，城市给水管线一般布置成环状，以防管道损坏停用时检修用水，枝状管网的布置，只能在建筑初期或室外消防用水量小于 15L/h，才可采用干线成树枝状的给水系统。

（1）室外消火栓应根据需要沿街道，道路设置，并应靠近十字路口，消火栓的间距应根据实际需要确定，当道路宽度超过 60m 时，为了避免水带穿越道路，宜在道路两边设消火栓。为保证消火栓取水方便，消火栓距路边不应超过 2m，地上消火栓应减少至 1.5m；为保证消火栓安全使用，距房屋外墙不小于 5m，但不大于 40m。甲、乙、丙类液体和液化石油气罐区发生火灾，火焰高，辐射热量大，人员很难接近，还有可能出现液体流散，因此消火栓不应设在防火堤内，应设在防火堤外的安全地点。

（2）根据我国国产消防车的供水能力和城市街区道路间距，室外消火栓的间距不应超过 120m，由于消防车的最大供水距离为 150m，故消火栓的保护半径为 150m。

（3）在城市，每个室外消火栓的用水量，即为每辆消防车的用水量。一般情况下，一辆消防车有两支口径 19mm 的水枪，当水枪的充实水柱长度在 10~17m 时，其相应的流量按 10~15L/s计算，室外消火栓的数量就是根据建筑物的室外消防用水量和每个消火栓的用水量确定的，而消防量小于等于 15L/s 的工厂、企业、住宅可不设室外消火栓，建筑物设置室外消火栓的数量：

$$n = \frac{Q}{10 - 15\text{L/s}} \tag{3-1}$$

通常高层建筑室外消火栓应设在高层建筑周围 40m 范围之内。

（4）管网流量：城市管网流量=室外消防用水量 Q_1+生活用水量 Q_2。

（5）管径：消防管道的直径，一般通过计算确定，但计算出来的管道直径小于 100mm 时，仍应采用 100mm。实践证明，直径 100mm 的管道只能勉强供应一辆消防车用水，因此，在条件许可时尽量采用较大的管径。

（6）阀门：室外消防管网应设有必要数量的消防分隔阀门，为了使消防车达到火场后，能就近利用水源灭火，环状管网上两阀门之间的管段上消火栓的数量应小于 5 个，以便第一出动供水车辆到达火场后，能就近利用消火栓一次串联供水，消防管网上阀门应在管网节点小管径上设置，并以“n-1”原则进行布置。

五、消防水池

城市给水管网为枝状管道或为环状，当生产、生活用水量达到最大，市政给水管道或天然水源不能满足室内外消防用水量时以及市政给水管道为枝状或只有一条进水管时，均应设置消防水池。消防水池是天然水源、市政给水管网等消防水源的一种重要的补充手段，其中有生产、生活和消防合用的消防水池，也有独立的消防水池。

1. 消防水池的容积

$$V=\text{火灾延续时间}\ T\times\text{消防用水总量(其中}\ Q_{\text{消总}}=Q_{\text{内}}+Q_{\text{外}}) \quad (3-2)$$

2. 火灾延续时间 T

居住区、工厂及丁、戊类仓库按 2h 计算；甲、乙、丙类仓库 $T=3h$；易燃可燃材料堆场 $T=6h$；储罐区内最大储罐的直径 $DN\leqslant 20m$，$T=4h$，直径 $DN>20m$，$T=6h$；高层民用建筑的百货大楼、展览楼、图书馆、邮政楼和高级宾馆和重要的办公楼以及高度大于 50m 的医院 $T=3h$，其他高层民用建筑 $T=2h$。

$$V_{\text{消}}=(Q_{\text{总}}-Q_{\text{补}})T \quad (3-3)$$

另消防水池的水一经动用，应尽快补充，补充时间 $t\leqslant 24\sim 48h$，

$$Q_{\text{补}}\times(24\sim 48)=V_{\text{消}} \quad (3-4)$$

式中 $Q_{\text{补}}$——水池进水管；

T——火灾延续时间。

由式(3-3)、式(3-4)可解出：$Q_{\text{补}}$ 及 $V_{\text{消}}$。

3. 备注

① 生产、生活与消防合用水池时，应设有消防用水不被动用的设施，见图 3-6。

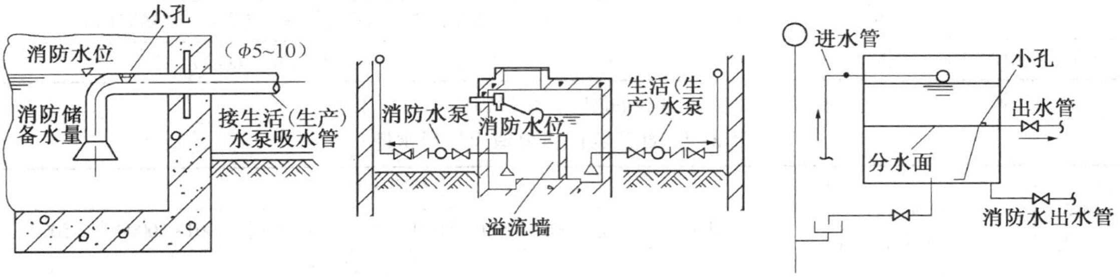

图 3-6　消防用水不被动用的几种做法

(a)在生活消防水位分界线上的消防出水管上开小孔；(b)生活、消防设置溢流墙；(c)消防出水管在下，生活出水管开小孔

② 当 $V>1000m^3$，应分设成两个。

③ 当高层民用建筑的 $V_{\text{消}}\geqslant 500m^3$ 时，就应分成两个独立设置的水池。

④ 消防水池与建筑物之间的距离不宜小于 15m，与甲、乙、丙类液体储罐的距离不宜小于 40m，与液化石油气储罐的距离不宜小于 60m，且水池周围应设消防车道，以便消防车从水池内取水灭火，消防车道应通向被保护建筑物。

六、室外消防用水量

城市(或居住区)室外消防用水量应按同一时间内的火灾次数和一次灭火用水量确定。同一时间内的火灾次数和一次灭火用水量分别见表 3-2。对于耐火等级为一、二级且体积≤$3000m^3$ 的戊类厂房或居住区人数不超过 500 人，且建筑物不超过二层的居住小区，可不设消防设施，除此之外均设消防设施。工厂、仓库和民用建筑同时发生火灾次数及室外消火栓用水量见表 3-3、表 3-4。

表 3-2　城市、居住区室外消防用水量

人数/万人	同一时间内的火灾次数/次	一次灭火用水量/(L/s)	人数/万人	同一时间内的火灾次数/次	一次灭火用水量/(L/s)
$N≤1$	1	10	$30<N≤40$	2	65
$1<N≤2.5$	1	15	$40<N≤50$	3	75
$2.5<N≤5$	2	25	$50<N≤60$	3	85
$5<N≤10$	2	35	$60<N≤70$	3	90
$10<N≤20$	2	45	$70<N≤80$	3	95
$20<N≤30$	2	55	$80<N≤100$	3	100

注：城镇的室外消防用水量应包括居住区、工厂、仓库(或堆场、储罐)和民用建筑的室外消防用水量。当工厂、仓库和民用建筑的室外消火栓用水量按表 3-3、表 3-4 建筑物的室外消火栓用水量计算，当其值不一致时，取大值。

表 3-3　工厂、仓库和民用建筑同时发生火灾次数

名称	基地面积/(10^4m^2)	附近居住区人数/万人	同时发生火灾次数	备　注
工厂	≤100	1.5	1	按需水量最大的一座建筑物(或堆场、储罐)计算
		>1.5	2	工厂、居住区各一次
工厂	>100	不限	2	按需水量最大的两座建筑物(或堆场、储罐)计算
仓库、民用建筑	不限	不限	1	按需水量最大的一座建筑物(或堆场)计算

注：采矿、选矿等工业企业如各分散基地有单位的消防给水系统时，可分别计算。

表 3-4　建筑物的室外消火栓用水量

耐火等级	建筑物名称和火灾危险性		建筑物体积/m^3					
			≤1500	1501~3000	3001~5000	5001~20000	20001~50000	>50000
			一次灭火用水量/(L/s)					
一、二级	厂房	甲、乙、丙 丁、戊	10	15	20	25	30	35
			10	15	20	25	30	40
			10	10	10	15	15	20
	库房	甲、乙、 丙、丁、戊	15	15	25	25	—	—
			15	15	25	25	35	45
			10	10	10	15	15	20
	民用建筑		10	15	20	20	25	30
三级	厂房或库房	乙、丙 丁、戊	15	20	30	40	45	—
			10	10	15	20	25	35
	民用建筑		10	15	20	25	30	—
四级	丁、戊类厂房或库房		10	15	20	25	—	—
	民用建筑		10	15	20	25	—	—

注：1. 室外消火栓用水量应按消防用水量最大的一座建筑物计算。成组布置的建筑物应按消防用水量较大的相邻两座计算；

2. 国家级文物保护单位的重点砖木或木结构的建筑物，其室外消火栓用水量应按三级耐火等级民用建筑的消防用水量确定；

3. 铁路车站、码头和机场的中转仓库其室外消火栓用水量可按丙类仓库确定。

第三节　重点消防保护单位的确定

为了确定城市或管辖区内的重点保护单位，消防队须对城市或管区内的工厂、仓库、堆厂、储罐等公共建筑物进行全面调查，了解各单位的火灾危险性程度、设备价值、人员集中情况、本单位在国民经济和政治上的地位及影响程度，确定消防重点保卫单位。

消防重点保护单位一般是：火灾危险性大，火灾后造成经济损失大的单位，如甲、乙类火灾危险性的厂房、库房、油库、液体堆积场、易燃材料堆场、棚户区等；发生火灾后人员集中且伤亡大的单位，如大会堂、礼堂、影剧院、医院、高级旅馆以及住宅；火灾发生后经济损失大的单位，如百货大楼的仓库、图书馆、国家物资仓库、档案馆、大中型电子计算机房以及有贵重设备的建筑物等；发生火灾后政治影响大的单位，如电信楼、广播楼、邮政楼、展览楼；发生火灾后，易造成大面积火灾，需要消防用水量大的单位，如纺织厂、亚麻厂、木材加工厂等。

一、绘制重点单位的平面图

通过调查研究，掌握重点保护单位的建筑布局，周围环境，消防道路、消防水源以及消防设备的情况以后，应该绘制出重点保护单位的平面布置图，见表 3-5～表 3-13。

重点保护单位的平面布置图应包括下面内容：

（1）绘出重点保护单位的主要建筑物，见表 3-5。

（2）绘出重点保卫单位四周的主要建筑物和火灾危险性较大的建筑物或部位。

（3）绘出重点单位内的消防道路，重点单位外面相邻近的主要消防道路。

（4）绘出重点保卫单位内的消防水源(消防管道的布置、管道直径、消防阀门和消火栓的位置，消防水池的位置和容量)和重点保卫单位相邻近的水源情况。

（5）了解重点保卫单位内消防队容易扑救火灾的消防设备点的位置。

（6）了解城市消防站与重点保卫单位的距离和消防车到达火场的方位等。

表 3-5　某重点保护单位所处位置示意

基本概况	战术措施	火灾危险性	重点部位	第一出动作战图
增援出动作战图	全面展开作战图	有关文字资料	图片资料	灭火理论提示

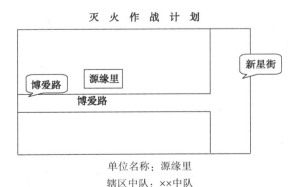

灭 火 作 战 计 划

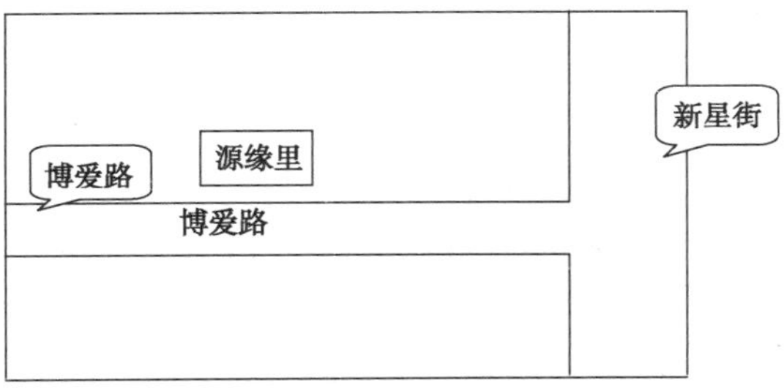

单位名称：源缘里

辖区中队：××中队

制订日期：　　年　　月

表 3-6　某重点保护单位基本概况

单位概况	建筑情况	使用功能概况	建筑消防设施概况	室外水源情况	
单位概况					
单位名称	源缘里	地址	南京路 60 号	电话	
单位负责人	李××	职务		电话	
消防安全管理员	张××	职务		电话	
物业管理单位		负责人		电话	
建筑面积					
占地面积	$350m^2$	建筑面积	$××m^2$	建筑高度	
建筑结构	钢混	耐火等级	一级	使用性质	茶馆
主体层数		主体地上		主体地下	
裙房层数		裙房地上		裙房地下	

使用功能概况			
层数	面积	主要使用功能	备注
一楼	$350m^2$	出租房	
二楼	$350m^2$	大厅	
三楼	$350m^2$	包厢	重点防护部位
四楼	$350m^2$	办公室	

表 3-7　火灾危险性

源缘里位于××路××号，是一个茶馆，其危险性主要表现在以下几点： 1. 人员流动量大，发生火灾蔓延速度快人员难以疏散； 2. 电器设备和线路多耗电量大宜造成线路短路，电器设备长时间运行，造成线路过负荷而引发火灾； 3. 单位地处闹市区，车、人流量大，火场秩序维护工作量大
重点危险部位情况
1. 包厢

表 3-8　战术措施

力量调集	人员疏散	供水措施	可利用条件	注意事项
力量调集				
第一出动： 支队：指挥车 ××中队：东风水罐、黄河、五十铃、中低压泵、斯太尔				
人员疏散组织				
1. 把抢救和疏散人员放在首位，要按次序撤出，同时做好现场宣传工作在迁散人员的同时出水控制火势蔓延； 2. 组织若干战斗小组利用一切出口和通道，积极把场内的人员向场外安全地带疏散				
供水措施				
阻截火势时尽量使用高压直流水枪保证水枪的充实水柱和流量				

表 3-9　现有建筑消防设施概括

1	灭火器	干粉 12 个	
2			
3			
室外水源情况			
水源类型	地点	距火场距离	备注
博爱路 5 号市政消火栓	机电摩托车店门口	80m	管径 200mm，压力 0.3MPa，流量 48L/s
博爱路 6 号市政消火栓	三中出口	100m	

表 3-10　灭火时周围可利用条件

火场用水量最大时，应及时利用周围道路上的消火栓向火场供水
注意事项
1. 建筑物体积大，人员集中，发生火灾后要按指令有秩序地疏散人员防止混乱； 2. 进攻路线长，进入火场的战斗员要佩戴好空气呼吸器做好个人防护工作； 3. 闹市区发生火灾及时向市局 110 报警中心报告，调出足够警力维护火场秩序

表 3-11　有关单位资料

有关文字资料				
单位情况	危险品储存及措施			
单位情况				
危险品储存及措施				

表 3-12　图片资料

图片资料

（一）参战力量编成说明书及任务书

（二）单位总平面图

（三）灭火力量作战图

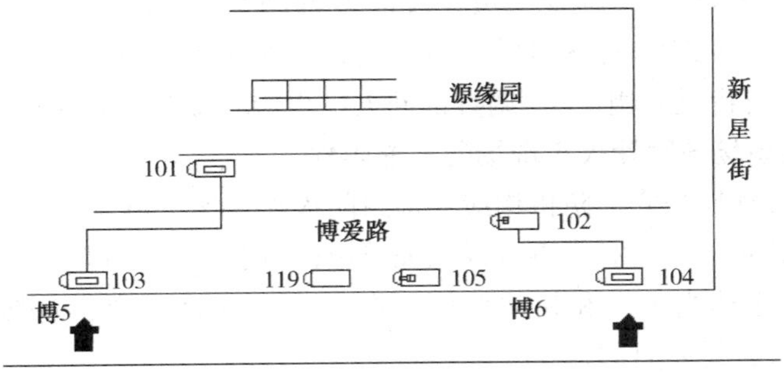

表 3-13　消防车辆灭火分配情况

单位	车型及编号	行车路线	停车位置	主要任务
一中队	东风(101)	竹南路—观鱼东路—新丰路	正门	灭火，正门进入，2、3 楼各出 1 支水枪灭火
	黄河(102)		大楼右边	灭火，架拉梯进入，3、4 楼各出 1 支水枪灭火
	五十铃(103)		博 6 号消火栓	供水，向 101 供水
	中低压泵(104)		博 5 号消火栓	供水，向 105 供水
	斯太尔(105)		博爱路	疏散人员及物资
支队	指挥车(119)	博爱路	博爱路	火场指挥
备注	各作战小组协同作战，及时成立救人小组，疏散抢救人员			

二、火灾现场情况调查

一旦发生火灾，灭火后分别进行火灾现场勘察笔录、火灾现场物证提取笔录、询问笔录、封闭火灾现场通知书、解除火灾现场通知书、火灾原因认定书、火灾事故责任书、火灾损失核定书、火灾事故调查报告、电气火灾物证技术鉴定申请单、火灾案件情况表。笔录过程涉及面全内容大概如下：

（一）火灾现场的勘察附件

内容包括火灾发生地点、火灾发生单位名称、接警时间、现场勘察时间、包括当天的气像情况(气温，风向，风力)、现场概况、勘察记录、勘察人员姓名、工作单位及职务、职称等如实填写。

（二）火灾现场物证的提取附件

内容包括现场勘察中发现的证明火灾蔓延方向、起火部位、起火点和起火原因的痕迹物证应当采用录像、照相地、等多种形式先记录再提取，提取物证要全面、准确，须制作提取笔录，提取时须有两名以上火灾事故调查人员在场，并在提取笔录上签名，物证提取后要按规定封装并在封口处加盖公安消防机构印章，对典型痕迹物证在结案后要注意留存，定期送总队电气火灾原因鉴定实验室集中保管，提取痕迹物证的名称和数量要注明，提取物证人员姓名、工作单位及职务、职称等如实填写。

（三）询问笔录附件

火灾事故调查询问人员不得少于 2 人，询问时制作笔录，笔录开头应写上表明身份的语言：我们是××单位的火灾事故调查人员，现向你询问与××火灾有关的情况，请你如实回答”，询问笔录应当由被询问人核实后签名或盖章，被询问人必须在笔录结束处顶格写上“以上笔录我看过，与我说的相符”，调查询问人员也应当签名或者盖章。

（四）封闭火灾现场与解除火灾现场通知书附件

火灾发生后，管辖地公安消防机构应立即封闭火灾现场，填写《封闭火灾现场通知书》，在火灾扑救结束后及时送达火灾当事人或相关单位(部门)。火灾调查结束后，填发《解除火灾现场封闭通知书》送达当事人和相关单位(部门)，基本格式内容包括起火单位、起火时间、单位主要负责人、封闭时间。

封闭火场时，执行如下要求：

(1) 接此通知后，立即组织人员按以上确定的区域昼夜保护好火灾现场；

(2) 未经公安消防机构同意，任何人不得进入火灾现场(包括现场保护人员)；

(3) 火灾现场有紧急情况时，应及时向公安消防机构报告；

(4) 需撤消火灾现场封闭时，应向公安消防机构提出书面申请，接到《解除火灾现场封闭通知书》后方可撤消；

(5) 对违反本通知书规定的单位和个人，将按照《中华人民共和国消防法》和《××省消防条例》的有关规定予以处罚。

(五)《火灾原因认定书》《火灾事故责任书》和《火灾损失核定书》附件

《火灾原因认定书》《火灾事故责任书》和《火灾损失核定书》的制作，要按照公安部《火灾事故调查规定》的式样，不得随意变动。法律文书中的火灾简要经过及火灾基本情况包括火灾时间、地点、过火面积、人员伤亡和受灾户数等，火灾原因结论中应明确起火部位，为便于制作，三联式文书。《火灾原因认定书》《火灾事故责任书》和《火灾损失核定书》等需分别送达多名当事人时，存根联上的承办人、审核人、签发人须亲笔签名，留档保存，须抄送有关单位的应抄送附卷联的复印件，加盖“××公安消防机构本件与原件核对无误”专用章。

(1) 火灾原因认定书

经过消防专业人员的认定，确定火灾事故原因后，公安局要填写火灾原因认定书，基本内容见表 3-14。

表 3-14　××市公安局火灾原因认定书

当事人	名称	××市××区××市场	起火时间	年　月　日 时　分
	地址	××市××路××号		
简要经过及原因	包括：火灾时间、地点、过火面积、人员伤亡和受灾户数火灾原因结论中应明确起火部位			
认定结论及依据	认定该起火灾原因为：×××违章动焊引燃周围可燃物引起火灾 依据：1. 火灾现场勘察笔录； 2. 询问笔录； 3. 技术鉴定报告； 4. 火灾事故调查专家组×××专家意见； 5. 现场照片、现场图			
承办部门：防火处　承办人：××× 审核人：×××　签发人：××× (公安消防机构印章)年月日				
本认定书：				

(2) 火灾事故责任书

责任认定时应写清楚责任人应履行的职责以及违法违规行为，明确其责任。认定的责任主要有以下四类：①直接责任；②间接责任；③直接领导责任；④领导责任。一起火灾只出具一份《火灾事故责任书》，可认定多人不同责任，内容如表 3-15。

表 3-15 ××市公安局火灾事故责任书 (×)公消责[]第×号

当事人	名称		性别	
	住址	××市××路××号	年龄	
简要经过及原因	包括：火灾时间、地点、过火面积、人员伤亡、受灾户数和火灾原因结论			
责任及依据	×××负直接责任 依据：×××违章动焊，直接导致火灾的发生			
处理意见	张××的行为已造成严重后果，应追究其刑事责任			

承办部门：防火处承办人：×××

审核人：×××签发人：×××

（公安消防机构印章）年 月 日

本认定书抄送：

（3）火灾损失核定书

火灾损失核定要按照以下程序进行：首先由当事人先填写《火灾直接财产损失申报表》，提供有关原始票据和直接财产损失真实情况，其次由负责调查的公安消防机构按《火灾统计管理规定》进行核定，最后下发《火灾损失核定书》。对涉及多方当事人的火灾，只出具一份《火灾损失核定书》，所核定的火灾损失须分别明确各方当事人的损失，当事人对火灾损失不服的，只能向上一级公安消防机构申请重新核定，重新核定的时限和其他程序同火灾原因和火灾事故责任的重新认定。

（六）××火灾事故调查报告

灭火后，负责调查的公安消防机构撰写××火灾事故调查报告，火灾事故调查报告主要包括以下内容：

（1）火灾单位概况；

（2）火灾扑救情况；

（3）死伤人员情况；

（4）火灾原因调查情况：包括起火部位认定，起火点认定，起火原因的认定；

（5）火灾事故教训；

（6）火灾事故责任处理。

（七）法律文书呈批表附件

以上内容做完后要形成法律文书呈批表，进行填表。

（八）附件电气火灾物证技术鉴定申请单

电气火灾现场提取的电线电缆熔痕等，必须进行技术鉴定，由总队已成立电气火灾原因技术鉴定实验室并投入运行，各地对火场中提取的电线电缆熔痕等物证可送总队电气火灾原因技术鉴定实验室进行分析鉴定，送样时一并填写《电气火灾物证技术鉴定申请单》。

（九）附件火灾案件情况表

火灾的发生通过鉴定形成定论，依据直接财产损失的大小、死亡人的多少做出火灾事故责任认定结论及处理情况，最后达成是否立案及理由如何，填写火灾案件情况表。

第四节　消防设备的联用

一、火场供水方法

火场上所需要采取的供水方法，根据控制火势、保护物资设备和扑灭火灾的需要，结合火灾现场的水源和消防器材等情况来决定。水源离火场超过150m(或200m)，除接力供水外还有运水供水方法，通常水源离火场的距离介于150~1500m之内，采用接力供水(串联供水)；若水源离火场较远，大于1500m且有宽阔的道路可采用运水方法。

(一) 消防车的供水方法

由于水龙带长度有限，火场灭火时由于水源、火场、加压、占地空间的限制，往往采用多条水带联合使用灭火。在此需要明确直接供水和联合供水的含义，所谓直接供水指火场供水战斗车直接停靠水源，利用吸水管或消火栓自身的压力从水带或消火栓内取水，消防车直接铺设水带干线出水灭火；所谓联合供水指一辆消防车接出两条或两条以上水带干线，通过多种方法连接(串接或分水器连接)供大功率水车或水枪灭火供水。消防车从水源往火场供水的方法有四种：单干线直接供水、双干线供水、单干线分水器供水和消防车并联供水。

(1) 单干线直接供水：火场距离水源≤100m，火场供水车直接停靠水源，利用一条或几条水带吸水或利用消火栓自身压力用水带从消火栓内取水，分别向火场供水，见图3-7。

(2) 双干线直接供水：火场距离水源>100m但<150m(或200m)而此时火场需要使用大口径水枪时，消防车采用数支ϕ65mm麻质水带，可采用双干线或采用分水器双干线供水方法，将水源地的水送往火场。进行灭火，但水枪不能同时使用ϕ19mm，见图3-8。

图3-7　单干线直接供

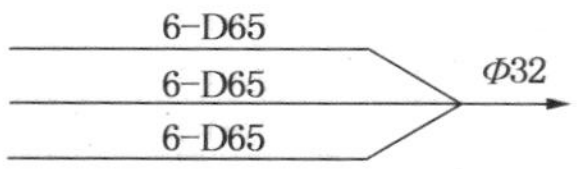

图3-8　双干线直接供水

(3) 单干线分水器供水。一台大功率的消防车，用分水器分成几支分别接65mm的水带；然后各自接水枪灭火，见图3-9。

(4) 消防车并联供水。指水源离火场较远，超过消防车的直接供水能力(150~200m)，应采用消防车接力供水方法，将水源地的水送往火场。通常由两辆或三辆供水车，为一台大吨位灭火车供水。除了用大口径干线供水外，若用65mm的水带作为干线，应采用双干线接力供水方法，见图3-10。

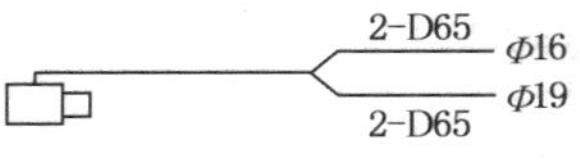

图3-9　单干线分水器供水

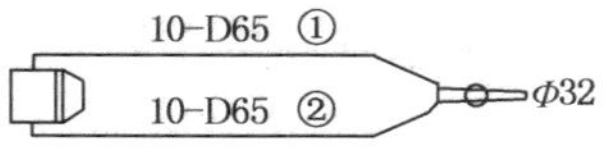

图3-10　消防车并联供水

(二) 消防车的吸水方式

利用天然水源水池、景观池等均可做消防水源，吸水时注意吸水管不要高出水泵轴，否则容易形成气蚀现象，供消防车取水的消防水池应保证消防车的吸水高度不超过6m。

（三）排吸器的供水

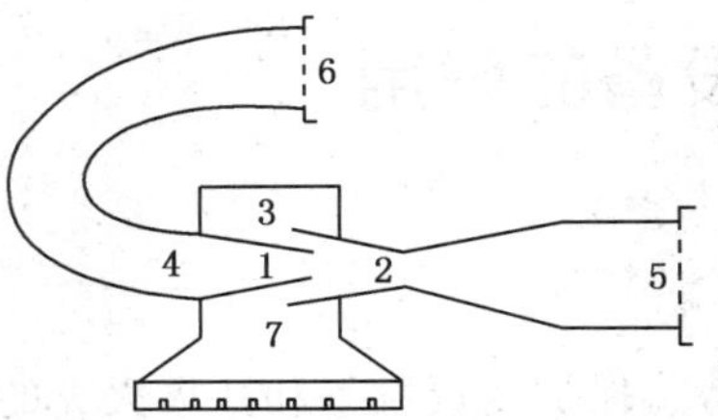

图 3-11　排吸器的构造图

1—排吸器的喷嘴，口径为 10mm；2—排吸器的混合管，管径为 26mm；3—排吸器的真空室；4—喷嘴进水管，直径为 26mm；5—出水接口，直径为 50mm；6—进水接口，直径为 50mm；7—吸水口

水源距离消防车 8m 以上时，消防车无法停靠或超过消防车的吸水深度，水温超过 60℃影响水泵真空度时，可采用排吸器与消防车上水泵联合引水，向灭火阵地供水。排吸器利用水射器的吸水原理制造的，是排除火场灭火后的积水或从水源取水的消防设备，它由喷嘴、混合管、真空室、吸水口等组成，其构造见图 3-11。

排吸器的使用方法有：

（1）排吸器与消防泵浦车；

（2）排吸器与消防水罐车；

（3）排吸器与手抬泵等配合取水；

（4）水罐泵浦车与排吸器配合取水，水罐泵浦车的水罐作为中间水槽取水，如图 3-12(a)将排吸器的出水口与工作水带连接，水带与消防泵的出水口连接，排吸器回水水带引到水罐内，将排吸器放入水源中，消防水泵向排吸器供水，排吸器从水源吸水，将水送到水罐内，当水罐的水位达到 2/3 以上时，消防车接出另一条干线，供应火场用水；

（5）泵浦车与排吸器联合使用：泵浦车上无水罐，因此应设置调节水槽，见图 3-12(b)。

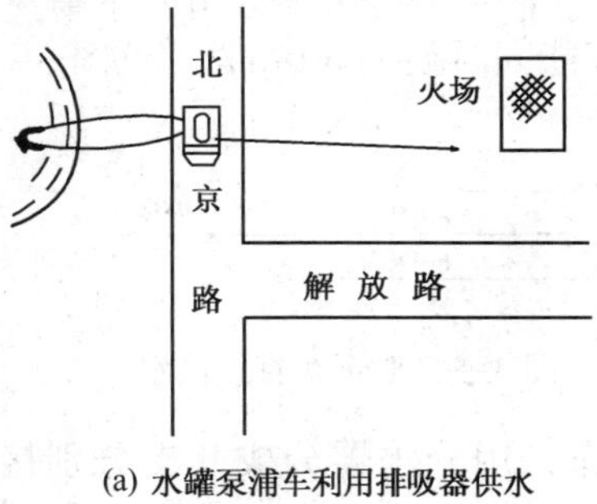

(a) 水罐泵浦车利用排吸器供水

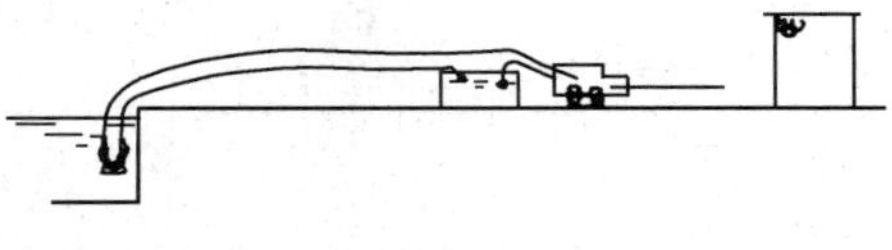

(b) 泵浦车利用排吸器供水

图 3-12　排吸器的使用方法

（四）合理使用消火栓

正确合理使用消火栓取水灭火的方法：

（1）在消火栓的出口上连接水带向水罐车供水；

（2）在消火栓的出口上连接水带，再用集水器连接在水泵进水口，用水泵吸水；

（3）直接将吸水管连接在消火栓出口上，用水泵吸水。

二、计算

（一）水头损失计算

消防时，有时仅设一条水带干线，有时设两条或多条干线并联供水，但每一条干线上，可能设几条不同情况（口径、材质）的水带，消防车每条水带长度一般为 20m，而每条水带水头损失见表 3-16；水枪消防射流的相关技术数据见表 3-17、表 3-18 及表 3-19，其阻抗

系数 S 值见表3-20，不同连接方式的水头损失不同。

表 3-16　每条水带水头损失(9.8kPa)

水带类型	麻质水带				衬胶水带			
直径/mm 流量/(L/s)	50	65	75	90	50	65	75	90
2.0	1.25	0.345	0.120	0.064	0.600	0.140	0.060	0.0320
2.3	1.59	0.451	0.159	0.086	0.764	0.185	0.079	0.0430
2.5	1.88	0.540	0.188	0.1400	0.938	0.219	0.118	0.0500
3.0	2.70	0.771	0.270	0.144	1.35	0.315	0.135	0.0720
3.3	3.27	0.940	0.327	0.175	1.68	0.381	0.163	0.0875
3.4	3.47	0.995	0.347	0.195	1.73	0.405	0.173	0.0925
4.0	4.80	1.371	0.480	0.250	2.40	0.560	0.240	0.1280
4.6	6.35	1.810	0.035	0.338	3.17	0.740	0.317	0.1690
4.8	6.71	1.970	0.671	0.370	3.46	0.806	0.346	0.185
5.0	7.50	2.150	0.750	0.400	3.75	0.875	0.375	0.200
5.5	9.08	2.60	0.910	0.484	4.54	1.06	0.454	0.242
6.0	10.79	3.07	1.08	0.574	5.40	1.26	0.540	0.287
6.1	11.16	3.20	1.12	0.592	5.58	1.30	0.559	0.296
6.5	12.67	3.62	1.27	0.676	6.34	1.48	0.634	0.338
6.8	13.87	3.96	1.31	0.740	6.94	1.62	0.694	0.370
7.0	14.70	4.20	1.47	0.780	7.35	1.72	0.735	0.392
7.5	16.87	4.80	1.69	0.900	8.44	1.97	0.844	0.450
8.0	19020	5.50	1.92	1.012	9.60	2.24	0.86	0.511
8.2	20.17	5.77	2.02	1.018	10.01	2.35	1.01	0.540
8.5	21.67	6.20	2.17	1.156	10.82	2.53	1.08	0.578
9.0	24.30	6.97	2.43	1.206	12.15	2.64	1.22	0.648
9.6	27.64	7.90	2.77	1.480	13.65	3.32	1.38	0.740
9.9	29.40	8.45	2.94	1.580	14.65	3.43	1.47	0.790
10.0	30.00	8.60	3.00	1.600	15.00	3.50	1.50	0.80
10.8		10.03	3.50	1.86		4.08	1.75	0.93

表 3-17　直流水枪技术数据表

充实水柱/m	喷嘴口径(13mm)		喷嘴口径(16mm)		喷嘴口径(19mm)		喷嘴口径(22mm)		喷嘴口径(25mm)	
	压力/ mH_2O	流量/(L/s)	压力/ mH_2O	流量/(L/s)	压力/ mH_2O	流量/(L/s)	压力/ mH_2O	流量/(L/s)	压力/ mH_2O	流量/(L/s)
6.0	8.1	1.7	8.0	2.5	7.5	3.5	7.5	4.6	7.5	5.9
7.0	9.6	1.8	9.2	2.7	9.0	3.8	8.7	5.0	8.5	6.4
8.0	11.2	2.0	10.5	2.9	10.5	4.1	10.0	5.4	10.0	6.9

续表

充实水柱/m	喷嘴口径(13mm)		喷嘴口径(16mm)		喷嘴口径(19mm)		喷嘴口径(22mm)		喷嘴口径(25mm)	
	压力/mH_2O	流量/(L/s)	压力/mH_2O	流量/(L/s)	压力/mH_2O	流量/(L/s)	压力/mH_2O	流量/(L/s)	压力/mH_2O	流量/(L/s)
9.0	13.0	2.1	12.5	3.1	12.0	1.3	11.5	5.8	11.5	7.4
10.0	15.0	2.3	14	3.3	13.5	4.6	13.0	6.1	13.0	7.8
11.0	17.0	2.4	16	3.5	15.0	4.9	14.5	6.5	14.5	8.3
12.0	19.0	2.6	17.5	3.8	17	5.2	16.5	6.8	16.0	8.7
12.5	21.5	2.7	19.5	4.0	18.5	5.4	18.0	7.2	17.5	9.1
13.0	24.5	2.9	22.0	4.2	20.5	5.7	20.0	7.5	19.0	9.6
13.5	26.5	3.0	24.0	4.4	22.5	6.0	21.5	7.8	21.0	10.0
14.0	29.5	3.2	26.5	4.6	24.5	6.2	23.5	8.2	22.5	10.4
15.0	33.0	3.4	29.0	4.8	27.0	6.5	25.5	8.5	24.5	10.8
15.5	37.0	3.6	32.0	5.1	29.5	6.8	28.0	8.9	27.0	11.3
16.0	41.5	3.8	35.5	5.3	32.5	7.1	30.5	9.3	29.0	11.7
17.0	47.0	4.0	39.5	5.6	35.5	7.5	33.5	9.7	31.5	12.2
17.5	53.0	4.3	43.5	5.9	39.0	7.8	36.5	10.1	34.5	12.8
18.0	61.0	4.6	48.5	6.2	43.0	8.2	39.5	10.6	37.5	13.3
19.0	70.5	4.9	54.5	6.6	47.5	8.7	43.5	11.1	40.5	13.9
19.5	82.0	5.3	61.5	7.0	52.5	9.1	47.6	11.7	44.5	14.5
20	98.0	5.8	70.0	7.5	59.0	9.6	52.5	12.2	48.5	15.2

表 3-18　各种口径水枪喷嘴出流率及阻抗系数

喷嘴口径/mm	出流率	阻抗系数 S	喷嘴口径/mm	出流率	阻抗系数 S
13	0.588	2.890	38	5.020	0.040
16	0.891	1.260	44	6.740	0.022
19	1.260	0.634	50	8.700	0.0132
22	1.680	0.353	65	14.40	0.0046
25	2.170	0.212	75	19.30	0.00268
28	2.730	0.134	90	27.80	0.00130
30	3.130	0.102	100	34.40	0.00082
32	3.560	0.079			

表 3-19　直流水枪的反作用力(9.8kPa)

喷嘴压力/9.8kPa \ 喷嘴口径/mm	13	16	19	22	25	28	32	38
10	2.7	4.0	5.7	7.6	9.8	12.3	16.1	22.6
20	5.4	8.0	11.3	15.2	19.6	24.6	32.2	42.2
27	7.3	10.8	15.5	20.5	26.5	33.2	43.5	27.0

续表

喷嘴口径/mm 喷嘴压力/9.8kPa	13	16	19	22	25	28	32	38
29	7.8	11.6	16.6	22.0	28.4	35.7	46.7	61.2
33	8.9	13.2	18.9	25.0	32.3	40.6	53.2	69.6
40	10.6	18.1	22.0	30.0	39.1	49.4	64.2	90.4
45	12.0	20.0	26.0	34.0	44.1	55.5	72.5	101.7
50	13.0	22.0	28.0	38.0	49.0	61.5	80.5	115
55	14.5	24.0	31.0	41.5	54.0	68.0	88.5	125
60	16.0	26.0	34.0	45.0	59.0	74.0	96.5	135
65	17.5	28.0	37.0	49.0	63.9	80.0	105	180
70	19.0	30.0	40.0	53.0	68.7	86.2	110	160
75	20.0	32.0	42.5	57.0	73.7	92.5	120	170
80	21.0	34.0	45.0	61.0	78.5	100	130	180
85	22.5	36.0	48.0	64.5	83.5	105	135	190
90	24.0	40.0	51.0	68.0	88.1	110	145	200
100	27.0	44.0	63.0	76.0	100.0	125	160	225

表 3-20　水带的阻抗系数 S

水带直径 水带类型	50	65	75	90
麻质水带	0.30	0.086	0.03	0.016
胶衬水带	0.15	0.035	0.015	0.008

1. 水带串联水头损失

（1）单水带的水头损失

水带的水头损失与水带壁的粗糙度、水带的长度、水带的直径和水带内流量有关，用下列公式计算可直接求得。

$$H = ALQ^2 = SQ^2 \tag{3-5}$$

式中 H——水带水头损失，kPa；

A——水带比阻；

L——水带长度，m；

Q——水枪的射流量，L/s；

S——水带的阻抗系数，见表 3-20。

（2）多水带串联系统的水头损失

从水源地将水送往火场，需要几条水带串接，串联水带水头损失计算方法有两种：

①水头损失迭加法 $h=h_1+h_2+h_3+\cdots\cdots$ 当 n 条水带同一型号时 $h=nh_d$ 或 $H=nSQ^2$；

② 阻力系数法 $h=S_1Q_1{}^2+S_2Q_2{}^2+S_3Q_3{}^2+\cdots\cdots$ 依据水带不同材质、不同口径可以查表 3-16 直接得不同流量 Q、不同口径水带的水头损失 $S_iQ_i{}^2$，最后求出系统水头损失 h。

【例 3-1】一条水带干线接 5 条水带其中 3 条 DN65mm，另两条 DN50mm，均为麻质，连接一支水枪，水枪流量为4.8L/s，求水带干线损失。

解：方法1：查表法，查表3-16得出当流量为4.8L/s *DN*65麻质水带水头损 $h_1=1.97\times9.8kPa$，*DN*50麻质水带水头损失 $Q=4.8L/s$ 时，$h_2=6.71\times9.8kPa$。

$H=3h_1+2h_2=3\times1.97\times9.8kPa+2\times6.7\times9.8kPa=19.33\times9.8kPa=189.43kPa$。

方法2：阻力系数法，由表3-20可知，直径为65mm水带阻力系数为 $S_1=0.086$，直径为50mm水带阻力系数为 $S_2=0.30$。

$$h=(3\times S_1+2\times S_2)\times Q^2=(3\times0.086+2\times0.30)\times4.8^2=19.77mH_2O$$
$$=19.77\times9.8kPa=193.75kPa。$$

2. 水带并联系统水头损失

灭火使用大口径水枪时，使用一般口径的水带，需要进行并联以增加水量，将水源地的水送往火场，供大口径水枪(带架水枪)用水，该系统干线的水头损失可按阻力系数法计算。

(1) 阻力系数法

消防车的出水口(*A*点)压力和各条水带干线在水枪的汇合处(*B*点)压力差是相同的。起点*A*与终点*B*是各自汇合在一起的，因此各并联干线的水带水头损失相等，如图3-13所示。水带水头损失依公式 $H_d=SQ^2$ 计算，因此有 $Q=\sqrt{\frac{H_d}{s}}$，则每条干线的流量分别为，$Q_1=\sqrt{\frac{H_d}{s_1}}$，$Q_2=\sqrt{\frac{H_d}{s_2}}$，$Q_3=\sqrt{\frac{H_d}{s_3}}$

三条干线的总流量 $Q=Q_1+Q_2+Q_3=\sqrt{H_d}\left(\frac{1}{\sqrt{s_1}}+\frac{1}{\sqrt{s_2}}+\frac{1}{\sqrt{s_3}}\right)$

而总干线的流量为 $Q=\sqrt{H_d}\times\frac{1}{\sqrt{s}}$ 即

$$\frac{1}{\sqrt{s}}=\frac{1}{\sqrt{s_1}}+\frac{1}{\sqrt{s_2}}+\frac{1}{\sqrt{s_3}} \tag{3-6}$$

注：当几条同型号同径水带并联工作时，*S*、h_d 相同，如图3-14所示。有下面结论两条干线并联时 $S_总=\frac{s}{n^2}=\frac{s}{2^2}=\frac{s}{4}$

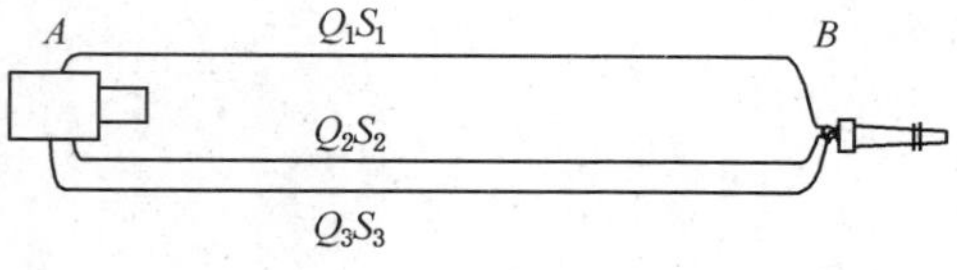

图3-13　并联系统水头损失示意图

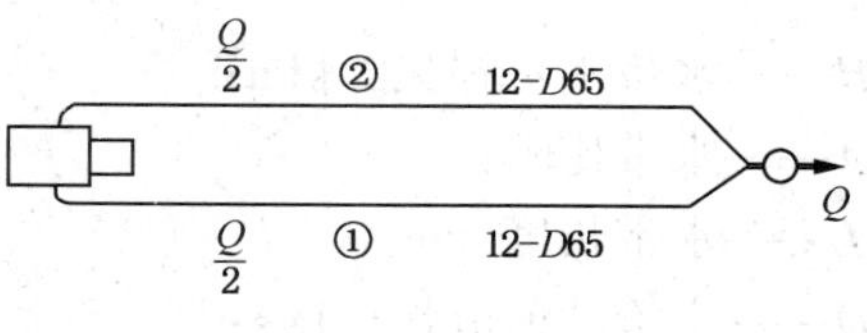

图3-14　同径并联水带水头损失示意图

三条干线并联时 $S_总=\frac{s}{3^2}=\frac{s}{9}$

四条干线并联时 $S_总=\frac{s}{4^2}=\frac{s}{16}$

所以

$$Q_总=\sqrt{H_d}\times\frac{1}{\sqrt{s}} \tag{3-7}$$

(2) 流量平分法

当 n 条同型同径水带做干线并联，S、H_d均相同，每条干线流量平分，则 $q=\frac{Q}{n}$

式中 Q——并联系统供水的总流量；

n——并联干线条数。

由于消防车的出口压力是相同的，同时数条干线的汇合点处的压力也是相同的，因此数条干线并联时，各条干线的水头损失也相同，故任一条干线的水头损失即代表并联系统的压力损失。几条同型同径水带干线并联，水头损失是相同的，而并联干线中，选任一条干线水带计算其压力损失，可采用串联水头损失叠加法或串联阻力系数法进行计算。任一条干线串联 1、2、3……n 条水带，其水头损失 H_d为

$$H_d = h_{d1} + h_{d2} + \cdots\cdots h_{dn} \tag{3-8}$$

或 $H_d = S_1\left(\frac{Q}{n}\right)^2 + S_2\left(\frac{Q}{n}\right)^2 + \cdots\cdots + S_n\left(\frac{Q}{n}\right)^2 = \frac{Q^2}{n^2}(S_1 + S_2 + \cdots + S_n)$

设 $S_1 + S_2 + \cdots\cdots + S_n = S_{总}$

则 $H_d = \frac{S_{总} \times Q^2}{n^2}$

【例 3-2】 东风牌消防车利用双干线并联供水，如图 3-15 所示，每条干线有 8 条水带，水带为直径 65mm 的麻质水带，带架水枪口径为 25mm，水枪的充实水柱为 18m，水枪流量为 13.3L/s，喷嘴压力为 37.5mH_2O，试求并联系统水带的水头损失？

解： 每条干线采用同型同径等长水带，可采用流量平分法计算，则每条干线的流量为 $q=13.3/2=6.65$(L/s)

并联系统水带的水头损失，查表 3-16 得知每条水带的水头损失为 3.8×9.8kPa，则

每条干线的水头损失 $H_d=n\times h_d=8\times3.80=30.4\times9.8kPa=297.92$kPa

【例 3-3】 高压消火栓利用两条干线水带供一支带架水枪用水，如图 3-16 所示，其中一条干线水带直径为 75mm，另一条直径为 65mm，每条干线均为 5 条麻质水带，水枪流量为 20L/s，计算水带并联系统的水头损失。

解： 该系统属于不同径水带并联工作，所以采用阻力系数法，并联系统总阻抗与各条干线水带阻抗的关系为：$\frac{1}{\sqrt{s}}=\frac{1}{\sqrt{s_1}}+\frac{1}{\sqrt{s_2}}+\frac{1}{\sqrt{s_3}}$

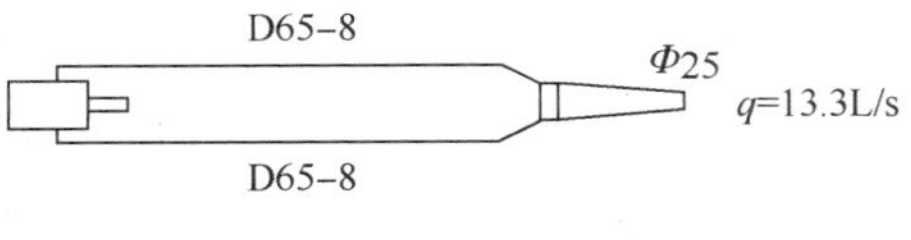

图 3-15　例 3-2 示意图

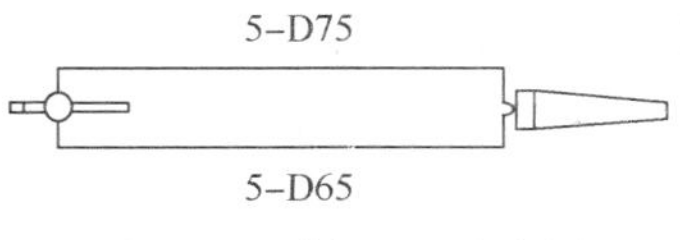

图 3-16　例 3-3 示意图

5 条直径 75mm 麻质水带干线的阻抗系数为 $S_1=5\times0.03=0.15$

5 条直径 65mm 麻质水带干线的阻抗系数为 $S_1=5\times0.086=0.43$，代入上式得系统总阻抗系数 $S=0.06$，并联系统流量为 $Q_{总}$ = 20L/s，因此，并联系统的水头损失为：

$$h = S_{总} \times Q_{总}^2 = 0.06 \times 20^2 \times 9.8 = 235.2\text{kPa}$$

3. 并联和串联混合系统的水头损失

离火场较近或采用大口径干线水带工作时，需要将几条小口径水带采用分水器供水进行串并联连接，以满足火场需要。

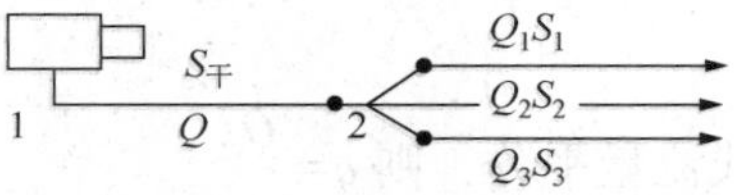

图 3-17　串、并联混合系统示意图

(1)串联和并联混合系统，如图 3-17 所示。

(2)串联和并联混合系统的水带阻抗 $S_混 = S_干 + S_工$

工作水带支线是并联的，该并联系统的总阻抗为 $S_1 = S/n^2$

$$S_混 = S_干 + S_工 = S_干 + S/n^2$$

干线水带利用分水器供水，与并联后的工作水带串联，则混合系统的水带水头损失：

$$H_d = S_混 \times Q^2 \tag{3-9}$$

式中　Q 表示混合系统的流量。

【例 3-4】　消防车使用单干线利用分水器供水，出两支口径为 16mm 的水枪，干线直径 65mm 麻质水带，长度 5 条，工作水带均为直径 65mm 的麻质水带，长度为 3 条，已知两支水枪的总流量为 9.32L/s，试求水带系统的水头损失，如图 3-18 所示。

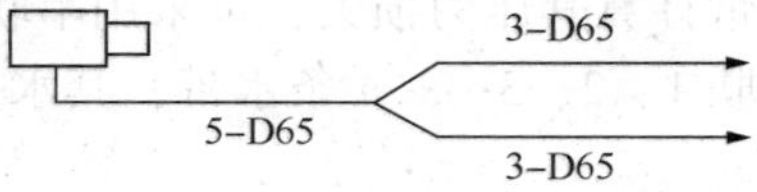

图 3-18　例 3-4 示意图

解：(1)工作水带的阻力：$S_1 = S/n^2$

每支水带阻抗 $S_工 = S_2 = 3 \times 0.086 = 0.258$

两支水带阻抗 $S_工 = S/n^2 = 0.258/2^2 = 0.0645$

(2) 干线阻抗 $S_干 = 5 \times 0.086 = 0.43$

(3) 混合系统的阻抗 $S_混 = S_干 + S_工 = 0.43 + 0.0645 = 0.4945$

混合系统的水带水头损失 $h = S_总 \times Q_总{}^2 = 0.4945 \times 9.32^2 = 42.95 \times 9.8 = 421\text{kPa}$

第五节　消防车供水压力计算

一、消防水泵的性能

消防车上使用的水泵是由消防车的发动机带动的，水泵均为离心泵，其流量大小由灭火所需水枪大小决定的，当然不能超过水泵的最大流量范围。当转数为 n_1、Q_1、H_1、N_1时，转速 n，流量 Q，扬程 H，功率 N 之间存在以下关系，

$$Q_1 = \frac{n_1}{n}Q,\ H_1 = \left(\frac{n_1}{n}\right)^2 H,\ N_1 = \left(\frac{n_1}{n}\right)^3 N \tag{3-10}$$

(一) 水泵的并联

在火场上两台消防水泵向一支带架水枪供水，称为消防水泵的并联。

消防离心泵并联目的是增加消防流量，并联离心泵的出水压力应基本相同，这样使泵保持稳定的工作。出口压力相差很大的离心泵并联，将引起出口压力较小的泵产生不正常的工作，甚至发生故障和损坏。

两台同型泵的并联，其工作情况，如图 3-19(a)，它们各自的 $Q-H$ 曲线为 1，两台合成的 $Q-H$ 曲线为 2。曲线 2 的作法是把 1#泵的 $Q-H$ 曲线上各点的横坐标增加一倍，并将各延长线的终号连结起来，即为曲线 2。曲线 3 是管路和水带特性曲线 $H=SQ^2$。A 点是一台泵的出水量 q_1，B 点是两台泵并联后的流量值 q_2(大约为单台水泵流量的 1.93 倍)，则每台泵的出水量为 q_1，见图 3-19(b)。

而两台不同型号的水泵 1#与 2#并联，各自的曲线为$(Q-H)_1$和$(Q-H)_2$，将它们相同扬程部分的流量相加，各点连线即得两泵并联后的$(Q-H)_{1+2}$曲线。

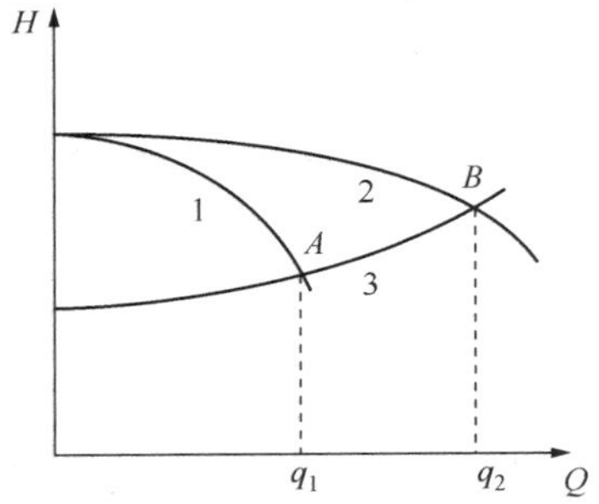

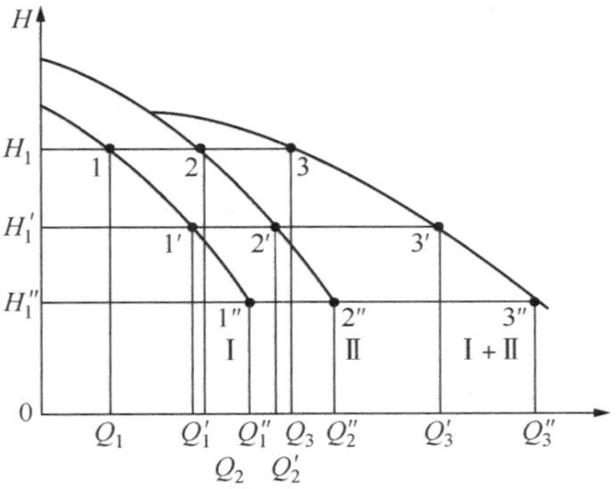

图 3-19　水泵并联 Q-H 曲线

（二）水泵的串联

离心泵串联供水的任务是增加压力，而基本上不增加流量，串联时两台泵的出水量应该相同，否则容量较小的一台离心泵会产生严重的过负荷，串联在后面的泵体应坚固，否则会遭到破坏。

台离心泵串联的工作情况如图 3-20，水泵曲线 A 的 $(Q-H)_{1+2}$ 是水泵曲线 B 的 $(Q-H)_1$ 和水泵曲线 C 的 $(Q-H)_2$ 特性曲线串联后叠加而成。

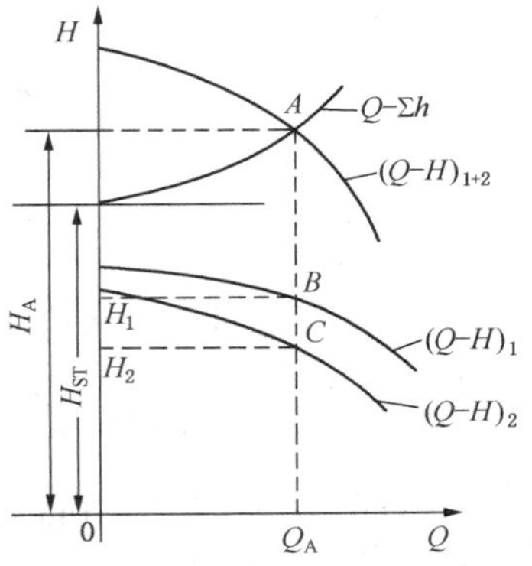

图 3-20　水泵串联 Q-H 曲线

二、消防车水泵压力计算

1. 消防车水枪流量的计算

消防车上安装的水泵是由汽车发动机（内燃机）带动的，消防水泵的转数 n 可由变速器或油门控制，根据火场需要进行变速。在火场不同供水方式中消防水泵的压力与水枪的流量和压力之间的关系如下。

$$Q = \sqrt{\frac{H}{S}}$$

式中　H——为供水系统的起点压力，m 水柱；

　　S——供水系统的阻抗。

只需求得消防车的压力 H，则可求 Q。

【例 3-5】　有一解放牌消防车单干线供水，接出 6 条直径 65mm 麻质水带和一支口径直径为 19mm 的水枪，消防车的出水口压力为 70m 水柱，水源至火场的地势平坦，试求水枪的流量和喷嘴的水头。

解：消防车出口压力 $H=70mH_2O$ 柱。地势平坦 $H_{1-2}=0$

供水系统的阻抗包括水带和水枪两个部分：即 $S = S_d + S_{枪}$

查表 3-20 直径为 65mm 麻质水带的阻抗系数为 0.086，麻质 6 条直径为 65mm 的麻质阻抗为：$S_d=6\times0.086=0.516$

查表 3-19 直径为 19mm 的水枪阻抗为 $S_{枪}=0.634$

$$S = S_d + S_{枪} = 0.516 + 0.634 = 1.15$$

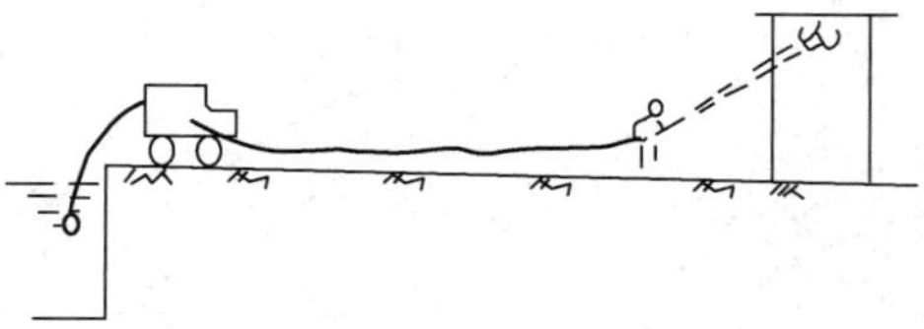

图 3-21　例 3-5 示意图

① 口径 19mm 的水枪流量为 $Q=\sqrt{\frac{H}{S}}=\sqrt{\frac{70}{1.15}}=\sqrt{60.87}=7.8(L/s)$

② 水枪喷嘴压力：$h_{枪}=S_{枪}Q_{枪}{}^2=0.634\times7.8^2=35.57mH_2O=35.57\times9.8kPa=348.6kPa$

【例 3-6】 东风牌消防车单干线利用分水器供水，干线为 3 条直径 65mm 的麻质水带，工作水带为直径 65mm 麻质水带，长度各为 2 条，分别接出口径 19mm 和口径 16mm 水枪各一支，如图 3-22 所示，水源地比火场低 10m。消防车出口压力为 70m 水柱、试求水枪流量和水枪压力？

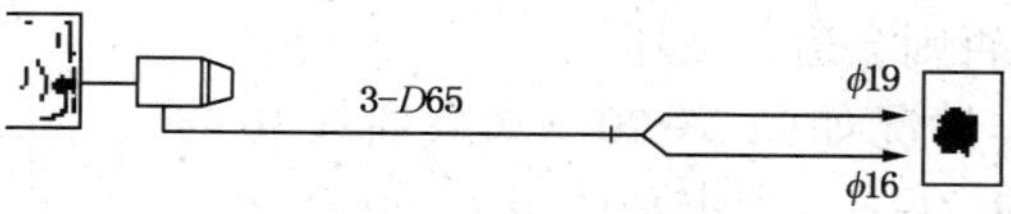

图 3-22　例 3-6 示意图

解：干线流量即为水枪的总流量。

思路：求两支水枪的总流量（干线流量）$Q=\sqrt{\frac{H}{S}}$，然后分别求出各自流量。

消防车出口压力为 70m 水柱（686kPa），水源地比火场低 10m，则实际工作压力 $H=70-10=60$m 水柱 $=588$kPa

① 计算供水系统的阻抗 $S=S_{干}+S_{工}$

其中：干线阻抗 $S_{干}=3\times0.086=0.258$

② 工作水带系统的阻抗，每条水带支线的阻抗包括水带阻抗和水枪阻抗：

直径为 19mm $S_1=2\times0.086+0.634=0.806$

直径为 16mm $S_2=2\times0.086+1.26=1.432$

两条水带并联，则并联后的水带阻抗：$\frac{1}{\sqrt{S_{工}}}=\frac{1}{\sqrt{S_1}}+\frac{1}{\sqrt{S_2}}$

代入 $S_{工}=0.263$

③ 供水系统总阻抗 $=S_{干}+S_{联}=0.258+0.2626=0.5206$

④ 供水系统总流量 $Q=\sqrt{\frac{H}{S}}=\sqrt{\frac{60}{0.5260}}=10.74(L/s)$

⑤ 每支水枪的流量

H_A 到 H_B 到 $\sqrt{\frac{H_B}{S_B}}=q_B$ 或 $\sqrt{\frac{H_A}{S_A}}=q_A$

先求出 B 点压力即分水器压力，即分压力：

$H_B=H_A-H_1-H_2-H_{干}=70-10-3\times0.086\times10.74^2=30.3mH_2O=297kPa$

每支水枪的流量：

直径 19mm 水枪流量：$Q_{19}=\sqrt{\dfrac{H_B}{S_1}}=\sqrt{\dfrac{30.3}{2\times0.086+0.634}}=\sqrt{\dfrac{30.3}{0.806}}=6.13(\text{L/s})$

直径 16mm 水枪流量：$Q_{16}=\sqrt{\dfrac{H_B}{S_2}}=\sqrt{\dfrac{30.3}{1.432}}=4.60(\text{L/s})$

水枪喷嘴压力：$H_{枪}=S_{枪}\times Q_{枪}^2$

直径 19mm 水枪压力：$H_1=0.634\times6.13^2=23.83(\text{mH}_2\text{O})=233.5\text{kPa}$

直径 16mm 水枪压力：$H_2=1.26\times4.6^2=26.66(\text{mH}_2\text{O})=261.3\text{kPa}$

2. 消防车出口压力的计算

在火场上，往往根据扑灭火灾需要的充实水柱的要求，确定消防水泵的出口压力，保证有效的扑灭火灾，需要对消防车水泵压力进行估算，消防水泵压力过低，水枪充实水柱不够，是造成扑灭初期火灾失利的主要原因，消防水泵压力过高，水枪反作用力过大，灭火人员难以把握住水枪，尤其在高空作业中还会造成意外的伤亡事故和不必要的水渍损失，因此，在灭火上要求指挥人员在不同的供水场合，迅速作出消防水泵出口压力的估算，以便有效地扑灭火灾。

消防水泵出口压力可按公式计算：$H_B=H_{1-2}+H_d+H_{枪}$或$H_B=H_{1-2}+H_d+H_{器}$根据不同情况进行个别调整。

（1）消防车水泵出水口压力计算

消防车水泵出水口压力计算分消防车单线供水和双干线供水，这两种供水情况与水枪喷嘴压力的计算方法是相近的，即：

$$H_b=h_{枪}+h_d+h_{1-2} \tag{3-11}$$

式中　$h_{枪}$——表示水枪喷嘴压力，依火场需要的充实水柱（充实水柱）决定；室内初起火灾$H_m=10\text{m}$，扑灭室内较大火灾和室外一般火灾$H_m=13\text{m}$，扑救油罐或室外较大火灾$H_m=15\text{m}$，可查表 3-4；

h_d——表示水带水头损失，已知水带口径及水带流量可查表 3-16 直接得知水带水头损失；

h_{1-2}——表示水枪手与水泵各自所在地的标高差。

【例 3-7】 东风牌消防车从天然水源吸水，接出 9 条 65 mm 的麻质水带和一支口径为 19 mm 的水枪，越丘扑救室外火灾，如图 3-23 所示，试决定消防车出口压力。

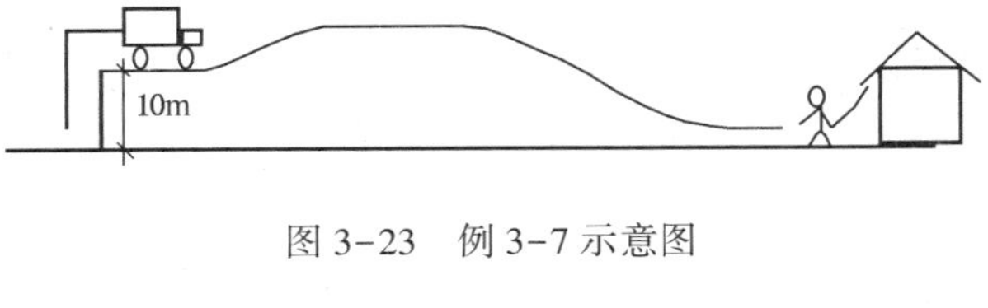

图 3-23　例 3-7 示意图

解：$H_{1-2}=10\text{m}$；查表 3-16 当室外充实水柱 $H\text{m}=15\text{m}$，直径 65mm 流量为 $q=6.5\text{L/s}$ 麻质水带的水头损失为 3.62 mH_2O（35.5kPa），9 条水带的损失 $H_d=9\times3.62=32.58\ \text{mH}_2\text{O}$（319.3kPa）；查表 3-5 水枪喷嘴口径为 19mm，$q=6.5$ L/s 时，喷嘴压力 $H=27\text{mH}_2\text{O}$（264.6kPa），故 $h_{枪}=264.6\text{kPa}$。

所以消防车出口压力 $H_b=h_{枪}+h_d-h_{1-2}=27+32.58-10=49.58\text{mH}_2\text{O}=485.9\text{kPa}$

（2）分水器供水消防水泵压力计算

利用分水器供应数支水枪用水，消防水泵的出口压力应满足最不利水枪的充实水柱要求。水泵的压力计算可利用公式

$$H_b = h_{枪} + (h_{d干} + h_{d工}) + H_{1-2} \quad 或 \quad H_b = h_{d干} + h_{d分水器} + H_{1-2} \qquad (3-12)$$

式中 $h_{d干}$ ——干线水带的水头损失；

$h_{d工}$ ——工作水带的水头损失；

$h_{d分水器}$ ——分水器的水头损失。

式中其他各参数代表的含义同上。

【例 3-8】 东风牌消防车，从天然水源吸水，水源地离火场较近，出一支干线利用分水器供应火场用水，干线长度为 2 条直径为 65mm 麻质水带，分水器后使用两条工作水带接 2 条直径为 65mm 麻质水带，而且分别接口径为直径 19mm 和直径 16mm 的水枪各一支，扑救室外火灾，水源至火场地势平坦，试决定消防车上水泵出口的压力？

解：消防车的出口压力为：

$$H_b = h_{枪} + (h_{d干} + h_{d工}) + H_{1-2}$$

步骤 1：选取最不利计算路线

① 地势平坦 $H_{1-2}=0$

② 扑救室外火灾，水枪的充实水柱 $H_m=15m$，则水枪的流量和压力为

查表 3-17：充实水柱 $H_m=15m$ 时，喷嘴口径 16mm 的水枪，流量 4.8L/s，压力 29×9.8kPa；喷嘴口径 19mm 的水枪，流量 6.5L/s，压力 27×9.8kPa。

③ 工作水带压力损失，分别计算①号水带和②号水带的水头损失

$h_{DⅠ}=2×SQ^2=2×0.086×6.5^2=7.24×9.8kPa=70.95kPa$

$h_{DⅡ}=2×SQ^2=2×0.086×4.8^2=3.96×9.8kPa=38.8kPa$，所以①号水带工作压力损失大

④ 分水器 B 点的压力：以两支工作水带及水枪各自计算分水器处的压力，

$h_{器}=7.24+27=34.24×9.8kPa=335.6kPa$，$h_{器}=3.96+29=32.96×9.8kPa=323kPa$，取其大值，所以工作水带①为最不利线路，这样分水器处的压力以 $(h_{d干}+h_{d工})=34.24m×9.8kPa=335.6kPa$ 为准。

步骤 2：求总流量从而求干线水头损失

此时②号工作水带(直径 16mm 水枪的那支水带)在分水器处的压力为 $34.24mH_2O$ 时的真实出流量要比 4.8 L/s 大，先求出②号工作水带的损失为 $S=S_{枪}+S_{dⅡ}=1.26+2×0.086=1.432$

$H=H_{器}=34.24×9.8kPa=335.6kPa$，则 $Q=\sqrt{\frac{H}{S}}=\sqrt{\frac{34.27}{1.432}}=4.89(L/s)>4.8\ L/s$

干线水头损失 $h_{d干}=S×Q^2=2×0.086×(6.5+4.89)^2=22.31×9.8kPa=218.6kPa$

步骤 3：求消防车出口压力

消防车出口压力：$H_B=h_{枪}+h_d+h_{dI}+h_{1-2}=22.31+34.27+0=56.58×9.8kPa=554.5kPa$

3. 多干线并联供水情况下消防水泵出口压力的计算

火场使用大口径水枪(带架水枪)时，需要数支干线并联供水，此时消防水泵出口压力

$$H_b = h_{d并} + h_{枪} + H_{1-2} \qquad (3-13)$$

式中 $h_{d并}$ ——n 条支线并联，其中一条支线的损失；

$h_{枪}$——水枪喷嘴处的压力。

4. 消防车最大供水距离的计算

消防车的最大供水距离与消防车上的动力、水泵性能及水带的耐压强度有关。依据水带长度20m，东风牌消防车配备的水带一般为直径50mm、65mm和75mm的麻质水带，麻质水带的耐压强度≤1MPa，因此，实际上火场上使用的工作压力不宜大于0.8 MPa，而消防车的最大供水距离，可按公式进行计算：

$$S_n = \frac{H_b - h_{枪} - H_{1-2}}{h_d}(条) \qquad (3-14)$$

式中 S_n——消防车的最大供水距离；

H_b——消防水泵出口压力，kPa；

$h_{枪}$——水枪喷嘴压力，kPa；

H_{1-2}——消防车停放地面与水枪手站立地面的垂直高差，m；

h_d——每条水带的水头损失。

我国消防队配备的消防车，常采用Φ65mm麻质水带干线，是按水枪口径为19mm水枪和室外火灾所需充实水柱$H_m=15m$计算，此时消防流量为16L/s，每支干线的长度为9条水带，单干线最大供水距离为12条水带长度[图3-24(a)]；双干线最大供水距离为9条水带长度[图3-24(b)]；利用分水器供水，消防车的最大供水距离为5条水带长度[图3-24(c)]供水，既要将水送得远，又要消防车供应较多的水量，较优的方法是双干线供水，如图3-25单干线和双干线的供水距离相差不大，但双干线比单干线的供水量大一倍。

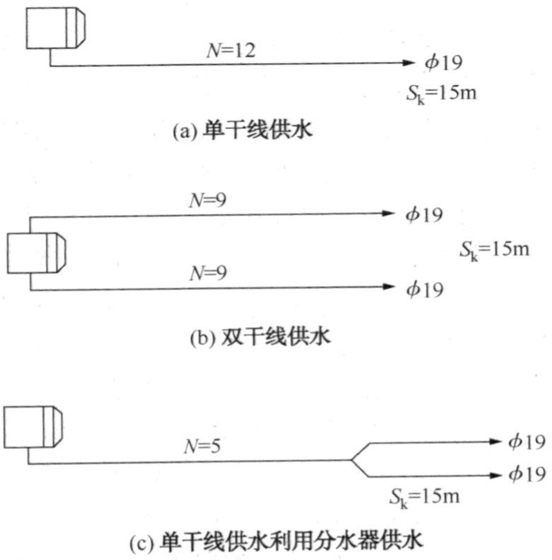

图3-24 供水方案比较图

从东风牌消防车最大距离比较得知,同样是直径19mm水枪,$H_m=15m$,地面平坦,满足最大水平供水距离需要直径65mm的水带$S_n=9$条;直径75mm的水带,$S_n=29$条;直径90mm的水带,$S_n=56$条。

当同样供水量时,双干线供水比单干线利用分水器供水方式的供水距离大3.6倍,见图3-26。

目前我国东风牌消防车常采用直径为65mm麻质水带干线，单干线最大供水距离12条；双干线最大供水距离9条；分水器供水，最大距离5条。

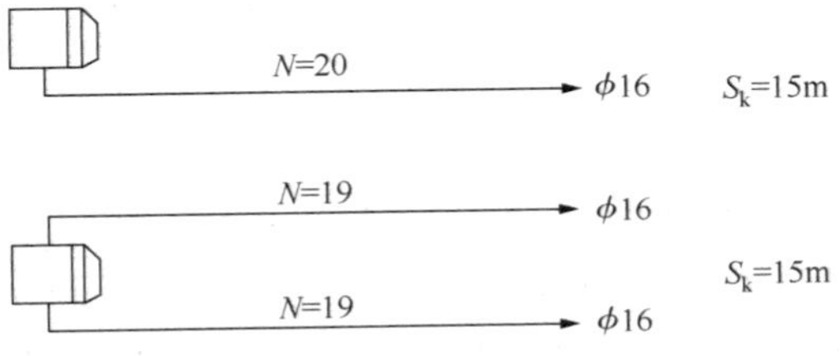

图3-25 供水方案比较图

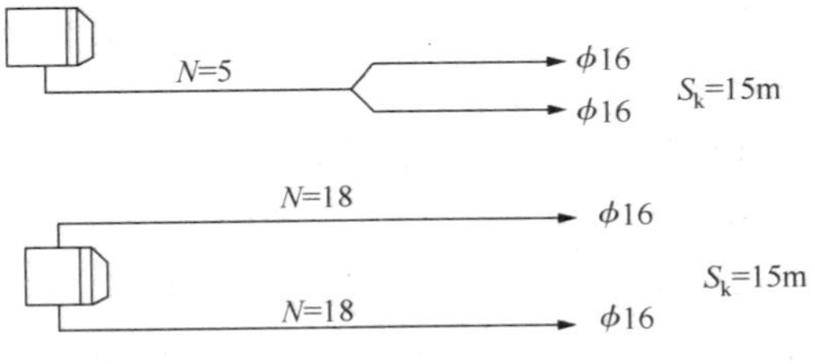

图3-26 供水方案比较图

三、消防车最大供水高度

高层建筑应立足于自救，室内设消火栓及自动喷洒消防系统，但在某些情况下，如室内固定灭火设备发生故障，而建筑物火灾大，用水量不足，有时需要消防队从室外消火栓取水，接出水带和水枪，直接扑救建筑物的火灾，以增强室内供水量(或室内消防用水量的不足)。

(一)多层建筑物常规供水

建筑物的高度低于27m时，可考虑沿室内楼梯单干线或垂直铺设双干线供水，将水送往着火楼层。一般情况下，在火场宜优先采用垂直双干线供水，沿楼梯铺设水带时应有消防队员对水带进行看护，防止水带打结而爆破。

$$H_B = H_{枪} + H_d + H_{1-2} \tag{3-15}$$

式中 H_B——消防车的出口压力，东风牌消防车流量小于6.5L/s时，最大出口压力可采用735kPa，当流量大于13L/s，出口压力可采用686kPa；

$H_{枪}$——水枪喷口的压力以kPa计，依据水枪口径及扑救的火灾类别所需的充实水柱确定；

H_d——水带的水头损失。

扑救多层建筑物的水带干线长度应为室外水带(3条)室内机动工作水带(2条)和登高水带长度之和进行计算，所以首先有5条水带，然后加上登高供水高度H过程中的水带。登高的水带长度与火场供水方法有关，窗口垂直铺设水带登高水带长度可为实际供水高度的1.2倍，若沿楼梯铺设水带，登高水带长度可为实际供水高度的2倍。

如实际供水高度10m，如从窗户垂直铺设，则登高水带长度为12m(1条)；如从楼梯铺设，则登高水带长度为20m(1条)。水泵的压力

$$H_B = H_{枪} + H_d + H_{1-2}H_B = H = 21 + (5+1) \times 2.81 + 10 = 47.8 \times 9.8\text{kPa} = 468.4\text{kPa}$$

如实际供水高度30m，如从窗户垂直铺设，则登高水带长度为36m(2条)；如从楼梯铺设，则登高水带长度为60m(3条)。水泵的压力从窗户铺设 $H_B = H_{枪} + H_d + H_{1-2} = 21 + (5+2) \times 2.81 + 30 = 70.60 \times 9.8\text{kPa} = 691.9\text{kPa}$。从楼梯铺设 $H_B = 21 + (5+3) \times 2.81 + 30 = 73.40 \times 9.8\text{kPa} = 719.3\ \text{kPa}$。从上得出垂直供水高度最大30m，消防车常规供水最大高度在24~30m，所以我国高低层建筑的划分界限为24m。

(二)高层建筑物的双干线并联供水

消防车常规供水高度一般在24~30m之间，但超过消防车常规供水最大高度时，应采用双干线并联垂直供水，供应火场用水的压力差(供水高度)计算公式为

$$H_{1-2} = H_{泵} - H_{枪} - H_d \tag{3-16}$$

式中 H_d——水带系统的水头损失，扑救高层建筑物火灾，为便于火场安全供水，由消防车出口至着火层的窗口一般采用双干线水带，而工作水带长度一般采用2条。因此水带系统的水头损失为并联系统水带水头损失和工作水带水头损失之和，垂直铺设的水带长度应为实际供水高度的1.2倍。

计算登高$H=50$m时的水泵压力：

$$H_B = H_{枪} + H_d + H_{1-2} = 21 + 50 + 2 \times 2.81 + 5 \times 0.86 \times (5.7/2^2) = 80.1\text{mH}_2\text{O} = 785.2\text{kPa}$$

由此达到东风牌消防车最大出口压力，因此双干线(垂直铺设水带)并联供水，最大供水高度不超过50m，所以我国高层建筑消防分区供水的高度为50m，若建筑高度大于50m，可以使用黄河牌(或交通牌)消防车供应火场用水。

四、单位供水总消防车数

火场供水车总数为直接供水车数，接力(串联)供水车数，运水车数和备用机动供水车

数的和。

$$N = n_1 + n_2 + n_3 + n_4 \qquad (3-17)$$

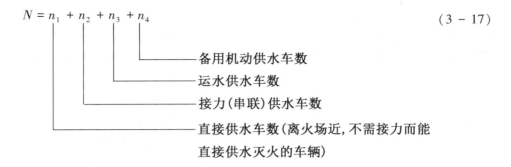

n_4——备用机动供水车数

n_3——运水供水车数

n_2——接力(串联)供水车数

n_1——直接供水车数(离火场近,不需接力而能直接供水灭火的车辆)

注：火场使用的供水车总数与火场供水战斗车数不同(仅考虑火场燃烧面积，或燃烧火场周长而与水源状况无关)，与火场战斗车数有关，还与水源状况有关。

五、预先确定供水战斗车数

消防支队在预先确定支队所在附近重点消防单位后，还要进行预先深入的调查掌握该单位的建筑状况、生产和储存物资的情况、可燃物质的性质和燃烧特点后，确定火场战斗车数量。确定车数量的依据有如下几个方面：

(一) 燃烧面积

指可能燃烧的面积，一般为防火墙间的面积：

(1) 单层建筑防火墙的占地面积超过600m²时，仍按600 m²计算；

(2) 多层建筑防火墙占地面积为单层的1.5倍，即多层建筑物的燃烧面积大于900m²时，仍按900m²计算。

(二) 水枪控制的燃烧面积

以直径为19mm水枪为单位，其控制面积 F：

(1) 当一般固体物质的可燃物数量(即火灾荷载≤50kg/m²时，每支水枪的控制燃烧面积以50m²计；

(2) 当一般固体物质的可燃物数量(即火灾荷载)>50kg/m²时，每支水枪的控制燃烧面积以30m²计。

(三) 燃烧周长

指可能燃烧的火场周长，一般露天火灾燃烧周长与风力等级和燃烧时间有关，依据具体条件确定。

(四) 水枪控制周长

以口径为19mm水枪作为计算单位，一般固体燃烧物质，每支水枪能控制燃烧周长采用15m。

(五) 消防车供应用水的水枪数量

以东风牌消防车作为计算单位，一辆消防车按能供应2~3支水枪用水计算，决定第一出动供水力量。第一出动供水力量指报警后发，第一批赶往火场的供水车辆数量，它对扑救初期火灾，阻止火势扩大有决定性作用，因此，应加强第一批出动车辆的供水效能，如：第一批出动车辆宜采用水罐泵浦车，在水源比较缺乏的油田、矿区宜采用大型水罐浦车还要有泡沫罐车；在高层建筑区，除了出动供水车辆外，应同时出动登高车辆，它应该有必要的数量，保证扑灭中初期火灾的需要，并有控制较大火灾的能力。

【例 3-9】 有一教学楼长度 50m，宽 20m，建筑高度为 49m，属于高层建筑，标准层占地面积为 $1000m^2$，根据《高层民用建筑设计防火规范》的要求，设置了室外和室内消火栓给水系统，室外消防用水量为 30L/s，建筑物室内消防用水量为 30L/s，建筑物设有三个水泵接合器。建筑物的位置如图 3-27，室内消防管网如图 3-28，试决定第一出动供水车数。

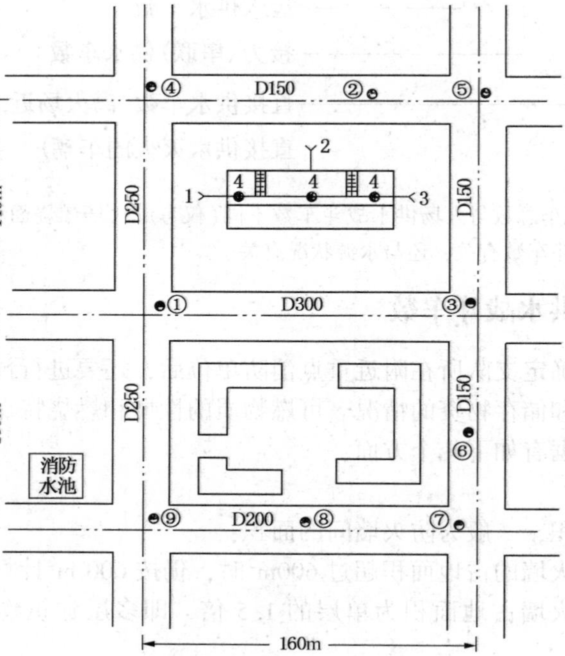

图 3-27 平面布置图

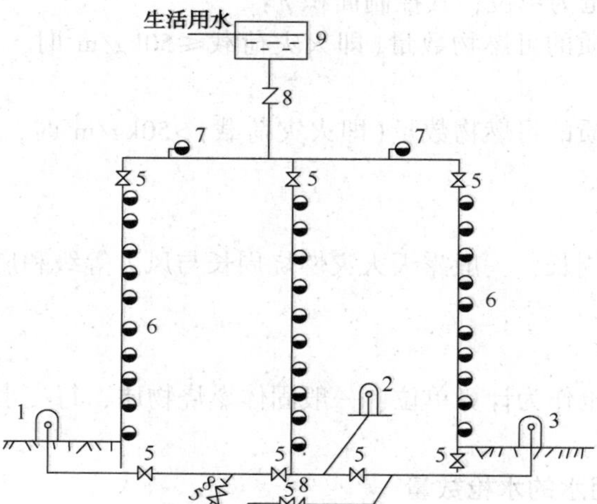

图 3-28 室内管网系统图

1、2、3—水泵接合器；4—消防泵；5—闸阀；

6—室内消火栓；7—试验消火栓；8—止回阀

解：该教学楼建筑高度为 49m，小于 50m，因此火场可采用东风牌消防车供水。

室外消防用水量为 30L/s，需要消防车从消防水池或室外消火栓取水，通过三个不同方向的水泵接合器连接室内消防管网供水；或采用垂直双干线并联供水方式，直接向着火层楼供水灭火。室内消防用水量为30L/s，由室内消防泵供给室内消火栓用水。

1. 首先求火场供水战斗车辆数量

该教学楼可能出现的最不利情况下，是固定泵运转损坏，建筑物的消防储水量小于60L/s，均需要用东风牌消防车通过水泵接合器或消防车直接向着火楼层供水。东风牌消防车向该消防车供水时，可按一辆消防车供应一个水泵接合器或1支水枪用水。

（1）室外消防用水量需要供水战斗车辆数。

① 室外消防用水量为30L/s，每个水泵接合器10~15L/s，则该建筑物共设三个水泵接合器。

② 每辆消防车的供水量在10~15L/s之间，因此，至少需要2辆供水战斗车。

③ 在最不利情况下，若需用消防车直接采用垂直双干线并联供水，则需要用供水战斗车数(按每辆车出一支口径为19mm，高层建筑充实水柱13m，流量5.7L/s记为$n=30/5.7=5.3$（辆）取6辆。

（2）若室内固定消防泵停运，室内用水量由消防车供水时，则需火场供水战斗车数为=30/5.7=5.77(辆)，取6辆。

（3）供水战斗车总数为室外和室内供水战斗车总和，即6+6=12辆。

2. 火场供水总车数

火场供水车总数应为水泵接合器供水车数、直接供水车数、接力供水车数和备用机动供水车数的总和。

（1）水泵接合器供水车数

①②③号消火栓分别为1、2、3号水泵接合器供水，需要供水车数为$n_1=3\times1$(辆)，但在实际火场可能不利用水泵接合器，直接由消防车出水灭火，而采用垂直双干线并联方法供水，因此需要的消防供水车数(每辆车供一支水枪，室内高层充实水柱为13m，流量5.7L/s)，$n_2=30/5.7=5.3$（辆)，取6辆。

（2）直接供水车数

④⑤号为近距离消火栓，使用消防车利用垂直双干线并联供水，每辆消防车出一支水枪，需要供水车数为$n_3=2\times1=2$(辆)。

（3）接力供水车数

⑥⑦⑧⑨号消火栓使用消防车一次接力供水；另消防水池停靠3辆消防车，亦采用一次接力供水，供应火场用水。每辆消防车出一支水枪，需要供水车数为：$n_4=(3+4)\times2=14$(辆)。

（4）用机动供水车数

采用1辆备用。

供水车数为上述供水车数的总和即$n_1+n_2+n_3+n_4=1+6+2+14=23$(辆)。

3. 第一出动供水车数

建筑起火第一出动供水车数，应满足《建筑设计防火规范》室外消防用水量，应保证不少于50%供水战斗车不间断用水的需要。

该教学楼的战斗车总数年$n=(30+30)/5=12$辆，要保证50%的供水战斗车辆不间断用水，则为12×0.5=6辆，则该建筑物周围需要动用6个消火栓。①-⑥六个消火栓，仅⑥号消火栓离教学楼较远，需要一次接力，消防车就能直接向火场供水，共需7辆供水车，因此该教学楼第一出动供水车辆为7辆。

第四章　建筑防火

在现代建筑中，由于建筑功能越来越复杂，使用的材料类型日益增多，建筑结构方式千变万化，建筑高度不断增加，这些因素使得消防安全面临更多的困难。因此，需要采用多种形式的消防系统一起联合工作，才能达到一定的消防安全水平，建筑防火为主要任务。

建筑防火的任务是从本质安全化着手，在假想失火的条件下，尽量抑制火情的发展，控制火势的传播和蔓延。在建筑设计时，应从以下几方面考虑：

（1）尽量选用非燃、难燃性建筑材料，减小火灾负荷，即可燃物数量。

（2）在布置建筑物总平面时，保证必要的防火间距，减小火源对周围建筑的威胁，切断火灾蔓延途径。

（3）在建筑物的平面和垂直方向合理划分防火分区。各分区用防火墙、防火卷帘、防火门等防火分隔设施进行分隔。一旦某一分区失火，可将火势控制在防火分区内，不致蔓延到其他分区，以减小损失并便于扑救。

（4）合理设计疏散通道，确保火灾时受灾区域人员安全逃生。

（5）合理设计承重构件及结构，保证建筑构件有足够的耐火极限，使其在火灾中不致倒塌失效，确保人员疏散及扑救安全，防止重大恶性倒塌事故的发生。

（6）在布置建筑总平面时，还应保留足够的消防通道，便于城市消防车辆靠近着火建筑物展开扑救。

第一节　建筑耐火等级

一、建筑耐火等级的划分

（一）建筑耐火等级的划分依据

建筑耐火等级的划分是建筑防火技术措施中最基本的措施之一，我国的建筑设计规范把建筑物的耐火等级分为一、二、三、四级，一级最高，耐火能力最强，四级最低，耐火能力最弱。建筑物的耐火等级的划分取决于组成该建筑的建筑构件的燃烧性能和耐火极限，所谓建筑构件是指建筑物的墙体、基础、梁、柱、楼板、楼梯、吊顶等一系列基本组成构件。建筑构件的燃烧性能和耐火极限见附表4-1。

1. 建筑构件的燃烧性能

建筑构件的燃烧性能是指由建筑构件的材料遇火反应，分为不燃烧体、难燃烧体和燃烧体三类，对建筑构件而言不燃烧体如墙柱、基础等；难燃烧体如吊架、吊顶及内部管道；燃烧体如门窗、屋顶承重构件、装饰材料等。

2. 建筑构件的耐火极限

将任一建筑构件按时间—温度标准曲线进行耐火试验，从受到火的作用时起，到失去支持能力或完整性被破坏或失去隔火作用时为止的这段时间称为耐火极限，以小时“h”表示。时间—温度标准曲线是指按特定的加温方法，在标准的实验室条件下，所表示的现场火灾发展情况的一条理想化了的试验曲线。该曲线已被国际标准化组织采纳，目的是为了对建筑构件的极限耐火时间有一个统一的检验标准，我国采纳了国际标准 ISO 834 的标准火灾升温曲线，该曲线公式为

$$T - T_0 = 345\lg(8t + 1)$$

式中　t——时间，min；

T——当所用时间为 t 时，构件所承受的温度值，℃；

T_0——初始温度，℃，计算时设定为 20℃。图 4-1 是根据国际标准火灾升温曲线公式做的温度-时间曲线。

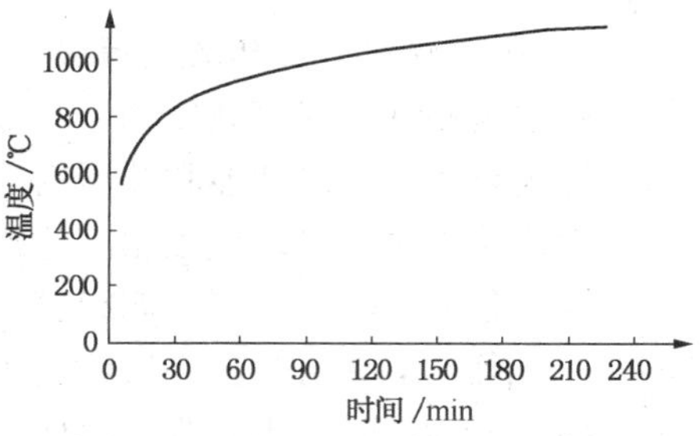

图 4-1　火灾标准时间-温度曲线

（二）影响耐火极限的因素

建筑构件达到耐火极限有三个条件，影响其耐火极限的因素也是由此而产生的。

（1）材料的燃烧性能：相同截面的材料不燃烧体的耐火极限比难燃烧体的耐火极限高；难燃烧体比易燃烧体的耐火极限高；

（2）构件的截面尺寸：构件的截面尺寸大，耐火极限就高，而且耐火极限随着其截面尺寸增大而增大；

（3）保护层厚度：许多构件的耐火极限和其保护层的厚度有直接的关系，如钢结构构件，加大保护层的厚度可以大大提高其耐火极限。

（三）耐火极限的判定条件

建筑构件达到耐火极限有三个条件，即：失去支持能力、完整性、失去隔火作用时为止的这段时间，只要三个条件中达到任一个条件，就确定其达到耐火极限。

（1）失去支撑能力：如果试件在试验中受到火焰或高温作用下，承载能力和刚度降低，截面缩小，承受不了原设计的荷载而发生垮塌或变形量超过规定数值，垮塌或变形，则表明该试件失去支持力；

（2）失去完整性：主要指薄壁分隔构件（如楼梯、门窗、隔墙、吊顶等）在火焰或高温作用下，发生爆裂或局部塌落，形成穿透裂缝或孔洞，火焰穿过构件，使其背面可燃物燃烧起来。如楼板受火焰或高温作用时，完整性被破坏，火焰穿到上层房间，表明楼板的完整性被破坏；

（3）失去隔火作用：主要指起分隔作用的构件失去隔热过量热传导的性能。在试验中，如果构件的背火面测得的平均温度超过试件表面初始温度 140℃，或背火面任一点温度超过初始温度 180℃时，均表明构件失去隔火作用。

经过大量的试验验证工作，建筑构件发生三者之一时的耐火极限用时间来衡量，建筑墙体有承重墙、普通黏土墙及钢筋混凝土实体墙，它们的耐火极限分别为 2.5～10.5h 不等，这与墙的结构厚度有关（12～37cm）。

二、建筑物的耐火设计

建筑物的耐火设计，目的在于防止建筑物在火灾时的倒塌和火灾的蔓延，保障人员的避

难安全，并尽量减少财产的损失。建筑物的使用功能不同、重要程度不同、层数不同、火灾的危险性等因素有差异，建筑物在设计上要区别对待。我国《建筑设计防火规范》(GB 50016—2014)中将建筑物的耐火等级分为四级，作为衡量建筑物耐火程度的分级标准，是防火技术措施中基础的设施之一。耐火等级高的建筑物如一、二级建筑物，发生火灾时被火烧坏、倒塌的可能性小，而耐火等级较低的建筑物火灾时往往容易造成局部或整体倒塌，火灾损失大。我国建筑的耐火设计通常采用耐火等级设计方法，考虑温度—时间的关系及具体各构件的耐火时间来定。

(一) 民用建筑分类和耐火等级

民用建筑根据其建筑高度和层数分为单、多层民用建筑和高层民用建筑。高层民用建筑根据其建筑高度、使用功能和楼层的建筑面积可分为一类和二类，具体见附表 4-2。

民用建筑的耐火等级应根据其建筑高度、使用功能、重要性和火灾扑救难度等确定，其耐火等级可分为一、二、三、四级，不同耐火等级建筑相应构件的燃烧性能和耐火极限见附表 4-3，从附表 4-3 可知，一级耐火等级建筑物的主要构件全部为不燃烧体；二级耐火等级建筑物的主要构件除吊顶为难燃烧体外，其余为不燃烧体；三级耐火等级建筑物屋顶承重墙为燃烧体，吊顶和房间隔墙为难燃烧体，其余均为不燃烧体；三级耐火等级建筑物除防火墙为不燃烧体外，其余构件为难燃烧体或燃烧体。

(二) 厂房和仓库的耐火等级

(1) 厂房和仓库的耐火等级可分为一、二、三、四级，相应建筑构件的燃烧性能和耐火极限见附表 4-4。

(2) 高层厂房，甲、乙类厂房的耐火等极不应低于二级，建筑面积不大于 300m^2 的独立甲、乙类单层厂房可采用三级耐火等级的建筑。

(3) 单、多层两类厂房和多层丁、戊类厂房的耐火等级不应低于三级。使用或产生丙类液体的厂房和有火花、赤热表面、明火的丁类厂房，其耐火等级均不应低于二级，当为建筑面积不大于 500m^2 的单层丙类厂房或建筑面积不大于 1000m^2 的单层丁类厂房时，可采用三级耐火等级的建筑。

(4) 使用或储存特殊贵重的机器、仪表、仪器等设备或物品的建筑，其耐火等级不应低于二级。

(5) 锅炉房的耐火等级不应低于二级，当为燃煤锅炉房且锅炉的总蒸发量不大于的 4t/h 时，可采用三级耐火等级的建筑。

(6) 油浸变压器室、高压配电装置的耐火等级不应低于二级，其他防火设计应符合现行国家标准《火力发电厂与变电站设计防火规范》GB 50229 等标准的规定。

(7) 高架仓库、高层仓库、甲类仓库、多层乙类仓库和储存可燃液体的多层丙类仓库，其耐火等级不应低于二级。单层乙类仓库，单层丙类仓库，储存可燃固体的多层丙类仓库和多层丁、戊类仓库，其耐火等级不应低于三级。

(8) 粮食费仓的耐火等级不应低于二级；二级耐火等级的粮食筒仓可采用钢板仓。粮食平房仓的耐火等级不应低于二级；二级耐火等级的散装粮食平房仓可采用无防火保护的金属承重构件。

(9) 甲、乙类厂房和甲、乙、丙类仓库内的防火墙，其耐火极限不应低于 4. 00h。

(10) 一、二级耐火等级单层厂房(仓库)的柱，其耐火极限分别不应能于 2. 50h 和 2. 00h。

(11) 采用自动喷水灭火系统全保护的一级耐火等级单、多层厂房(仓库)的屋顶承重构件，其耐火极限不应低于 1.00h。

(12) 除甲、乙类仓库和高层仓库外，一、二级耐火等级建筑的非承重外墙，当采用不燃性墙体时，其耐大极限不应低于 0.25h；当采用不燃性墙体时，其耐火极限不应低于 0.50h。4 层及 4 层以下的一、二级耐火等级丁、戊类地上厂房(仓库)的非承重外墙，当采用不燃性墙体时，其耐火极限不限。

(13) 二级耐火等级厂房(仓库)内的房间隔墙，当采用难燃性墙体时，其耐火极限应接提高 0.25h。

(14) 二级耐火等级多层厂房和多层仓库内采用预应力钢筋混凝土的楼板，其耐火极限不应低于 0.75h。

(15) 一、二耐火等级厂房(仓库)的上人平屋顶，其屋面板的耐火极限分别不应低于 1.50h 和 1.00h。

(16) 一、二级耐火等级厂房(仓库)的屋面板应采用不燃材料。屋面防水层采用不燃、难燃材料，当采用可燃防水材料且铺设在可燃、难燃保温材料上时，防水材料或可燃、难燃保温材料应采用不燃材料作防护层。

(17) 建筑中的非承重外墙、房间隔墙和屋面板，当确需采用金属夹芯板材时，其芯材应为不燃材料，且耐火极限应符合本规范有关规定。

(18) 除本规范另有规定外，以木柱承重且墙体。采用不燃材料的厂房(仓库)，其耐火等级可按四级确定。

(19) 预制钢筋混凝土构件的节点外露部位，应采取防火保护措施，且节点的耐火极限不应低于相应构件的耐火极限。

(三) 厂房和仓库的层数、面积

(1) 厂房的层数和每个防火分区的最大允许建筑面积应该符合附表 4-5 标准。

(2) 仓库的层数和面积应该符合附表 4-6 标准。

(3) 厂房内设置自动灭火系统时，每个防火分区的最大允许建筑面积可按附表 4-6 的规定增加 1.0 倍。当丁、戊类的地上厂房内设置自动灭火系统时，每个防火分区的最大允许面积不限。厂房内局部设置自动灭火系统时，其防火分区的增加面积可按局部面积的 1.0 倍计算。仓库内设置自动灭火系统时，除冷库的防火分区外，每座仓库的最大允许占地面积和每个防火分区的最大允许建筑面积可按表 4-1 的规定增加 1.0 倍。

(4) 甲、乙类生产场所(仓库)不应设置在地下或半地下。

(5) 员工宿舍严禁设置在厂房内，办公室、休息室等不应设置在甲、乙类厂房内，确定贴邻本厂房时，其耐火等级不应低于二级，并应采用耐火极限不低于 3.00h 的防爆墙与厂房分隔，且应设置独立的安全出口。办公室、休息室设置在丙类厂房内时，应采用耐火极限不低于 2.50h 的防火隔墙和 1.00h 的楼板与其他部位分隔，并应至少设置 1 个独立的安全出口，如隔墙上需开设相互连通的门时，应采用乙级防火门。

(6) 厂房内设置中间仓库时，应符合下列规定：

① 甲、乙类中间仓库应靠外墙布置，其储量不宜超过一昼夜的需要量；

② 甲、乙、丙类中间仓库应采用防火墙和耐火极限不低于 1.50h 的不燃性楼板与其他

部位分隔；

③ 丁、戊类中间仓库应采用耐火极限不低于 2.00h 的防火墙和 1.00h 的楼板与其他部位分隔。

（7）厂房内的丙类液体中间储罐应设置在单独房间内，其容量不应大于 5m^3，设置中间储罐的房间，应采用耐火极限不低于 3.00h 的防火墙和 1.50h 的楼板与其他部位分隔，房间门应采用甲级防火门。

（8）变、配电站不应设置在甲、乙类厂房内或贴邻，且不应设置在爆炸性气体、粉尘环境的危险区域类。供甲、乙类厂房专用的 10kV 及以下的变、配电站，当采用无门、窗、洞口的防火墙分隔时，可一面贴邻，并应符合现行国家标准《爆炸危险环境电力装置设计规范》GB 50058 等标准的规定。乙类厂房的配电站确需在防火墙开窗时，应采用甲级防火窗。

（9）员工宿舍严禁设置在仓库内，办公室、休息室等严禁设置在甲、乙类仓库内，也不应贴邻；办公室、休息室设置在丙、丁类仓库内时，应采用耐火极限不低于 2.50h 的防火墙和 1.00h 的楼板与其他部位分隔，并应设置独立的安全出口，隔墙上需开设相互连通的门时，应采用乙级防火门。

（10）物流建筑的防火设计应符合下列规定：

① 当建筑以分拣、加工等作业为主时，应按本规范有关厂房的规定确定，其中仓储部分应按中间仓库确定。

② 当建筑功能以仓储为主或建筑难以区分主要功能时，应按本规范有关仓库的规定确定，但当分拣等作业区采用防火墙与储存区完全分隔时，作业区和储存区的防火要求可按本规范有关厂房和仓库的规定确定。其中，当分拣等作业区采用防火墙与储存区完全分隔且符合下列条件时，除自动化控制的丙类高架仓库外，储存区的防火分区最大允许建筑面积和储存区部分建筑的最大允许占地面积，可按表 4-1（不含注）的规定增加 3 倍：储存除可燃液体、棉、麻、丝、毛及其他纺织品、泡沫塑料等物品外的丙类物品且建筑的耐火等级不低于一级；储存丁、戊类物品且建筑的耐火等级不低于二级；建筑内全部设置自动水灭火系统和自动报警系统。

（11）甲、乙类厂房（仓库）内不应设置铁路线，需要出入蒸汽机车和内燃机车的丙、丁、戊类厂房（仓库），其屋顶应采用不燃材料或采取其他防火措施。

三、建筑物的防火间距

确定建筑物的耐火等级的目的主要是使不同用途的建筑物具有与之相适应的耐火安全设施。建筑物不但要考虑本身的耐火强度，还要考虑周边建筑的防火要求，所以就出现了建筑物之间的防火间距，它可以有效防止火灾蔓延扩大。

（一）定义

为阻止建筑物之间的火势蔓延，建筑物之间留出的安全距离称为防火间距。

（二）影响因素

影响建筑物之间的防火间距的因素很多，如热辐射、热对流、风向、风速、燃烧性能及建筑物开口面积大小、相邻建筑高度、消防车到达时间及扑救情况等均会影响建筑物之间的防火间距。

1. 民用建筑之间的防火间距

民用建筑之间的防火间距见表 4-1。

表 4-1　民用建筑之间的防火间距/m

建筑类别		高层民用建筑	裙房和其他民用建筑		
		一、二级	一、二级	三级	四级
高层民用建筑	一、二级	13	9	11	14
裙房和其他民用建筑	一、二级	9	6	7	9
	三级	11	7	8	10
	四级	14	9	10	12

另外，几种特殊情况的民用建筑的防火间距，可参照下面确定：

(1) 相邻两座单、多层建筑，当相邻外墙为不燃性墙体且无外漏的可燃性屋檐，每面外墙上无防火保护的门、窗、洞口不正对开设且该门、窗、洞口的面积之和不大于外墙面积的5%时，其防火间距可按照附表 4-7 的规定减少 25%；

(2) 两座建筑相邻较高一面外墙为防火墙，或高出相邻较低一座一、二级耐火等级建筑的屋面 15m 及以下范围内的外墙为防火墙时，其防火间距不限；

(3) 相邻两座高度相同的一、二级耐火等级建筑中相邻任一侧外墙为防火墙，屋顶的耐火极限不低于 1.00h 时，其防火间距不限；

(4) 相邻两座建筑中较低一座建筑的耐火等级不低于二级，相邻较低一面外墙为防火墙且屋顶无天窗，屋顶的耐火极限不低于 1.00h 时，其防火间距不应小于 3.5m；对于高层建筑，不应小于 4m；

(5) 相邻两座建筑中较低一座建筑的耐火等级不低于二级且屋顶无天窗，相邻较高一面外墙高出较低一座建筑的屋面 15m 及以下范围内的开口部位设置甲级防火门、窗，或设置符合现行国家标准《自动喷水灭火系统设计规范》GB 50084 规定的防火分隔水幕。

(6) 相邻建筑通过连廊、天桥或底部的建筑等连接时，其间距不应小于表 4-1 的规定。

2. 厂房的防火间距

厂房之间及与乙丙丁戊类仓库、民用建筑等的防火间距不应小于附表 4-7 的规定。

3. 仓库的防火间距

甲类仓库之间及与其他建筑、明火或散发火花地点、铁路等的防火间距不应小于附表 4-8的规定。

乙、丙、丁、戊类仓库之间及与民用建筑的防火间距，不应小于附表 4-9 的规定。

(1) 单、多层戊类仓库之间的防火间距，可按附表 4-9 的规定减少 2m；

(2) 两座仓库的相邻外墙均为防火墙时，防火间距可以减少，但丙类仓库，不应该小于 6m；丁、戊类仓库，不应小于 4m。两座仓库相邻较高一面外墙为防火墙，或相邻两座高度相同的一、二级耐火等级建筑中相邻任一侧外墙为防火墙且屋顶的耐火极限不低于 1.00h，且总占地面积不大于附表 4-5 中一座仓库的最大允许占地面积规定时，其防火间距不限；

(3) 除乙类第六项物品外的乙类仓库，与民用建筑的防火间距不宜小于 25m，与重要公共建筑的防火间距不应小于 50m，与铁路、道路等的防火间距不宜小于附表 4-9 中甲类仓库与铁路、道路等的防火间距。

【例 4-1】 甲、乙建筑物均为二级耐火等级，甲座建筑物山墙的高度为 10m，宽度为 10m；乙座建筑物高度为 12m，宽为 12m。问两座建筑物相邻墙面允许开启门窗、洞口的面积分别为多少？两座建筑物间的防火间距最少应为多少？

解：甲建筑物外墙允许开设门窗孔洞面积：$10\times10\times5\%=5m^2$

乙建筑物外墙允许开设门窗孔洞面积：$12\times12\times5\%=7.2m^2$

两座建筑物间的防火间距最少应为 $6\times(1-25\%)=4.5m$

第二节 建筑防火分区

一、防火分区的分类

所谓防火分区是指采用具有一定耐火能力的分隔设施（如楼梯、墙体等）在一定时间内将火灾控制在一定范围内的单元空间。

当某建筑物空间发生火灾时，火焰及热气流会从门窗洞口或从楼板墙体的烧损处以及楼梯间等沿竖井向其他空间蔓延扩大，最终将整幢建筑卷入火海。因此建筑设计中要合理地进行防火分区，不仅能有效地控制火灾发生的范围，而且便于人员疏散。

防火分区按功能分为水平防火分区和竖向防火分区两种。

（1）水平防火分区：用防火墙、防火门、防火卷帘将楼层水平分成几个防火分区，防止火灾向水平方向蔓延。

（2）竖向防火分区：用一定耐火极限的楼板和窗间墙将上下层隔开防止多层或高层建筑物层与层之间竖向扩散蔓延。

二、规划防火分区的原则

防火分区的划分，从消防角度越小越好，但从使用功能，则越大越好，应遵循以下原则：

（1）火灾危险性大的部分应与火灾危险性小、可燃物少的部分隔开，如厨房与餐厅；

（2）同一建筑的使用功能不同的部分，不同用户应进行防火分隔处理，如楼梯间、前厅、走廊等；

（3）高层建筑的各种竖井，如管道井、电缆井、垃圾井、其本身是独立的防火单元应保证井道外部火灾不得侵入，内部火灾不得外延；

（4）特殊用房，如医院重点护理病房、贵重设备的储存间，应设置更小的防火单元；

（5）使用不同灭火剂的房间应加以分隔。

三、防火分区的分隔设施

防火分隔物分为固定式和活动或两类。

（1）固定式：内外墙体、楼板、防火墙等；

（2）活动式：防火门、防火窗、防火卷帘与防火水幕等。

（一）防火墙

防火墙是建筑中采用最多的防火分隔构件，由非燃烧体构成，其耐火极限≥3h 且直接设置在建筑基础或耐火极限不低于防火墙的框架、梁等承重结构上，用于隔断火势和烟气及其辐射热，防止火灾和烟气向其他防火分区蔓延。通常防火墙有内防火墙、外防火墙和室外独立防火墙几种，防火墙应满足下列要求：

（1）防火墙应从楼地面基层隔断至梁、楼板或屋面板的底面基层，当高层厂房（仓库）

屋顶承重结构和屋面板的耐火极限低于 1.00h，其他建筑屋顶承重结构和屋面板的耐火极限低于 0.50h 时，防火墙应高出 0.50m 以上。

（2）防火墙的构造应能在防火墙任意一侧的屋架、梁、楼板等受到火灾的影响而破坏时，不会导致防火墙倒塌。

（3）当建筑开设天窗时，防火墙横截面中心线水平距离天窗端面小于 4.0m，且天窗端面为可燃性墙体时，应采取防止火势蔓延的措施。应将防火墙加高，使之超出天窗 50cm，以防止火势蔓延，见图 4-2。

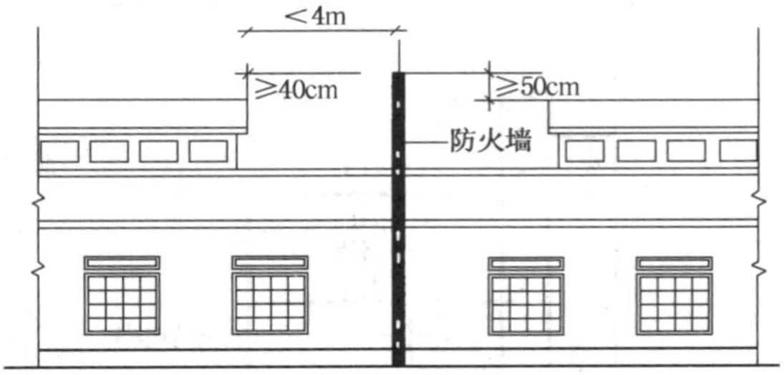

图 4-2　靠近天窗时防火墙的设置

（4）防火墙上不应开设门、窗、洞口，确需开设时，应设置不可开启或火灾时能自动关闭的甲级防火门、窗。防火墙内不应设置排气道。

（5）可燃气体和甲、乙、丙类液体管道严禁穿过防火墙，而其他管道不宜穿过防火墙，确需穿过时，应采用防火封堵材料将墙与管道之间的空隙紧密填实，穿过防火墙外的管道保温材料，应采用不燃材料；当管道为难燃及可燃材料时，应在防火墙两侧的管道上采取防火措施。

（6）若靠近防火墙的两侧开设门窗孔洞，为避免火灾发生时火苗的互串，要求防火墙两侧门窗洞口间的距离每侧不应小于 2m，见图 4-3，若是乙级防火门可不受此限制。

建筑物的转角处应避免设置防火墙，若必须设置，则应保证在转角两侧上的门、窗洞口间最小水平距离不小于 4m，见图 4-4。

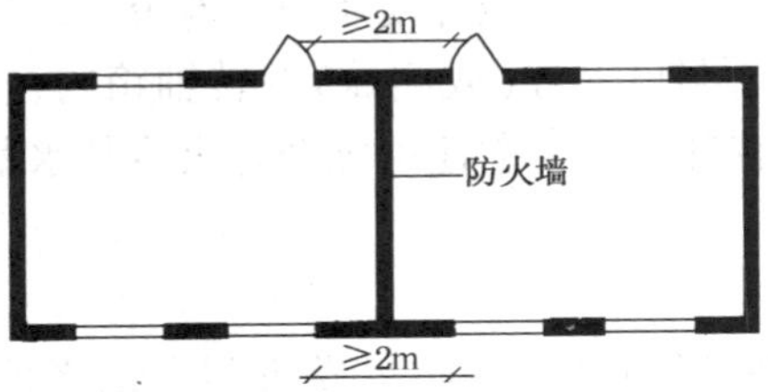

图 4-3　防火墙两侧门、窗洞口之间的距离

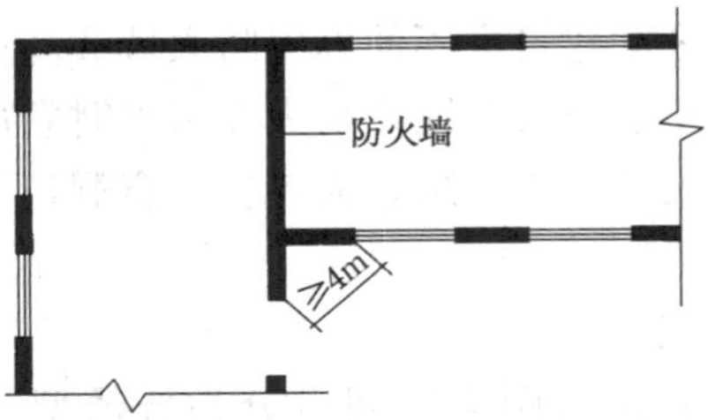

图 4-4　设在建筑物转角处的防火墙

（二）防火门

防火门除了具有一般门的功效外，还具有能保证一定时限的耐火、防烟隔火等特殊功能，通常用于建筑物的防火分区以及重要防火部位能一定程度防止火势蔓延。

1. 分类

（1）防火门按耐火极限分为甲级、乙级和丙级，其中：甲级≥1.2h，用于防火分区中，水平防火分区分隔设施；乙级≥0.9h，用于疏散楼梯间的分隔；丙级≥0.6h，用于管道井等的检修门。

（2）按其材质分为木质防火门、钢质防火门、复合材料防火门。

（3）按开启方式分为推开（自动关闭装置）和平开。其中推开（自动关闭装置）带亮窗（嵌玻璃）、不带亮窗（不嵌玻璃）、弹簧自动关门、火灾探测器联动。

2. 防火门的要求

（1）密闭性能要好，同时要求防火门启闭性能好，耐火极限高。

（2）有自动关闭装置。

（3）设置场所与防火门种类：用于疏散通道的防火门宜做带闭门器的防火门，单侧开启，开启方向与疏散方向一致，见图 4-5。

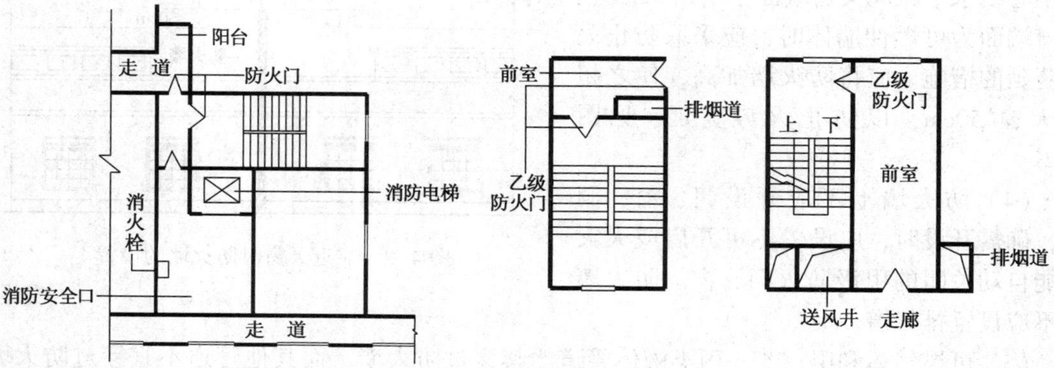

图 4-5 防火门的设置位置示意图

（三）防火窗

（1）设置：防火窗一般安装在防火墙或防火门上。

（2）分类：按构造分为单层钢窗和双层钢窗，其中单层钢窗耐火极限为 0.7h，双层钢窗耐火极限为 1.2h，按安装方式分为活动式和固定式，活动需要安装手动和自动两种开关装置。

按耐火极限分为甲级、乙级、丙级，甲级耐火极限≥1.2h、乙级≥0.9h、丙级≥0.6h。

（四）防火卷帘

对于公共建筑中不便设置防火墙或防火分隔墙的地方，最好使用防火卷帘，以便把大厅分隔成较小的防火分区。防火卷帘平时卷放在门窗洞口上方（或侧面）的转轴箱内，火灾时，将其放下展开，用以阻止火势从门窗洞口蔓延。特殊场合，它还可配合防火冷却水幕作为防火分隔用。

1. 分类

防火卷帘按耐火时间可分为普通型防火卷帘门和复合性防火卷帘门，前者耐火时间分别有 1.5h 和 2h 两种，后者的耐火时间分别有 2.5h 和 3h 两种。防火卷帘按卷帘钢板厚度不同分为轻型（钢板厚度 0.5~0.6mm）和重型（钢板厚度 1.5~1.6mm）的钢板制成。防火卷帘由帘板、传动装置、卷轴、轨道、防护罩、控制机构组成。

2. 防火卷帘的设置

（1）在安装防火卷帘时，应避免与建筑洞口的通风管道、给排水管道及电缆、电线管等发生干涉，应留有足够的空间位置进行卷帘门的就位与安装。

（2）在设置防火墙确有困难的场所，可采用防火卷帘作防火分区分隔，其两侧应设有水帘系统保护，或采用耐火极限不小于 3h 的复合防火卷帘。设在疏散走道和前室的防火卷帘，

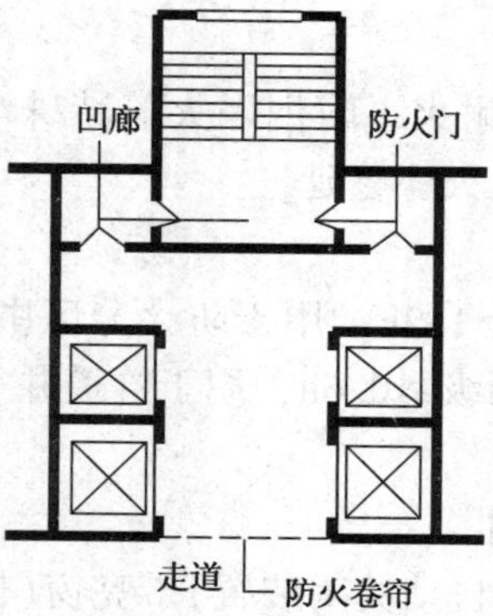

图 4-6 防火卷帘位置示意图

最好同时具有手动、自动和机械控制的功能，见图4-6。

(五) 防火阀及排烟防火阀

1. 防火阀

根据《建筑通风和排烟系统用防火阀门》GB 15930的规定，防火阀安装在空调送风的回风干管上，其作用是在火灾中防止烟火通过风道蔓延，故在风管穿越防火区隔墙处应设防火阀，见图4-7。防火阀平时为开启状态，火灾时自动关闭，这时防火阀与风机是联动的，这些部位的防火阀应为电动防火阀，动作后，应有信号返回消防中心，安装示意图如图4-8所示。当发生火灾时，有关部位(如建筑面积大于100m^2的公共房间、走道等)火灾探测器报警(包括人工操作和温度70℃熔断器的熔断动作)后，就关闭防火阀、停止送风并有信号返回消防控制室，同时启动相关部位的排烟设施，防火阀复位用手动方式。防烟、排烟以防烟楼梯间及其前室为例：在无自然防烟、排烟的条件下，走廊做机械排烟；前室要做送、排烟；楼梯间做正压送风。

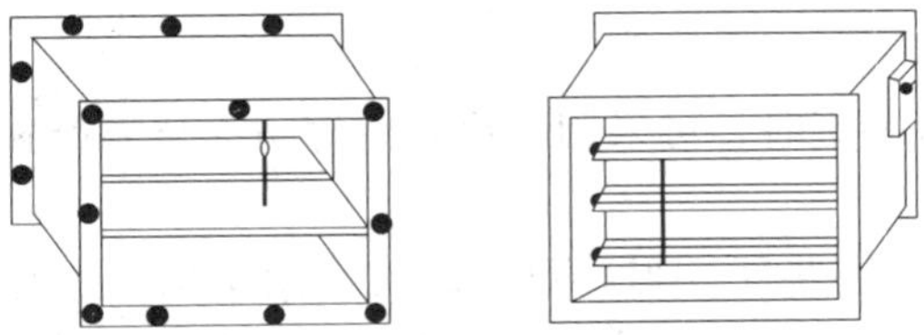

图4-7　防火阀的示意图

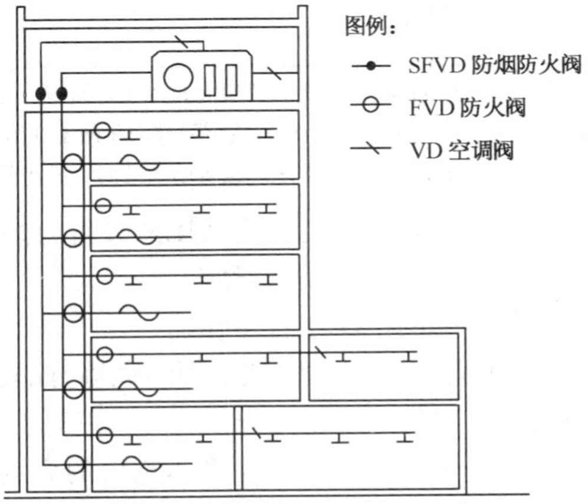

图4-8　防火阀在通风空调系统的安装示意图

2. 排烟防火阀

安装在排烟系统管道上，其组成与形状与防火阀相似，它一般设在排烟系统的通风管道上，平时关闭，发生火灾时，探测器发火警信号，通过控制器给阀上的电磁通电，让阀门迅速打开，当温度到280℃时，阀门自动关闭，人工复位，阀门可以与其他设备联动。

四、建筑的防火分区

建筑的防火分区在建筑设计上就是建筑面积的大小、防火墙的设置位置。它是由建筑物的使用性质、建筑物高度、火灾危险性、消防扑救能力等因素确定的。

不同耐火等级建筑的允许建筑高度或层数、防火分区最大允许建筑面积应符合表4-2的规定。

(1) 当建筑内设置自动扶梯、敞开楼梯等上、下层相连通的开口时，其防火分区的建筑面积应按上、下层相连通的建筑面积叠加计算；当叠加计算后的建筑面积大于表4-2的规定时，应划分防火分区。建筑内设置中庭时，其防火分区的建筑面积应按上、下层相连通的建筑面积叠加计算；当叠加计算后的建筑面积大于表4-2的规定时，应符合下列规定：

① 与周围连通空间进行防火分隔：采用防火隔墙时，其耐火极限不应低于1.00h；采用

非防火玻璃墙时，其耐火隔热性和耐火完整性不应低于 1.00h，采用耐火完整性不低于 1.00h 的非隔热性防火玻璃墙时，应设置自动喷水灭火系统进行保护；采用防火卷帘时，其耐火极限不应低于 3.00h，并应符合《建筑设计防火规范》GB 50016—2014 第 6.5.3 条的规定；与中庭相连通的门、窗，应采用火灾时能自行关闭的甲级防火门、窗；

表 4-2　不同耐火等级建筑的允许建筑高度或层数、防火分区最大允许建筑面积

名称	耐火等级	允许建筑高度或层数	防火分区的最大允许建筑面积/m^3	备　注
高层民用建筑	一、二级	按附表 4-2 确定	1500	对于体育馆、剧场的观众厅，防火分区的最大允许建筑面积可适当增加
单、多层民用建筑	一、二级	按附表 4-2 确定	2500	
	三级	5 层	1200	
	四级	2 层	600	
地下或半地下建筑(室)	一级	—	500	设备用房的防火分区最大允许建筑面积不应大于 $1000m^2$

注：① 表中规定的防火分区最大允许建筑面积，当建筑内设置自动灭火系统时，可按本表的规定增加 1.0 倍，局部设置时，防火分区的增加面积可按该局部面积的 1.0 倍计算；

② 裙房与高层建筑主体之间设置防火墙时，裙房的防火分区可按单、多层建筑的要求确定。

② 高层建筑内的中庭回廊应设置自动喷水灭火系统和火灾自动报警系统。

③ 中庭应设置排烟设施。

④ 中庭内不应布置可燃物。

（2）防火分区之间应采用防火墙分隔，如确有困难时，可采用防火卷帘等防火分隔设施分隔。

（3）一、二级 耐火等级建筑内的商店营业厅、展览厅，当设置自动灭火系统和火灾自动报警系统并采用不燃或难燃装修材料时，其每个防火分区的最大允许建筑面积应符合下列规定。

① 设置在高层建筑内时，不应大于 $4000m^2$。

② 设置在单层建筑或仅设置在多层建筑的首层内时，不应大于 $10000m^2$。

③ 设置在地下或半地下时，不应大于 $2000m^2$。

（4）总建筑面积大于 $20000m^2$ 的地下或半地下商店，应采用无门、窗、洞口的防火墙、耐火极限不低于 2.00h 的楼板分隔为多个建筑面积不大于 $20000m^2$ 的区域。相邻区域确需局部连通时，应采用下沉式广场等室外开敞空间、防火隔间、避难走道、防烟楼梯间等方式进行连通。

（5）餐饮、商店等商业设施需通过有顶棚的步行街连接，且步行街两侧的建筑可利用步行街进行安全疏散。

第三节　防烟分区

一、烟气在建筑物内的蔓延规律

烟气燃烧产生热分解，生成大量含有气态、液体和固体的混合物，烟气中有毒气体易引起人的窒息、对人体器官引起刺激及高温作用，造成人体的危害。

(一) 烟气在着火房间内的流动

烟气在着火房间内的流动趋势：烟气上升→顶棚水平扩散→达到周围被墙体阻挡→向下沿墙流动→当烟气上升达到一定厚度时→即到达窗或门口时开始向下扩散。一部分通过门窗洞口向室外扩散，另一部分当门窗关闭时烟层继续增厚→温度达到 200~300℃→玻璃破裂→向室外扩散。

烟气向室外扩散有烟气从单个竖窗向上扩散(倾角方向)，火势向上蔓延，它的危险性不大；另一种烟气从横排窗户喷出时，火焰附在墙面上火势向上蔓延的危险性大。

(二) 烟气在走廊内流动

首先烟气在走廊的天棚下流动变厚，而且烟层经过 20~30m 距离也不发生变化→沿墙烟气下行→延长→与周围空气混合加剧，烟气温度下降、浮动→最后走廊中心剩下一个圆形空间。

(三) 烟气沿楼梯间、电梯、管道井竖直流动

当室内温度高于室外时，气流将通过建筑物中气压中和面以下的各层外墙开口进入后，沿楼梯竖向向上。一般在建筑物内存在以下压力分布的关系：

(1) 当建筑物下部的室外空气压力>各层的压力>竖井内的压力时，室外空气流向室内见图 4-9；

(2) 当建筑物上部竖井内的压力>各层压力>建筑物室外压力时，空气由室内流向室外；

(3) 此外由于各层存在压力差，下层空气流向上层。烟气向上流动，一旦发生火灾，最顶层比着火的上一层还危险。

烟气流动速度：上升速度 3~4m/s，水平速度 0.5~0.8m/s。

烟气流动速度与烟气温度和流动方向有关。当室内温度>室外温度时，由于空气的容重不同，而产生的浮力不同，建筑物内上部压力>室外压力，空气从室内向室外流动；当建筑物内下部压力<室外压力时，空气从室外向室内流动，所以形成图 4-10 中状况。由图所示烟气：当建筑发生火灾时，烟气在其内的流动扩散一般有三条路线：第一条，也是最主要的一条是着火房间→走廊→楼梯间→上部各楼层→室外；第二条是着火房间→室外；第三条是着火房间→相邻上层房间→室外。

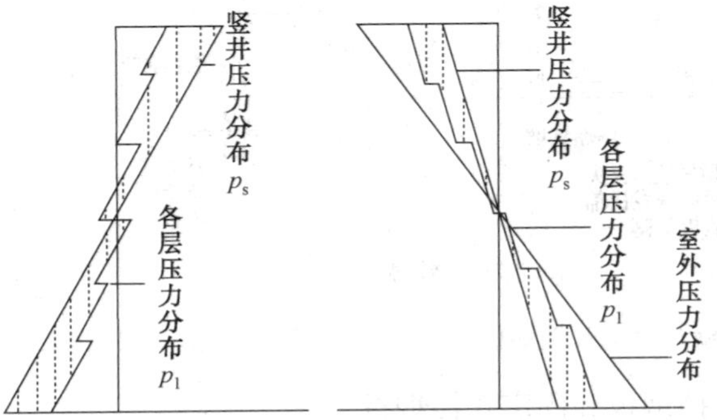

图 4-9　建筑物内的压力分布情况示意图

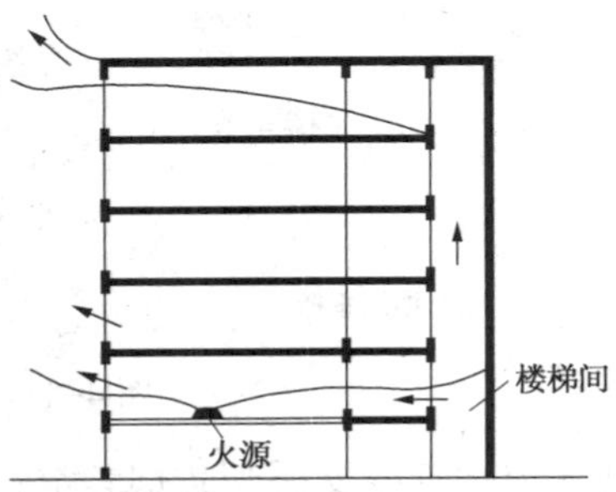

图 4-10　建筑物内烟气沿竖井方向的气流分布图

二、防烟设计的基本原则和具体的防烟措施

（一）防烟设计的基本原则

就是阻止烟气进入疏散的通道，保证疏散安全。多层建筑一般不设防烟设施，高层建筑、重要的公共建筑、地下室建筑或无窗建筑在其重要部位设防烟设计。

（二）具体防烟措施

要在建筑物内的防火分隔区范围内，先假定火灾时的空气压力分布，然后布置进风口和排烟口位置，再进行各种形式的组合，最后采用自然或机械排烟等方式，经过分析比较选最优方案。

设计中封闭所有房间烟气可能流通的通道，如风道、孔洞等，目的是为了让烟气从排烟口排除，为了使烟气不能进入楼梯间，维持楼梯间内的压力，常在楼梯间外设置前室，并把进风口放在楼梯间内。

三、防烟分区的设备及相应的设置要求

防烟分区是指以屋顶挡烟隔板，挡烟垂壁或从顶棚向下突出 500mm 的梁为界，从地板到屋顶或吊顶之间的空间。为控制烟气在建筑物内任意流动，需要利用一些设备把防火分区划分为若干个防烟空间，再利用区内的排烟口把烟排除。常用的防排烟设备有挡烟设施和排烟口和机械排烟系统。

（一）挡烟设施

（1）挡烟垂壁：挡烟垂壁指用不燃烧材料制成，从顶棚下垂不小于 500mm 固定或活动挡烟设施。活动挡烟垂壁是指火灾时因为感温、感烟或其他控制设备的作用，自动下垂的挡烟垂壁，设计时有采用吊顶下表面的突出物或钢筋混凝土梁做挡烟垂壁，也有采用吊顶内排烟口的盖板与火灾探测器连锁的形式。活动挡烟垂壁在火灾发生时控制器的驱动下动作，自动打开排烟口的盖板，形成悬垂的挡烟板，直接把烟排除。挡烟垂壁的下垂长度根据排烟口的效果确定，通常要保证建筑物内的烟层和侧窗的排烟效果，该长度不应小于 50cm，考虑到人员的活动需要，其下檐距地面高度不应小于 1.8m，以利于人员疏散和火灾的扑救工作，见图 4-11。

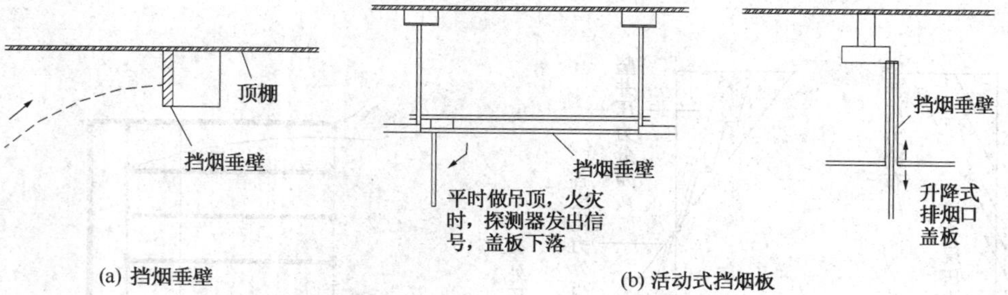

图 4-11　挡烟垂壁与活动式挡烟板

活动式挡烟垂壁又分为防烟卷帘、活动式挡烟板和固定式挡烟板。

（2）防火卷帘：气密性要好，当防火分隔部位的宽度不大于 30m 时，防火卷帘的宽度不应大于 10m；当防火分隔部位的宽度大于 30m 时，防火卷帘的宽度不应大于防火分隔部位宽度的 1/3，且不应大于 20m，与感烟探测器联动。

(3) 活动式挡烟板：当顶棚高度较小，或为了吊顶的装饰效果，需要设置活动式挡烟板，一般设在吊顶上或吊顶内，从吊顶下突出不小于 0.5m，固定在墙上或不燃的屋顶上，这些挡烟设施都要求用不燃烧材料制作，而且采用吊顶内排烟口的盖板与火灾探测器连锁的形式，火灾发生，因感烟、感温探测器或其他控制设备联动而自动下垂，落下后板的下端至地面高度≥1.8m，见图 4-12。

(4) 挡烟梁(H>500mm)：建筑物突出顶棚 0.5m 的梁，可以兼做挡烟梁。

(二) 基本方法

在区域边界上形成围挡，使烟气不能越过阻碍物而继续流动，对初期火灾的水平扩散起非常重要的作用，若及时启动扑烟装置，将烟气有效地控制在本区域内，若没能及时启动排烟装置，烟将越过挡烟设施下端沿水平方向扩散。

(三) 排烟口(自然排烟)

(1) 材料：建筑物的门窗可作为自然排烟口，但作排烟口的门窗、扇应采用不燃烧材料制作。

(2) 排烟口的位置：排烟口越高排烟效果越好，所以开设外窗高度要尽可能靠近顶棚设置。

① 排烟口在平面上的位置：排烟口可在排烟垂壁或防烟分隔墙分隔的各防烟分区的顶棚上或墙壁上开设，排烟口尽量设在防烟分区的中心位置，每个排烟口的控制半径为 30m。并且在 1.0m 范围内不得有可燃材料。排烟口在平面上的设置见图 4-12，自然排烟方式见图 4-13 和图 4-14。

排烟口的尺寸可根据烟气通过排烟口有效断面时的速度不小于 10m/s 进行计算，排烟口最小的面积一般不应小于 0.04m^2。同一分区内设置数个排烟口时，要求做到所有排烟口能同时开启。

② 排烟口垂直设置高度：当顶棚高度<3m 时，侧墙的排烟口位置应设在房间的顶棚上，或从顶棚起的 800mm 以内；当用挡烟垂壁做防烟分区时，设置在挡烟垂壁下沿的以上部分；当顶棚高度≥3m 时，排烟口可以设置在楼面起的 2.1m 以上，或楼层高度的 1/2 以上。房间起火时，用侧窗进行自然排烟，室内外对流形成的中性面位置，是靠近天棚表面 80cm 处，排烟口的有效高度 $a=80-b$ (cm)，其中 b 表示窗口下檐至吊顶下表面的距离，当采用 50cm 的挡烟垂壁时，$a=50-b$(cm)。

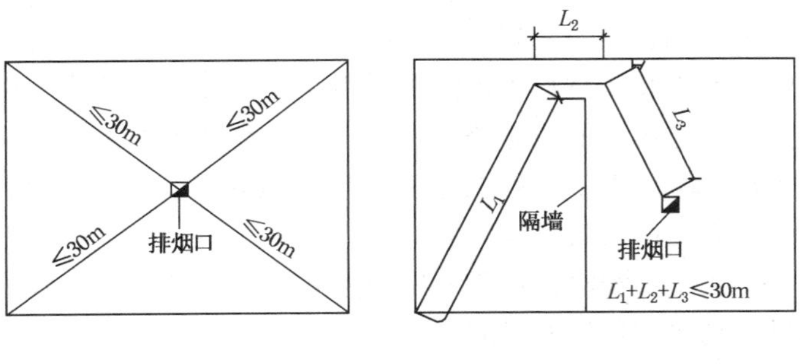

图 4-12　排烟口在平面上的设置

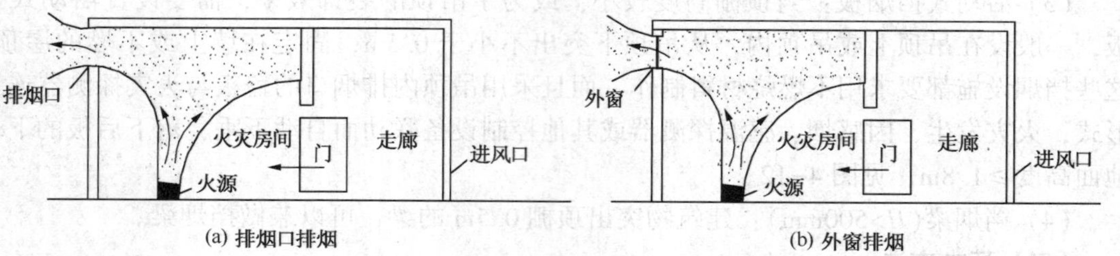

图 4-13　自然排烟方式

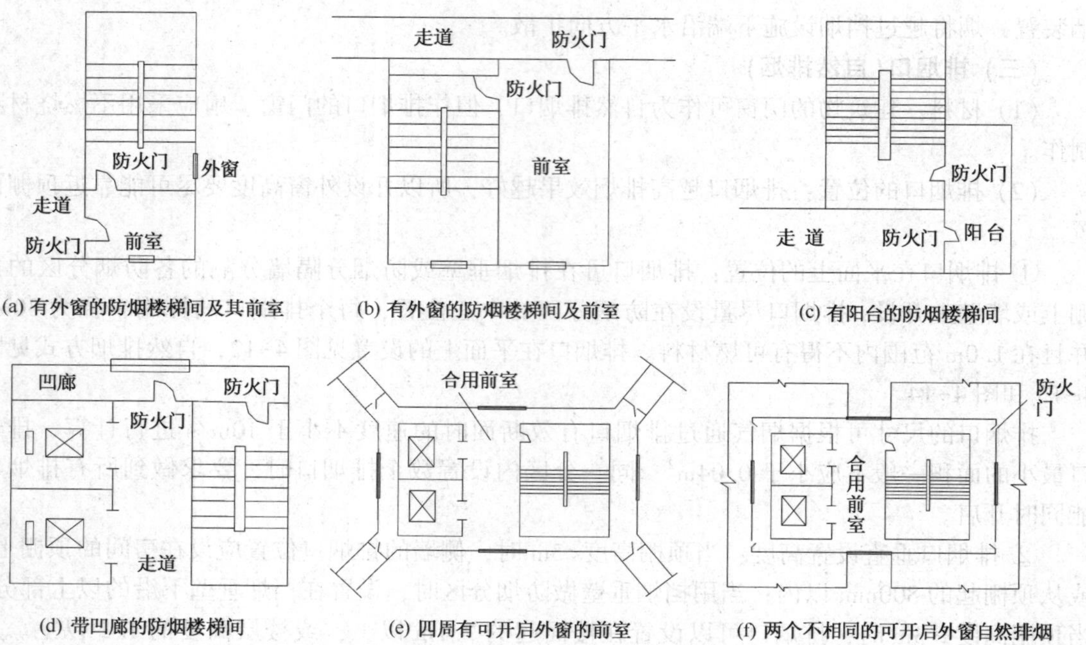

图 4-14　自然排烟方式

四、防排烟方式

(一) 防烟方式

防烟方式有不燃化防烟、密闭防烟、机械加压防烟。

(1) 不燃化防烟：室内装修材料尽可能采用不燃烧的材料，家具、各种管道及其保温绝热材料，尤其是对大空间建筑，如商业楼、展览楼、综合楼地下室的场所应严格执行，高度大于 100m 的超高建筑、地下建筑应优先采用不燃化防烟措施，不得使用易燃的、可产生大量有毒烟气的材料做室内装修材料。

(2) 密闭防烟：当发生火灾时，将着火房间密闭起来，房间容积小，当房间内氧气不足时火就会熄灭，亦可达到防烟扩散的目的。

(3) 机械加压防烟：即当发生火灾时，将着火区以外的有关区域进行送风加压，使其保持一定的压力，以防止烟气侵入的防烟方式，在一定加压区与外加压区之间用一些构件分隔，如墙壁、楼梯及门窗等两侧压差有效地防止烟气通过缝隙渗漏进去。

（二）排烟方式

1. 自然排烟

利用火灾时产生的热烟气流的浮力和外部风力作用，通过建筑物的对外开口把烟气排至室外的排烟方式，在自然排烟设计中，必须有冷空气进口和热烟气的排烟口，排烟口可以是建筑物的窗，亦可以是专门设在侧墙上的排烟口。

适用范围：

（1）建筑高度小于 50m 的一类公共建筑和建筑高度<100m 的居住建筑、靠外墙的防烟楼梯间及其前室、消防电梯间前室和合用前室，宜采用自然排烟方式；

（2）一类高层建筑物和建筑高度>32m 的二类建筑下列部位，可采用自然排烟方式，$L<30m$，有单面外窗的内走廊；$L<6m$，双面外窗的内走道，面积 $F>100m^2$，且经常有人停留或可燃物较多的房间，净高小于 12m 的中庭；

（3）当排烟口设在地下室时，并有垂直风道直接向室外地面排烟时，排烟风道的断面不宜大于地下室防烟分区面积的 1/50，即小于 $10m^2$；

（4）采用防火墙分隔防烟分区室，室内应设自然排烟口和可开启门以便形成空气对流，但不能采用防火墙上的防火门；

（5）特别排烟口：当防烟楼梯间前室和合用前室的自然排烟是采用敞开的阳台，凹廊或者前室内设置不同朝向的外窗完成时，其扑烟效果受风力、风向、热压的因素影响较小，排烟效果较好。

2. 机械排烟

用机械设备强制送风或排烟的手段来排除烟气的方式，火灾时，在火场的死亡人数中有50%~60%甚至是 70%是被烟气熏死的。水平和垂直分布的各种空调系统、通风管道及竖井、楼梯间、电梯井等是烟气蔓延的主要途径。既然要把烟气排出建筑物之外，就要设置防排烟系统，机械排烟系统可以减少着火层烟气及其向其他部位的扩散，利用加压送风有可能建立无烟区空间，可防止烟气越过挡烟屏障进入压力较高的空间。因此，防排烟系统能改善着火地点的环境，使建筑内的人员能安全撤离现场，使消防人员能迅速靠近火源。在高层建筑、人防工程的消防设计中，防烟、排烟设计，显得尤为重要。《建筑设计防火建规范》中，对机械设施设置的场所、部位、风量、风压及管的材质等都作了明确的规定。

（1）组成：由排烟管道、排烟风机和开关设备组成。排烟时，启动排烟风机应与开启某一区域烟口同时进行，为保证火灾发生时排烟机仍在工作，设计时要考虑双电源及耐高温排烟风机。

（2）材料：排烟管道一般采用铁皮、防火板、石棉制作，一般设于阁楼，门顶内用非金属不燃烧材料敷面。

（3）集中控制：排烟设备启停，应由消防控制室集中控制和显示。

（4）机械排烟方式：全面通风排烟方式、机械送风正压排烟方式、机械负压排烟方式。

① 全面通风排烟方式：对着火房间进行机械排烟，同时对走廊、楼梯（电梯）前室和楼梯间等进行机械送风，控制送风量略小于排烟量，让房间保持负压，以防止烟气从着火房间漏出，见图 4-15。

② 机械送风正压排烟方式：用送风机给走廊、楼梯间前室和楼梯间等送新鲜空气，使这些部位的压力比着火房间略大些，烟气经过专门设计的排烟口或外窗以自然排烟的方式排出，注意送风量不可过大，否则氧气的含量上升有助于火势的增加，见图 4-16。

③ 机械负压排烟方式：用排烟机把着火房间内的烟气通过排烟口排至室外的排烟方式称为机械负压排烟方式。火势初期能使着火房间内的压力下降，造成负压，烟气不会向其他区域扩散。在火灾旺盛阶段，排烟温度可达 280℃后，排烟防火阀自动关闭，排烟系统停止工作。见图 4-17。

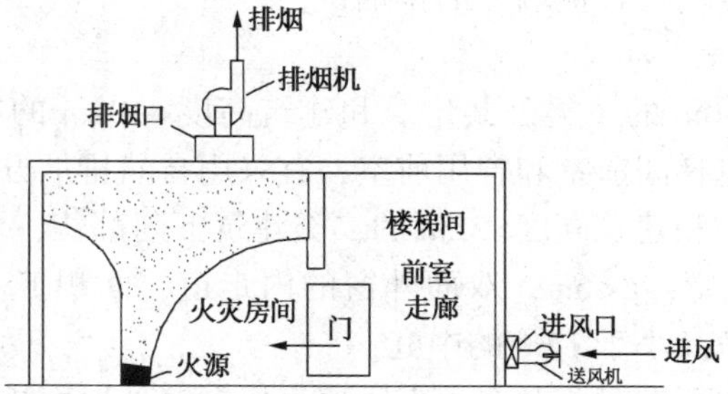

图 4-15　全面通风排烟方式

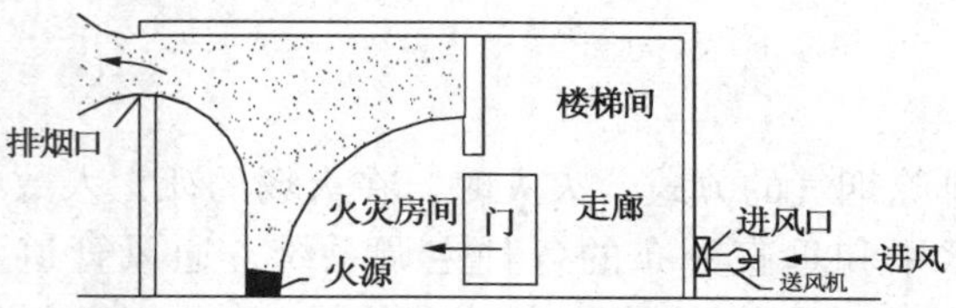

图 4-16　机械送风正压排烟系统

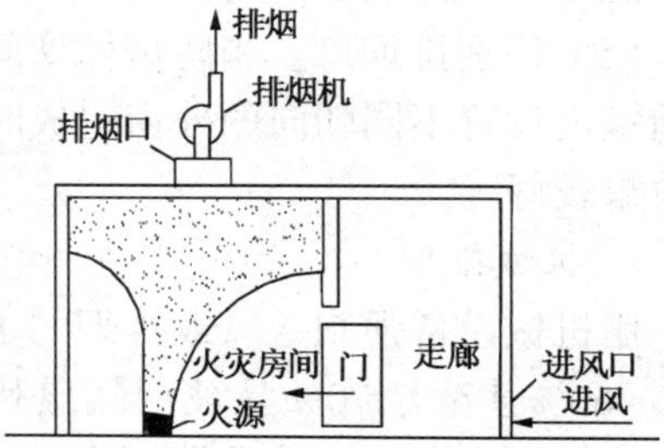

图 4-17　机械负压排烟系统

五、防烟分区的设置原则和划分方法

（一）防烟分区的作用

火灾烟气对人体的危害很大，其扩散流动性强，所以应将烟气控制在一定的范围内，需要对建筑空间进行适当的划分，采取一定的隔烟措施，阻止烟气越过边界蔓延，从而形成一个防烟分区。

（二）防烟分区的划分方法

（1）按用途：如建筑物的各个部位进行划分，厨房、楼梯、办公用房，但此种方法划分防烟分区时，应注意对通风空调管道、电器配管、给排水及采暖管道等穿墙和楼板处，采用不燃烧材料填实密闭。

（2）按面积划分：在建筑物内按面积将其划分为若干个基准防烟分区，这些防烟分区在各个楼层，大小，形状各不相同，每个楼层的防排烟分区可采用同一套防烟设施，排烟风机的排烟风量应按最大防烟分区的面积计算。

（3）按楼层划分：高层建筑底层多用于厨房、餐厅、多功能厅、接待室等，上层多用于客房，上下用途不同，而且底部发生火灾的概率大，易着火，上层相对较小，所以应尽可能根据房间的不同用途，在垂直方向按楼层划分防烟分区。

第四节　建筑安全防火技术

一、建筑物的安全疏散设施

建筑发生火灾时，产生大量的烟气及高温有毒气体，并迅速弥漫火场，给人员疏散和物资抢救带来严重的威胁。火灾被确认后，应当将发生火灾的消息迅速通知危险地区的人群，在火情还不严重时，将人员迅速转移离开火场，但没有组织的疏散往往引起混乱，加上火灾现场情况复杂，能见度低，人心慌乱，往往不能沿着正常的路线撤离，因此，火灾现场人员的疏散特别需要清晰、明确的引导，这些任务都可由火灾事故广播与疏散指示系统完成，而且对于人员集中的公共场所、高层民用建筑及一些建筑物的地下室和人防工程，其自然采光、自然排烟与通风条件差的场所，安全疏散是十分重要的。

（一）楼梯间

楼梯间是建筑物中致关重要的疏散出口，疏散楼梯应具有足够的防烟防火能力，根据防火要求楼梯间可以分为：敞开式楼梯间、封闭口楼梯间、防烟楼梯间、室外楼梯间。公共场所最少有两个楼梯，楼梯间应靠近标准层或防火分区的两端布置，靠近电梯间布置，人们把经常使用的路线和应急路线结合起来，靠近外墙设置。同时，地下室楼梯间与首层之间应有防火分隔措施，避免疏散人员误入地下室，还能阻挡烟火在这两部分相互蔓延。

（二）疏散走道

疏散走道是疏散时人员从房间内至房间门，或从房间门至疏线楼梯或外部出口等安全出口的室内走道，其路线的的选择与疏散走道的净宽应满足规范的有关要求，从房间至疏散楼梯或外部出口(安全出口)的室内走道尽量直，尽量避免死角和门槛或台阶，走道两侧不应有突出物，疏散走道的地面粗糙度也应适中。

对于高层民用建筑的人防工程中设有固定座位的电影院、剧院、礼堂等的观众厅、会议厅，其座位布置应满足规范的有关规定，其入场门、太平门的净宽不应小于1.4m，紧靠门口1.4m内不应设踏步，室外疏散小巷的净宽不应小于3m，譬如克拉玛依友谊馆的火灾事件充分说明了疏散走道的重要性。

（三）安全出口

建筑物内除了应设置足够宽度的疏散走道、疏散楼梯和疏散门等安全出口外，还应设置足够数量的安全出口，用于保安人员和物资疏散。建筑物内每个防火分区的安全出口一般应设置两个或两个以上。对于层数不多、使用面积不大及使用人数较少的建筑物，其安全出口也可以设置一个，如一个房间的建筑面积不超过60m^2且人数不超过50人的建筑、9层及9层以下且面积不超过500m^2的塔式住宅，其安全出口也可以设置一个。

安全出口的设置要求，符合下述要求：

（1）门应向疏散方向开启；

（2）供人员疏散的门不应采用悬吊门、侧拉门，严禁使用旋转门，自动启闭的门应有手动开启装置；

（3）当门开启后，门扇不应影响疏散走道和平台的宽度；

（4）人员密集的公共场所，观众厅的人场门、太平门应为推门式外开门；

（5）建筑物内安全出口应分散不同方向布置，且相互间的距离不应小于5m；

（6）车库中的人员疏散出口与车辆疏散出口应分开设置，两个汽车疏散出口之间的间距不应小于 10m，两个汽车坡道毗邻设置时应采用防火墙隔开。

（四）避难层

避难层是高层建筑中专供火灾时人员临时避难用的楼层，避难间则是供消防人员在一定高度（≥100m 的楼层）上设置的临时避难用的的房间。

（1）避难层的类型

避难层有敞开式和封闭式：①敞开式不设维护墙，一般设在顶层，不适宜寒冷地区使用；②半敞开式避难层设不低于 1.2m 的防护墙，上部设开启的封闭窗，自然通风排烟；③封闭式避难层应急设施齐全。避难层设置数量：一般高层建筑首层至第一个避难层或两个避难层之间不宜超过 15 层。

（2）避难层的设置要求

① 建筑高度超过 100m 的旅馆、办公楼、综合楼等公共建筑应设避难层；

② 考虑我国人体的体型特点，人均避难层使用面积应不小于 0.2m²；

③ 综合考虑建筑面积、使用功能、使用人数、人流疏散速度及火势蔓延情况等因素。

（五）直升飞机停机坪

当建筑高度大于 100m 且标准层面积大于 2000m² 的公共建筑层顶可设置直升飞机停机坪，它是发生火灾时供直升飞机救援屋顶平台上避难人员的救助设施。

（1）为保证直升飞机的安全起降，起降区的面积应为直升飞机全长的 1.5~2 倍，并在该区域周围 5m 范围内不应设置高出屋顶的塔楼、烟囱、旗杆、航标灯杆、金属天线、水箱间、电梯机房等障碍物；

（2）起降区场地的承载力应满足直升飞机起降时，起落架施加的动荷载和静荷载；

（3）为保证直升飞机在白天和黑夜都能安全起降，应在停机坪周围设置适当数量的航空障碍灯，如边界灯、着陆方向灯、起降场嵌入灯等。此外，还应设置 2 个或 2 个以上的出口，以及屋顶消火栓，供疏散人员出入和应急灭火，出口宽度不宜小于 0.90m。

（六）应急照明与疏散指示标志

在火灾发生时，无论是在事故停电还是在认为切断电源的情况下，为了保证火灾扑救队员的正常工作和居民的安全疏散，都必须保持一定的电光源。由此，设置的照明总称为火灾应急照明，它有两个作用：一是使消防人员继续工作；二是使居民安全疏散。

在安全疏散期间，为防止疏散通道骤然变暗需要保证一定的亮度，以抑制人们心理上的惊慌，确保疏散安全。为了确保疏散线路的正确，这就要以显眼的文字、鲜明的箭头标记指明疏散方向，引导疏散，这种用信号标记的照明，叫疏散指示标志。

火灾时因停电会变得一片漆黑，由于暗适应问题，人眼只能在黑暗中渐渐看到物体，同时由于烟雾具有扩散光的作用，从而使疏散更加困难，故除保持疏散通道的畅通外，提供一定的照度是必要的。

1. 设置范围、照度和位置

（1）设置范围

在疏散楼梯间、走道和消防烟楼梯间前室、消防电梯间及其前室及合用前室以及观众厅、展览厅、多功能厅、餐厅和商场营业厅等人员密集的场所需设置应急照明灯外，对着火时，不许停电，必须坚持工作的场所（如配电室、消防控制室、消防水泵房、自备发电机房、电话总机房等）也应设置应急照明。

在公共建筑内的疏散走道和居住建筑内走道亮度超过 20m 的内走道，一般应该设置疏散指示标志。

(2) 照度

照度指的是单位面积上接受到光通量，单位是勒克斯(lx)。消防控制室、消防水泵房、配电室、防排烟机房、自备发电机房和电话总机以及发生火灾时，仍需继续坚持工作的地方和部位，其最低照度应与一般工作照明的照度相同。

供人员疏散的疏散指示标志，在主要通道上的照度不低于 0. 5 lx，其测定位置如图 4-18 所示。

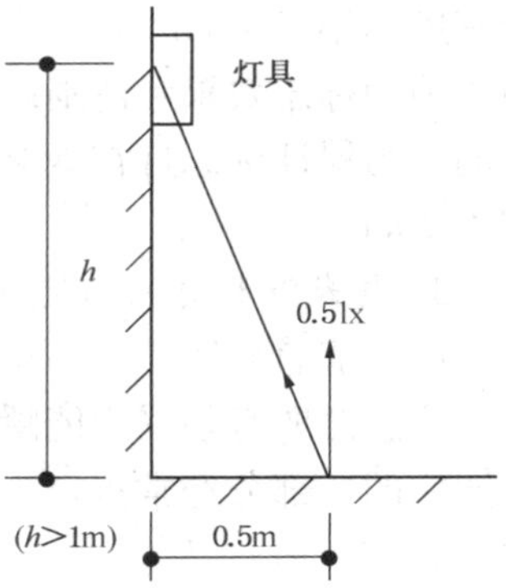

图 4-18　通道指示标志灯照度测定位置

(3) 设置位置

应急照明灯在楼梯间，一般设在墙面或休息平台板下，在走道，所设范围应符合人们行走时目视前方的习惯，容易发现目标，利于疏散。但是，值得注意的是疏散指示标志灯，千万不可设在顶棚吊顶上，因为火灾时烟雾气流极易积聚，遮挡光线，使地面照度达不到设计要求。

2. 疏散指示灯的布置

(1) 布置原则

① 出口指示灯的安装部位

出口指示灯通常是在建筑物通向室外的正常出口和应急出口，多层和高层建筑各楼梯间和消防前室的门口，大面积厅、堂、场、馆通向前厅、侧厅、楼梯间的出口。

② 出口标志和指向标志的安装位置和朝向

出口标志多装在出口门上方，门太高时，可装在门侧口，为防烟雾影响视觉，其高度以 2~2. 5m 为宜，标志朝向应尽量使标志面垂直于疏散通道截面。对于指向标志可以安装在墙上或顶棚下，其高度在人的视平线以下，地面 1m 以上为佳，因为烟雾会滞留在顶棚，将指示灯覆盖，使其失去指向效果，为使疏散时无论在拐弯和出口等处都能找到出口标志，疏散通道指示灯设置位置应如图 4-19 所示。

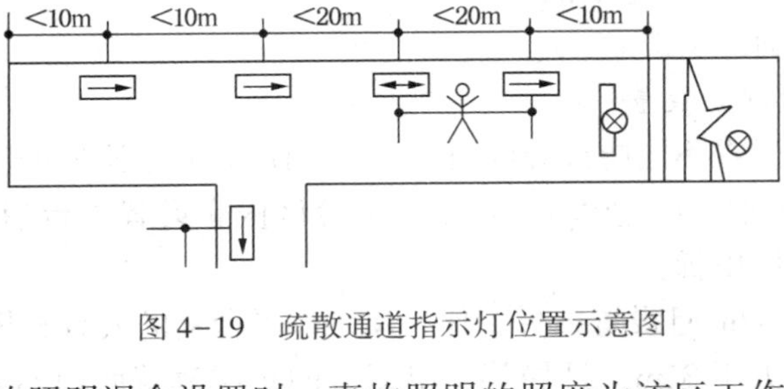

图 4-19　疏散通道指示灯位置示意图

当工作照明与事故照明混合设置时，事故照明的照度为该区工作照明照度的 10%以上，具体数值，可视环境条件而定，最大为 30%~50%，因为事故状态下工作毕竟是短暂的，虽有视觉上的不舒服，甚至加快视觉疲劳，但这是允许的。

在设计通道疏散照明时，宜用通道正常照明的一部分或全部，但应有标志，布置时要注意均匀性、距高比、地形变化和照度的要求，要特别注意火灾报警按钮和消防设施处的照度，要使人们容易找到。

（2）决定标志效果的因素

指示出口的指示灯，有的国家并不用照度表示，而用亮度表示，其图形和文字呈现的最低亮度不小于 15cd/m^2，最高不大于 300cd/m^2，任何标志上最低和最高亮度比在 1∶10 以内，因为标志效果和清晰度是由亮度、图形、对比、均匀度、视看距离和安装位置等因素决定的，为保证标志灯在烟雾下仍能使逃难者清楚辨认，美国推荐的最大视看距离为 30m，我国为 20m。

3. 电光源和灯具的选择

（1）应急照明

应急照明必须采用能瞬时点燃的光源，一般采用白炽灯、荧光灯等，当应急照明作为正常照明的一部分经常点燃，且在发生故障时不需要切换电源的情况下，也可以采用其他光源。

（2）灯具

灯具的选用应与建筑的装饰水平相匹配，常采用的灯具有吸顶灯，深筒嵌入灯具，光带式嵌入灯具，荧光嵌入式灯具。但是，值得注意的是这些嵌入式灯具要做散热处理，不得安装在易燃可燃材料上，且要保持一定防火距离。

对于应急照明灯和疏散指示标志灯，为提高其在火灾的耐火能力，应设玻璃或其他不燃材料制作的保护罩，目的是充分发挥其火灾期间引导疏散和扑救火灾的有效做用时间。

（七）消防电梯

消防电梯是供消防人员消防时使用，消防时普通电梯可能会因断电和不具备防烟功能等原因而停止使用。楼梯是人员疏散工具，消防人员必须尽快到达火场，如不设置消防电梯，消防队员将不得不通过爬梯登高，不仅时间长，消耗体力，延误灭火战机，而且救援人流与疏散人流往往冲突，受伤人员也不能及时得到救助，造成不应有的损失，因此，在高层建筑中设置消防电梯十分必要。

1. 设置消防电梯的高层建筑

《建筑设计防火规范》(GB 50016—2014)中规定，下列建筑应设消防电梯：

建筑高度大于大于 33m 的住宅建筑；一类高层公共建筑和建筑高度大于 32m 的二类高层公共建筑；设置消防电梯的建筑的地下或半地下室，埋深大于 10m 且总建筑面积大于 3000m^{2}的其他地下或半地下建筑(室)。

2. 建筑消防电梯的设置数量

消防电梯应分别设置在不同防火分区内，且每个防火分区不应少于 1 台；当建筑高度大于 32m 且设置电梯的高层厂房(仓库)，每个防火分区内宜设置 1 台消防电梯，但符合下列条件的建筑可不设置消防电梯：

（1）建筑高度大于 32m 且设置电梯，任一层工作平台上的人数不超过 2 人的高层塔架；

（2）局部建筑高度大于 32m，且局部高出部分的每层建筑面积不大于 50m^{2}的丁、戊类厂房。

3. 消防电梯的设置要求

（1）电梯井应有足够的耐火能力，电梯轿厢的载重量一般不应小于 800kg，且其尺寸不应小于 1.4 m^2，这是因为火灾时一次至少要将一个战斗班的人数(8 人左右)和随身携带的消防器材运到着火部位，轿厢的尺寸要求，是为了满足消防人员必要时搬运大型消防器具和使用担架抢救伤员的需要。

（2）消防电梯井应与其他竖向管井分开单独设置，消防电梯井、机房与相邻梯井、机房之间，应采用耐火极限不低于2.00h的隔墙隔开，在隔墙上开门时，应设甲级防火门。

（3）消防电梯设置过程中，要避免将两台或两台以上的消防电梯设置在同一防火分区内，这样在同一高层建筑，其他防火分区发生火灾，会给扑救带来不便和困难，因此，消防电梯要分别设在不同防火分区里。

（4）消防电梯的行驶速度与建筑高度相适应，因此，应根据建筑物的高度和层数不同，选用不同速度的消防电梯，一般应保证1min内能到达顶层，如建筑高度为120m，消防电梯的运作速度应选用不低于2m/s。

（5）消防电梯到最远救护点的步行距离不宜过大，根据人在烟气中行走的极限距离30m的情况，考虑到目前我国设置消防电梯数量的可能性，又能基本上保证消防人员抢救时的安全，消防电梯到最远救护点的距离，一般建筑不宜超过40m，可燃装修较多而性质又重要的建筑，不宜超过30m。如达不到此要求，应增设消防电梯。

（6）消防电梯应在首层设置供消防人员专用的万能按钮，它能使电梯立即到达底层或其他指定的楼层，同时使工作电梯启动开关全部自动停止使用，且动力与控制电缆、电线应做防水、防火处理，轿厢内还应设置专用电话，以便消防队员在抢救行动中加强联系。

（7）消防电梯的井底应设排水设施，前室门口宜设挡水设施。排水井容量不应小于2.00m^3，排水泵的排水量不应小于10L/s，有些高层建筑，其消防电梯的梯井部由于未考虑排水设施，灭火时消防废水大量流入井内，一时不能排走，影响电梯的安全使用。

4. 消防电梯前室的设置

消防电梯是专门输送消防人员和消防器材迅速到达着火地点进行消防扑救的，也是抢救受伤人员用的。设置排烟前室，在火灾时，就能够将大量烟雾在前室附近排掉，使消防人员在起火层有一个较为安全的地方，放置必要的消防器材，从而保证消防人员顺利进行消防扑救和抢险救受伤人员。

（1）消防电梯应设前室并宜靠外墙设置：前室的建筑面积大小依建筑性质而定，见表4-3，前室应设乙级防火门，在首层应设直通室外的出口。当受条件限制时，应设置能直通室外的通道；其经过长度应不超过30m，便于消防人员能迅速到达消防电梯入口。

（2）消防电梯前室宜靠外墙设置：这样布置，可利用在外墙上开设的窗户进行自然排烟，既可节约投资，又能满足消防扑救时的要求。为了便于消防人员迅速而有效地利用消防电梯，在首层应设有直通室外的出口，如受条件限制，出口不能直接靠外墙布置时，则应考虑设置专用的通道（不经过其他房间），能直接通向室外，以便消防人员迅速到达消防电梯入口，投入抢救工作。

表4-3　建筑性质不同的消防电梯的前室面积

建筑物性质	前室面积/ m^2
居住建筑	4.5
公共建筑和工业建筑	6
居住建筑与防烟楼梯间合用前室	6
公共建筑和工业建筑与防烟楼梯间合用前室	10

（3）消防电梯前室应有消防竖管和消火栓：这是因为消防电梯是消防人员进入高层建筑内起火部位的主要进攻路线，为了便于消防人员进入火场打开通路，向火灾发起进攻，故其

前室设置消防竖管和消火栓是十分必要的。

二、建筑物安全装修

(一) 安全装修的分类

建筑装修按使用部位和功能分为顶棚装修材料、墙面装修材料、地面装修材料、隔墙装修材料、固定家具、装饰织品及其他。

(二) 装饰分级

建筑装修按燃烧性能分为不燃烧(A级)、燃烧(B_1级)、可燃(B_2级)、易燃(B_3级)四级。石膏板、无机涂料等可看作A级装饰材料；胶合板、单位重量小于300g/m的纸质、壁布湿涂覆比小于1.5kg/m^{2}的有机装饰涂料、灯具和灯饰等可看作B_1级装饰材料。木地板、家具、窗帘等可看作B_2级装饰材料。

(三) 内装修设计防火的通用需求

(1) 纸面石膏板：规定安装在钢龙骨上的纸面石膏板上作为A级材料使用。

(2) 胶合板：当胶合板表面涂覆一级面型防火涂料时，可做为B_1级装修材料使用。

(3) 墙纸：单位质量小于300g/m的纸质、布质壁纸，当直接粘贴在A级基材上时，可作为B_1级装修材料使用。

(4) 多层及复合装修材料：当采用不同装修材料进行分层装修时，各层装修材料的燃烧性能等级均应符合规范的有关规定。复合型装修材料应由专业检测机构进行整个测试并划分其燃烧性能等级。

(5) 多孔泡沫塑料：当顶棚或墙面表面局部采用多孔或泡沫塑料时，其厚度不应大于15mm，面积不得超过该房间顶棚或墙面积的10%。

(6) 涂料：涂于A级基材上的无机装饰涂料，可做A级装修材料使用；施涂于A级基材上，施涂覆比小于1.5kg/m^{2}的有机装修涂料，可作为B1级装修材料使用；涂料施涂于B_1和B_2级基材上时，应将涂料连同基材一起通过试验去确定其燃烧性能等级。

(7) 无窗房间：除地下建筑外，无窗房间的内部装修材料的燃烧性能等级，除A级外，应在原规定基础上提高一级。

(8) 图书、资料类房间：图书室、资料室、档案室和存放文物的房间，其棚、墙面应采用A级装修材料，地面应使用不低于B_1级装修材料。

(9) 各类机房：大中型电子计算机房、中央控制室、电话总机房等特殊贵重设备的房间，其顶棚和墙面应采用A级装修材料，地面及其他装修应使用不低于B_1级的装修材料。

(10) 动力机房：消防水原房、排烟机房、固定灭火系统钢瓶间、配电室、变压器室、通风和空调机房等，其内部所有装修材料均应采用A级装修材料。

(11) 楼梯间：无自然采光的楼梯间、封闭楼梯间、防烟楼梯间的顶棚、墙面和地面均应采用A级装修材料。

(12) 共享空间部位：建筑物设有上下相连通的中庭、走扇、敞开楼梯、自动扶梯时，其连通部位的顶棚、墙面应采用A级装修材料。其他部位应采用不低于B_1级装修材料。

(13) 挡烟垂壁：防烟分区的挡烟垂壁，其装修材料应采用A级装修材料。

(14) 变形缝部位：建筑内部的变形缝(包括沉降缝、伸缩缝、抗震缝等)两侧的基层应采用A级材料，表面装修应采用不低于B_1的装修材料。

(15) 配电箱：建筑物内部的配电箱，不应直接安装在低于B_1燃烧性能等级，除A级外，应在原规定基础上提高。

（16）灯具和灯饰：照明灯具的高温部位当靠近非 A 级装修材料时，应有采取隔热、散热等防火保护措施。灯饰所用材料的燃烧性能等级不应低于 B_1级。

（17）饰物：公共建筑内部不宜采用 B_3级装饰材料制成的壁挂、雕塑、模型、标本，当需要设置时，不应靠近火源和热源。

（18）水平通道：地上建筑的水平疏散通道和安全出口的门厅，其顶棚装饰材料应采用 A 级装修材料，其他部位应采用不低于 B_1级的装修材料。

（19）消火栓门：建筑内部消火栓的门不应被装饰物遮掩，消火栓门四周的装修材料颜色应与消火栓门的颜色有明显区别。

（20）建筑物内的厨房：建筑物内厨房的顶棚、墙面、地面应采用 A 级装修材料。

（21）经常使用明火的餐厅和科研试验室内使用的装修材料的燃烧性能等级，除 A 级外，应比同类物的要求高一级。

对于高层民用建筑、地下民用建筑、工业厂房内部装修材料的燃烧性能分别见附录 4 附表 4-10～附表 4-12。

第五节　室内消防给水系统

随着改革开放，城市的高楼拔地而起，伴随而来的是对消防设施提出了更高要求，从建筑防火设计涉及总平面的布置、建筑设计与构造、建筑结构与材料等许多方面，而其中消防给水设施则是最为主要的。

一、耐火等级的分类及延续时间

火灾的等级分类是根据建筑物的使用性质、火灾危险性、建筑物的耐火等级、疏散和扑救难度等来确定的。分为一类和二类建筑，火灾延续时间及建筑类别见表 4-4。

表 4-4　建筑类别与火灾延续时间

一类建筑火灾延续时间 3h		二类建筑火灾延续时间 2h
住宅建筑	建筑高度大于 54m 的住宅建筑（包括设置商业服务网点的住宅建筑）	建筑高度大于 27m，但不大于 54m 的住宅建筑（包括设置商业服务网点）
公共建筑	医院，百货楼，展览楼，财贸金融楼，电信楼，高级宾馆，重要办公楼，科研楼，藏书超过 100 万册的图书馆、书库，高度大于 50m 的公共建筑	高度小于 50m 的教学楼，普通招待所，旅馆，办公楼，科研楼，档案楼，省级以下的邮政楼，防灾指挥调度楼，广播电视楼，电力调度楼

二、室内消火栓系统

消火栓是一种使用普通且简单的灭火装置。消火栓的设计依赖于《建筑设计防火规范》（GB 50016—2014）。

（一）设置室内消火栓给水系统的原则

按照我国《建筑设计防火规范》（GB 50016—2014）中的规定，下列建筑应设置消火栓给水系统：

（1）建筑占地面积大于 $300m^2$的厂房和仓库；

（2）高层公共建筑和建筑高度大于 21m 的住宅建筑（注建筑高不大于 27m 的住宅建筑，设置室内消火栓系统确有困难时，可只设置干式消防竖管和不带消火栓箱的 *DN*65 的室内消火栓）；

（3）体积大于 5000m^3的车站、码头、机场的候车（船、机）建筑、展览建筑、商店建筑、旅馆建筑、医疗建筑和图书馆建筑等单、多层建筑；

（4）特等、甲等剧场，超过 800 个座位的其他等级的剧场和电影院等以及超过 1200 个座位的礼堂、体育馆等单、多层建筑；

（5）建筑高度大于 15m 或体积大于 10000m^3的办公建筑、教学建筑和其他单、多层民用建筑。

（二）室内消火栓系统的组成

室内消火栓系统由水枪、水龙带、消火栓管道系统、水源以及供水设备。

（1）消火栓：分为单出口和双出口消火栓，口径有 50mm 和 65mm，是以消防水枪出水流量来决定，$q_{xh}<5$L/s 时，选 *SN*50mm；$q_{xh}\geq 5$L/s 时，选 *SN*65mm；

（2）水龙带：有麻质和衬胶两种材料，口径有 *SN*50mm 和 *SN*65mm，长度为 15m、20m、25m、30m 四种；

（3）水枪：室内常用的水枪口径为 ϕ13mm、ϕ16mm、ϕ19mm；

（4）消防管道：消防时水量大、压力也大。独立消防系统，管材采用焊接钢管，生活+消防共用系统采用镀锌钢管或焊接钢管；

（5）水源：为了安全，一般考虑两种水源（市政和储水池），一类建筑考虑储存 3h 用水，二类建筑考虑储存 2h 用水。

（三）附属设备

1. 水泵接合器

水泵接合器是连接室内消防管网与室外消防车的连通器。分为地下式、地上式和墙壁式三种；通常地下式用于北方寒冷地区；地上式，通常用于南方地区；墙壁式南方地区常用，见图 4-20。

水泵接合器由消防接口、单向阀、安全阀、闸阀组成。安全阀用于防止消防车送水压力过高，破坏室内消火栓给水系统，安全阀定压高于室内最不利消火栓压力 0.2~0.4MPa，通常在水泵接合器周围 15~40m 范围内设室外消火栓或从储水池取水，供消防车水泵用水，每个水泵接合器流量 10~15L/s，依据室内消防流量，设置水泵接合器个数即可确定。消防给水为竖向分区供水时，在消防车供水压力范围内的分区，应分别设置水泵接合器。

2. 屋顶消火栓

为了检查消火栓给水系统是否解决正常运行及保护本建筑物免受邻近建筑火灾的袭击，在室内消火栓给水系统的屋顶设一个试验消火栓，南方设在室外，北方防冻地区设在水箱间。

3. 减压孔板

室内消火栓给水系统中立管上消火栓由于高度不同，其上管底部消火栓压力最大，当上部消火栓口水压满足消防灭火需要时，则下部消火栓压力必过剩，若开启这类消火栓灭火，其出流必然过大，将迅速用完消防储水，为保证消防灭火时各栓口压力均匀，需要消除各栓口处过剩水压，通常在建筑的下面几层消火栓口处的压力超过 0.5MPa 时在消防横支管上设置减压孔板，见图 4-21 或减压稳压消火栓。

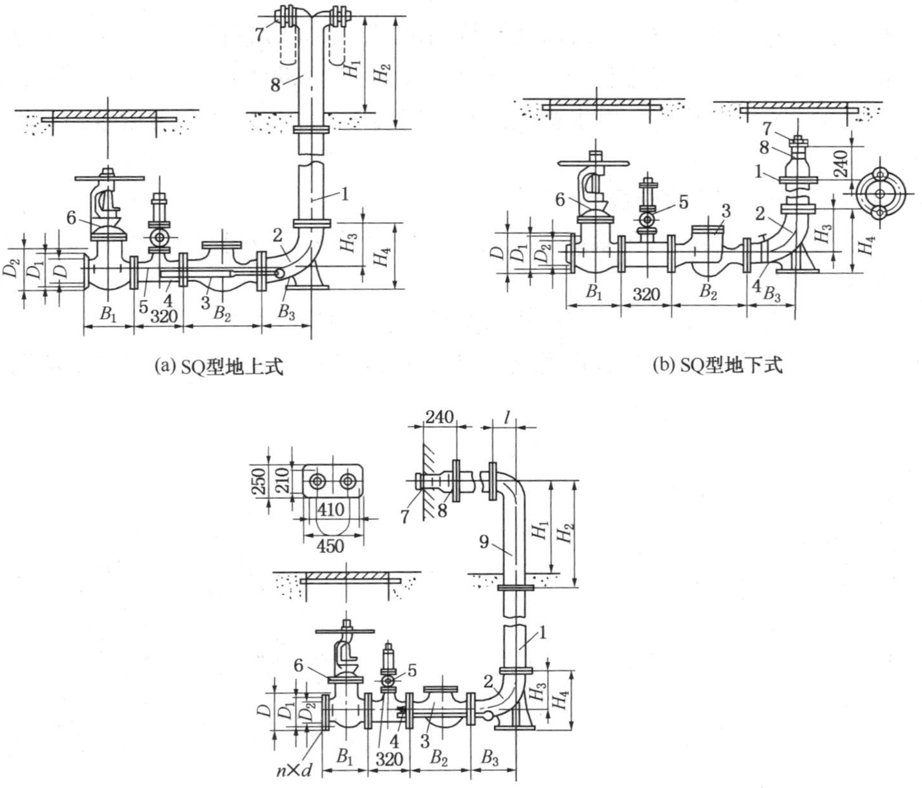

(a) SQ型地上式　　(b) SQ型地下式

(c) SQ型墙壁式

图 4-20　水泵结合器

1—法兰接管；2—弯管；3—升降式单向阀；4—放水阀；5—安全阀；

6—楔式闸阀；7—进水用消防接口；8—本体；9—法兰弯管

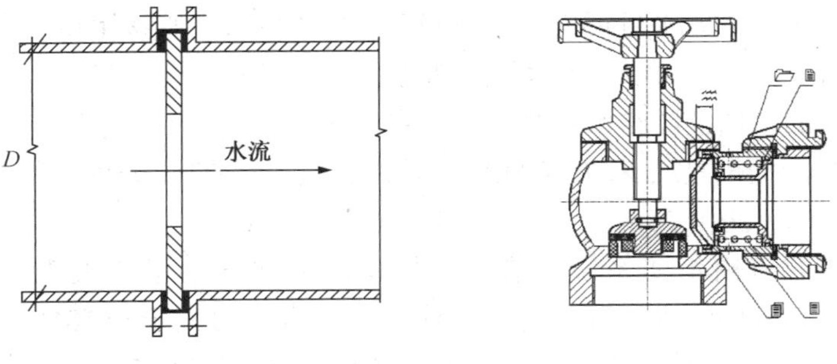

图 4-21　减压孔板以及减压稳压消火栓示意图

4. 消防水喉设备

为在 10min 内将火灾扑灭，赶在消防人员到来之前，一些建筑如设有空调系统的旅馆和办公大楼采用除了原有的消火栓外，附带有自救式小口径直流水枪消火栓设备。

超过 1500 个座位的大型剧院、会堂等需要采用消防软管卷盘来扑救。消防软管或胶管卷盘胶管口径有 ϕ16mm、ϕ19mm、ϕ25mm；长度一般为 15m、20m、25m、30m。消防软管或胶管卷盘连接的水喉式水枪口径 ϕ6mm、ϕ7mm、ϕ8mm，见图 4-22。

5. 远距离启动消防水泵设备

为了起火后迅速提供消防管网所需的水量和水压，必须设置按钮、水流指示器等远距离启动消防水泵的设备，如在每个消火栓箱上安装远距离启动的水泵按钮，采用击碎式启动器；水流指示器安装在水箱消防出水管上，水的流动带指示器发出火警信号，并且自动启动消防水泵。

（四）消火栓给水系统的设置

（1）生活（生产）与消防共用系统当生活（生产）用水压力与消防水压相差不多或接近时，采用生活消防共用系统；

（2）两者压力相差很大时，采用单独消防系统，见图4-23；

（3）高层建筑必须设置独立消防系统，但 10min 的消防用水量，可以与生活用水共同放置于屋顶水箱。

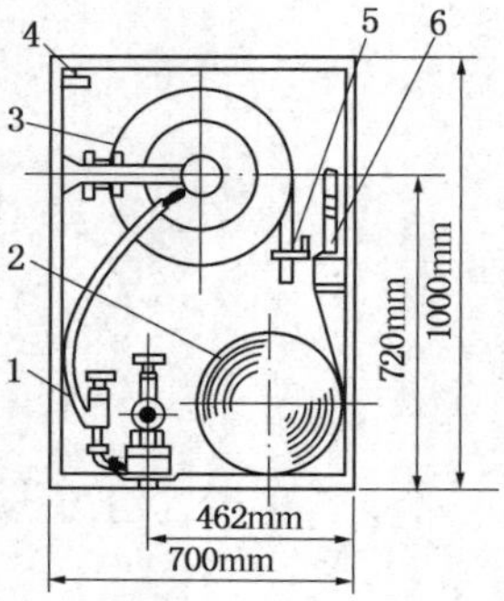

图 4-22　自救式小口径消火栓设备

1—小口径消火栓；2—65 水龙带；3—卷盘；4—控制按扭；5—小口径直流水枪；6—大口径直流水枪

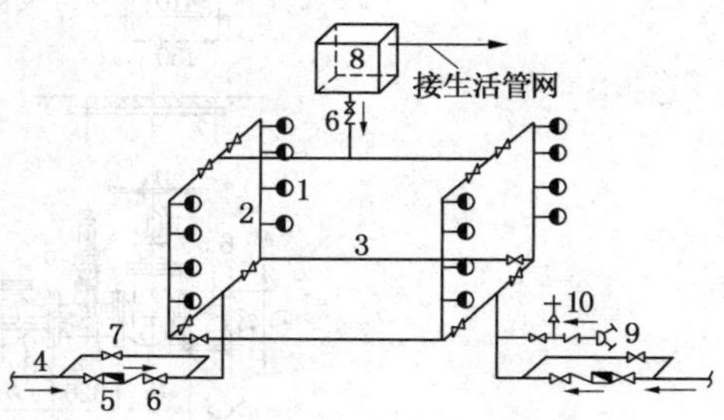

图 4-23　独立消防系统

1—消火栓；2—消防立管；3—消防干管；4—进水管接水池；5—消防水泵；6—水箱出水管；7—旁通管；8—水箱；9—水泵结合器；10—安全阀

（五）消火栓给水系统供水方式

（1）当室外水压充足，水量很大时，采用简单供水图式，直接由市政供水。

（2）当 $H_0 \ll H$ 时，采用水泵-水池加压消防。

（3）高层建筑的室内消防给水系统，应以室内自救为主，室外消防为辅，其实高低建筑的划分是由消防车的消防能力来决定的。我国高层建筑以 27m 为界，其他国家有些不同，德国 22m，日本 31m，法国 28m。

（4）分区供水的室内消防系统：消火栓栓口的静水压力不应大于 1.00MPa，当大于 1.00MPa 时，应采取分区给水系统。消火栓栓口的出水压力大于 0.50MPa 时，应采取减压措施。消火栓应采用同一型号规格。消火栓的栓口直径应为 65mm，水带长度不应超过 25m，水枪喷嘴口径不应小于 19mm。分区供水可以分为并联分区方式、串联供水方式，见图 4-24。

①并联分区供水方式：各区消防升压设备集中设在底层或地下设备层，便于维护管理，分别向各区供水。10min 的消防水量由各区单独供给，供水安全可靠，互不影响。缺点是上区水泵扬程较大，管道采用高压管，见图 4-24（a），如果采用气压水罐代替水箱就变成了无水箱并联供水方式，见图 4-24（c）。

② 分区串联供水方式：各区分设水泵和水箱，低区的水箱兼作高区的吸水池，见图 4-

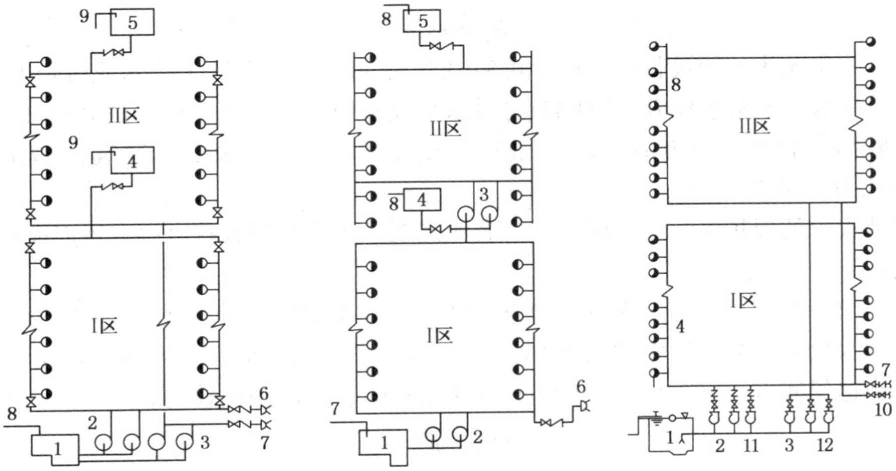

(a) 并联分区方式
1—水池；2—I区消防水泵；
3—II区消防水泵；4—I区水箱；
5—II区水箱；6、7—水泵+接合器；
8—水池进水管；9—水箱进水泵

(b) 串联供水方式
1—水池；2—I区消防水泵；
3—II区消防水泵；4—I区水箱；
5—II区水箱；6—水泵接合器；
7—水池进水管；8—水箱进水泵

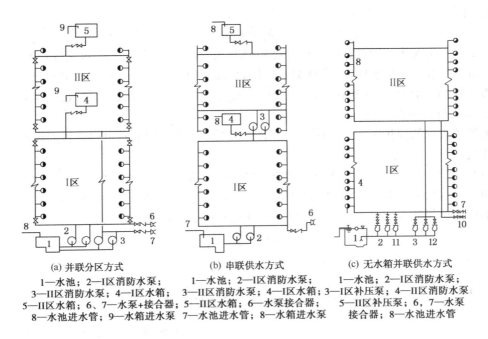

(c) 无水箱并联供水方式
1—水池；2—I区消防水泵；
3—I区补压泵；4—II区消防水泵；
5—II区补压泵；6，7—水泵
接合器；8—水池进水管

图 4-24　高层建筑消防系统供水方式

24(b)，无需设置高压水泵和高压管道，能耗较少；管道布置简捷，省管材；缺点是：供水可靠性差，各区水泵分散设置维护管理不便，而且占用一定的建筑面积，水箱容积加大，结构荷载加大。

三、室内消火栓给水系统的布置

(一) 消火栓的设置

1. 充实水栓 H_m

从水柱喷口流出的密集而不分散的水柱，它有足够的力量扑灭火灾，这段长度称为充实水栓。少层或多层建筑一般充实水柱不小于 7m；超过四层的库房、厂房充实水柱不小于 10m；高层建筑高度 $H \geqslant 100$m 时，H_m不小于 13m，参见图 4-25。

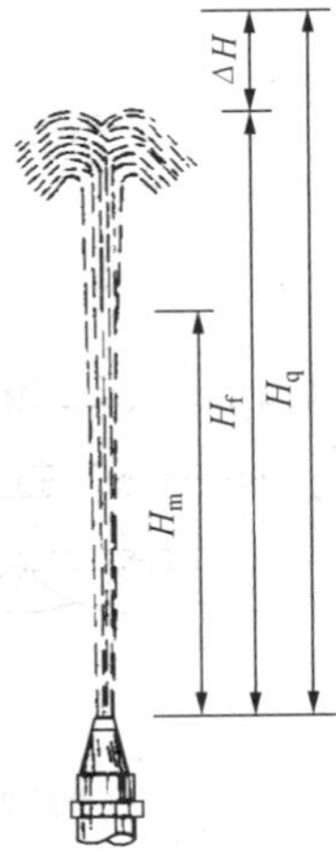

图 4-25　垂直射流组成

对于一些特殊建筑如舞台，高 20m，13m 的充实水柱也不满足要求，一旦着火，火势蔓延快，能见度低，为人员安全考虑，充实水柱需要特殊的长度，充实水柱的长度 $H_m = 1.414h$，h = 地面至建筑物屋顶高$(H-1)$m，选定了充实水柱，可以进行消火栓的布置。

2. 消火栓的布置原则

对消火栓的布置在此须弄清一个概念，即水柱股数：即水枪支数，水柱股数为建筑物要求到达任何着火点的充实水柱的数量。对于建筑高度小于 27m，体积 $V \leqslant 5000\text{m}^3$的库房可采用一股水柱到达着火点，对于高、低层建筑一般均应保证相邻两个消火栓射出的充实水柱能同时到达室内任何着火点，所以消火栓的布置原则为保证建筑物所要求的水柱股数能够射到建筑物任何着火点，而且立管数最少。

3. 消火栓的保护半径

$$R_f = L_d + h \quad (4-1)$$

式中　L_d——水龙头的铺设长度，L_d为0.8~0.9倍的水带长度L，L为水龙带长度，m；

h——水枪充实水柱H_m倾斜45°时得水平投影距离；一般建筑层高≤3~3.5m时，由于楼板的限制一般取$h=3.0$m；对于工业厂房和层高大于3.5m的民用建筑$h=H_m\cos45°$。

4. 消火栓的间距

求得消火栓的保护半径，再依据任一着火点要求的水柱股数就可以布置消火栓，即求得消火栓的间距。

(1) 要求一股水柱到达着火点：建筑高度小于等于27m且体积小于等于5000m^{3}的库房可采用一支水枪的股数到达室内任何部位。A、B、C三点各放一支水枪，满足任何一点有一股水柱到达任何着火点。见图4-26(a)与4-26(b)，此时消火栓间距

$$S \leqslant 2\sqrt{R^2 - b^2} \quad (4-2)$$

式中　S——两个消火栓间距，m；

R——消火栓的保护半径，m；

b——消火栓设置处距建筑物外墙的最大保护宽度，m。

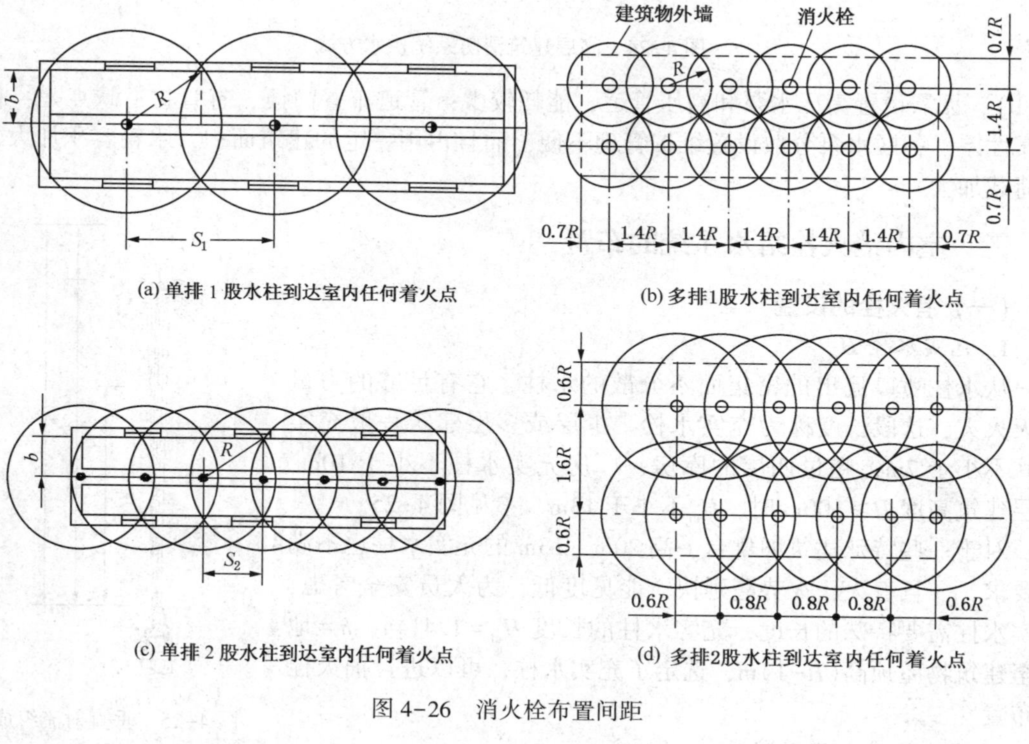

(a) 单排1股水柱到达室内任何着火点

(b) 多排1股水柱到达室内任何着火点

(c) 单排2股水柱到达室内任何着火点

(d) 多排2股水柱到达室内任何着火点

图4-26　消火栓布置间距

(2) 要求水柱股数两股同时到达室内的任何着火点：除了库房外其他民用建筑均应保证有两股水柱同时到达室内的任何着火点。

通常做法是间距S仍按式(4-2)中计算，只是将单股水柱改为双股水柱，见图4-26(c)与图4-26(d)；或者若仍用单出口消火栓，在A、B中间D点设一消火栓，这样就得保证两股水柱同时到达任何着火点，此时消火栓间距

$$S \leqslant 2\sqrt{R^2 - b^2} \qquad (4-3)$$

式中含义同式(4-2)。

实际工程中，消火栓一般布置在门厅、楼梯口，楼道上易取到的地方，按照水柱股数及消火栓的保护半径来布置，但实际工程并不都是板式楼或通廊式，其造型各异。消火栓的布置也就不能按照规律(单排或双排)但其布置原则仍应遵照保护建筑物所需求的水柱股数能到达室内任何着火点，而且立管数为最少。

5. 消火栓安装高度

国内标准每层设置消火栓，消火栓口离地面 1.1m；日本标准是放在地上，有利于展开水龙带，其出水方向宜向下或与设置消火栓的墙面成 90°。

(二) 室内消防给水管道的布置

室内消防给水管道是室内消防给水系统的主要组成部分，为了有效地供应消防用水，应采取必要的设施。

(1) 为供应安全，室内消火栓超过 10 个且室外消防用水量大于 15L/s 时，其消防给水管道应连成环状，且至少应有 2 条进水管与室外管网或消防水泵连接，当其中一条进水管发生事故时，其余的进水管应仍能供应全部消防用水量；

(2) 高层厂房(仓库)应设置独立的消防给水系统。室内消防竖管应连成环状；

(3) 室内消防竖管直径不应小于 *DN*100；

(4) 室内消火栓给水管网宜与自动喷水灭火系统的管网分开设置；当合用消防泵时，供水管路应在报警阀前分开设置；

(5) 高层厂房(仓库)、设置室内消火栓且层数超过 4 层的厂房(仓库)、设置室内消火栓且层数超过 5 层的公共建筑，其室内消火栓给水系统应设置消防水泵接合器。消防水泵接合器应设置在室外便于消防车使用的地点，与室外消火栓或消防水池取水口的距离宜为 15~40m，消防水泵接合器的数量应按室内消防用水量计算确定，每个消防水泵接合器的流量宜按 10~15L/s 计算；

(6) 室内消防给水管道应采用阀门分成若干独立段，对于单层厂房(仓库)和公共建筑，检修停止使用的消火栓不应超过 5 个，对于多层民用建筑和其他厂房(仓库)，室内消防给水管道上阀门的布置应保证检修管道时关闭的竖管不超过 1 根，但设置的竖管超过 3 根时，可关闭 2 根，阀门应保持常开，并应有明显的启闭标志或信号；

(7) 消防用水与其他用水合用的室内管道，当其他用水达到最大小时流量时，应仍能保证供应全部消防用水量；

(8) 允许直接吸水的市政给水管网，当生产、生活用水量达到最大且仍能满足室内外消防用水量时，消防泵宜直接从市政给水管网吸水；

(9) 严寒和寒冷地区非采暖的厂房(仓库)及其它建筑的室内消火栓系统，可采用干式系统，但在进水管上应设置快速启闭装置，管道最高处应设置自动排气阀。

四、室内消火栓给水系统计算

(一) 计算目的

(1)确定消防系统管道的管径；(2)计算整个系统所需的压力选择升压设备。

(二) 消防流量

消防流量按照国家规范规定的室内消防用水量有关标准执行。

(1) 室内消防用水量及消防用水量标准见附录 4 附表 4-13 及附表 4-14。

(2) 水枪标准用水量

每支水枪的最小流量为水枪标准用水量 $q_{标}$，衡量充实水柱的大小。

(3) 实际消防射流量 q_{xh}

消防射流量是指水枪喷口在一定的充实水柱下的出流量，与水枪喷口口径大小、充实水柱大小有关；实际消防射流量则是指保证建筑物所需的充实水柱长度的压力作用下的出流量（L/s），通常用 q_{xh} 表示，见表 4-5。

(4) 水枪喷口处的压力 H_q

不同的充实水柱 H_m，不同的孔口口径 d，水枪的实际消防射流量 q_{xh} 不同，水枪喷口处有不同的压力，用 H_q 表示；H_q 计算见公式，由 H_m、d、H_q、q_{xh}，可直接查表 4-5 直流水枪技术数据表，求得另两个数据。

(5) 设计水枪的消防射流量 q_{xh}

首先依据建筑类型初步选定充实水柱长度，确定一个实际消防射流量 q_{xh}，要求实际消防射流量 q_{xh} 不小于 $q_{标}$，否则重新确定充实水柱长度 H_m 和水枪口径大小，直到满足条件 q_{xh} 不小于 $q_{标}$ 为止，此时的 q_{xh} 作为设计水枪的消防射流量 q'_{xh}。

(6) 消火栓口压力 H_{xh}

消火栓口压力由三部分组成，水带水头损失，水枪喷口处的压力 H_q，还有栓口局部水头损失；由以下公式求得

$$H_{xh} = H_q + h_d + H_k \tag{4-4}$$

式中 H_{xh}——消火栓口压力，kPa；

h_d——消防水带水头损失，$h_d = ALQ^2$，其中 L 为水带长度，单位 m，A 为水带阻力系数，具体见表 4-6。

H_k——消火栓口水头损失，通常按 19.6kPa 计算，其余同前。

表 4-5 H_m-H_q-q_{xh} 技术数据

充实水柱/m	水枪喷口直径/mm					
	13		16		19	
	H_q/9.8kPa	q_{xh}/(L/s)	H_q/9.8kPa	q_{xh}/(L/s)	H_q/9.8kPa	q_{xh}/(L/s)
6	8.1	1.7	7.8	2.5	7.7	3.5
8	11.2	2.0	10.7	2.9	10.4	4.1
10	14.9	2.3	14.1	3.3	13.6	4.5
12	19.1	2.6	17.7	3.8	16.9	5.2
14	23.9	2.9	21.8	4.2	20.6	5.7
16	29.7	3.2	26.5	4.6	24.7	6.2

(三) 消火栓管网的水力计算

消火栓管网的水力计算分两种系统计算，消火栓单独供水系统与生活消防共用系统。

1. 独立的消防给水系统计算步骤

(1) 首先确定建筑物类型，选出该建筑消防用水量标准，高层建筑给出室内与室外消防流量；选择消防设备：查用水量标准，得出每支水枪的最小出流量：当 $q_{标}$>5L/s 消火栓口径 65mm，水枪口径 16m 和 19m 两种，$q_{标}$≤5L/s 消火栓口径 50mm，水枪口径 16m 和 13m 两种。

（2）确定建筑充实水柱 H_m 与设计消防射流量：根据建筑物性质正确确定充实水柱 H_m 的长度，依据设计水枪消防射流量 q'_{xh} 的方法求得该建筑实际充实水柱 H_m 下的设计消防射流量；另选定 H_m 下的 $q_{xh} \geqslant q_{标}$，满足要求，采用 q_{xh} 作为设计消防射流量 q'_{xh}；如果不满足要求，加大 H_m 选定 H_q-q'_{xh}。

（3）布置消火栓：计算依据消火栓布置原则求得消火栓的保护半径，消火栓的间距等对该建筑进行消火栓的布置。

（4）布置消防管线：按照消防管道布置要求，横管成环路布置，立管与横管连接，尽可能形成环状，横管与消防水泵连接，与水泵接合器连接，与屋顶水箱连接，画平面图和轴侧图。

（5）选定最不利计算管路，计算各管段的设计秒流量。

管段计算要求的两个管径，即每根消防立管管径与横管管径：

① 立管管径需要先确定立管中流量，可依据两个条件确定：

a. 每支水枪的设计流量 q'_{xh}；

b. 每根立管最小流量：首先每根立管流量与管径确定方法完全相同；依据附表 4-13、附表 4-14 中每根立管的最小流量与每支水枪的流量确定每根立管有几支水枪可参与灭火，注意消防立管根数与室内消防用水量不要混淆，消防立管数是由消防间距决定的。决定每根立管有几支水枪可参与灭火，注意消防立管根数与室内消防用水量水枪支数不要混淆。

② 横干管流量确定依据两个条件决定：

a. 室内消防用水量 Q；

b. 设计水枪消防射流量 q_{xh}'；

c. 依据前两者确定建筑物灭火时同时使用的水枪数，来决定横管流量，环状横管可以是一个流量。

（6）管径：流量分配并不是我们的最终目的，求流量是为了确定管径，查给水钢管水力计算表，控制消防管道流速小于 2.5m/s 来确定管径。

（7）计算水头损失：确定消防系统的压力。

$$h_{沿} = \sum iL \qquad h_{局} = 10\% h_{沿} \qquad H_2 = H_{沿} + H_{局}$$

整个消防系统的系统压力

$$H = H_1 + H_2 + H_{xh} \tag{4-5}$$

式中　H_1——引入管起点到最不利消火栓的高度差；

H_2——整个室内管道系统的水头损失，沿程与局部阻力损失之和，通常局部阻力占沿程阻力的 10%，见表 4-6；

H_{xh}——消火栓口压力。

表 4-6　水带阻力系数

水带材料	水带直径/mm			水带材料	水带直径/mm		
	50	65	80		50	65	80
麻质	0.01501	0.00430	0.0015	衬胶	0.00677	0.00172	0.00075

（8）设升压设备。整个系统压力 H 与市政管网压力 H_0 的比较如下：

① 当 $H \leqslant H_0$ 时，直接市政供水；

② 当 H 微小于 H_0 时，局部放大管径，使 $H \leqslant H_0$；

③ 当 $H \gg H_0$ 时，设升压设备：

a. 当设水池-水泵时

$$Q_f = Q_{室内} \tag{4-6}$$

$$H_f = H_1 + H_3 + H_{xh} \tag{4-7}$$

式中 H_1——水池最低水位与最不利消火栓口垂直距离，m；

H_3——水泵吸水管、压水管、计算管路的总水头损失，m；

H_{Xh}——最不利消火栓口所需水压$=H_q+h_d+H_k$。

b. 当设气压给水设备加压时

p_{min}=最不利消火栓所需的压力$=H_z+H_q+H_{xh}$

水泵流量

$$Q_f = Q_{室内} \tag{4-8}$$

水泵扬程

$$H_f = (p_{min} + p_{max})/2 \tag{4-9}$$

设有高位消防水箱的消防给水系统，其增压设施应符合下列规定：

气压罐作为局部增压设备时，储备水容积不应小于30s的室内消防用水量；

气压罐作为水箱功能，储备水容积不应小于60s的室内消防用水量。

（9）水池：消防水池的用水量可按下式确定

$$V_f = 3.6 \times (Q_f - Q_L) \times T_x \tag{4-10}$$

式中 Q_f——室内、外消防用水量之和(查附表4-13、附表4-14可得)；

Q_L——水池连续补充水量(L/s)，通常按$v=1$m/s确定水池进水管管径；

T_x——火灾延续时间，h，具体见表4-4。

（10）水箱设置

当采用临时高压给水系统时，应设高位消防水箱，并应符合下列规定：

屋顶水箱储存10min的消防水量，水箱容积计算见公式$V=0.6Q_{消}$。

高位消防水箱的消防储水量，一类公共建筑不应小于18m^3；二类公共建筑和一类居住建筑不应小于12m^3；二类居住建筑不应小于6.00m^3。

水箱高度校核：水箱的设置应该满足最不利消火栓所需水压的要求，即：

$$H \geqslant H_{xh} + h_0 \tag{4-11}$$

式中 H——水箱消防出水管与最不利消火栓口的垂直高差，m；

H_0——表示水箱出口至最不利消火栓的总水头损失，m；

H_{xh}——最不利消火栓所需水压。

高位消防水箱的设置高度应保证最不利点消火栓静水压力。当建筑高度不超过100m时，高层建筑最不利点消火栓静水压力不应低于7m；当建筑高度超过100m时，高层建筑最不利点消火栓静水压力不应低于15m。当高位消防水箱不能满足上述静压要求时，应设增压设施，增压水泵的出水量，对消火栓给水系统不应大于5L/s；对自动喷水灭火系统不应大于1L/s。并联给水方式的分区消防水箱容量应与高位消防水箱相同；除串联消防给水系统外，发生火灾时由消防水泵供给的消防用水不应进入高位消防水箱。

（11）减压孔板的计算

消防泵的压力是按照最不利点(系统的最高最远点)消火栓所需压力要求设置的，这样会造成系统底部消火栓口压力最大，必须将其多余的压力消除掉，以免出水量太大，即在消火栓口前的横支管上装设减压孔板，减压孔板孔径依据各层消火栓剩余水压值确定的，每层

消火栓所需压力是相同的，均为 $H_q+h_d+H_k$；而每层与最不利层消火栓的压力差是

$$Z+\sum h=\text{或}H_{剩}=H_{总}-(H_q+h_d+H_k) \tag{4-12}$$

式中　Z——计算层至最不利层的高差；

h——计算层至最不利层的总头损失。$H^1_{剩}=\dfrac{H_{剩}}{V}\times 1$，其他同上。

故依据 $H_{剩}$ 即可选定相应的减压孔板孔径，可查附录 4 附表 4-15。

2. 生活与消防共用系统水力计算

生活与消防共用系统与单独的消防系统计算有相同与不同之处。

（1）相同点

立管流量计算与单独消防系统中立管计算完全相同，生活系统立管计算与给水系统单独设置立管水力计算一样。

（2）不同点

① 干管流量应是生活用水量与消防用水量之和，如这个系统中有浴室，在生活、消防系统中管段流量只计算其中 15%（浴室流量）管段流量

$$q_{总}=2q'_{xh}+15\%q_{浴室} \tag{4-13}$$

$$q_{浴室}=q_0nb/100 \tag{4-14}$$

② 流量确定管径，该建筑共享系统流速 v 按生活系统控制流速 $v<2$m/s 确定管径；

③ 计算局部水头损失，生活消防共用系统局部水头损失为沿程损失的 20%，即 $h_{局}=20\%h_{沿}$；$H_2=h_{沿}+h_{局}$。

【例 4-2】 某建筑地下 1 层，地上 25 层的公寓式办公楼。耐火等级为一级，为一类公共建筑。地下层为汽车库及设备用房，地上为公寓式办公楼，房间内设给、排水、消防、热水、雨水管道，卫生间内设脸盆，坐便器、淋浴器。环绕该楼有的 *DN*200 低压生活水管道，埋深标高 1.5m，常年服务水头 0.35MPa。设计并计算该建筑的消防系统。

解：1. 组成

本建筑为一类公共建筑，生活给水系统与消防给水系统分设，该系统由消火栓、管道系统、消防储水池、消防用水箱及增压用水泵等设备组成。室内消防用水量 40L/s，室外消防用水量 30L/s。

（1）消火栓：高层建筑采用口径为 65mm 的消火栓，水带的长 25m，水枪的喷嘴口径为 19mm；

（2）消防水箱：按 10min 消防的用水量，此建筑消防水箱设置在屋顶消防电梯井上方，标高 90m 处；

（3）水泵结合器：其安装个数取决于室内消防用水量，本设计室内消防用水量为40L/s，一个 *DN*150mm 的水泵接合器的流量 10～15L/s 按计，所以选取 3 个水泵接合器，其型号为 SQ150，分设在建筑不同侧。

2. 消火栓布置规则

（1）保证建筑的任何着火点都实现两股充实水柱同时到达，消防立管数最少。本工程建筑总长度为 90.25m，宽为 21.10m ，此建筑是一类公共建筑，耐火一级；消火栓的栓口静压小于 1.0MPa，消防不分区；消防给水管道布置成环状，地下室及楼顶都要布置成环，此建筑消防立管设置最少为 6 根，即布置 6 根消防立管。

（2）消火栓栓口安装高度为 1.1m，屋顶设试验消火栓。

（3）本建筑消防管网布成环状，地下室和屋顶单独成环。

（4）此建筑消火栓的管网和自喷管网分开设置。

3. 消火栓系统水力计算

（1）消火栓保护半径

本设计中水带长度为25m，C 取0.8，层高3.6m，充实水柱长度 $H_m=12m$，故消火栓保护半径为：$R_f = L_d + h$

计算得 $R_f=0.8\times25+12\times\cos45°=28.49m<30m$，故取29m。

（2）消火栓间距

已知办公楼宽21.1m，消火栓布在中间走廊，故 $b=10m$。

两立管之间的最大距离：$S=\sqrt{R^2-b^2}$

计算得 $S=\sqrt{28.5^2-10^2}=26.7m$，取26m；

（3）水枪喷口处压力

查《建筑防火规范》可知，水枪喷嘴处所需要水压 $H_q=16.9m$

（4）水枪喷嘴处流量计算 q_{xh}

查《建筑防火规范》可知，当充实水柱12m水枪喷口直径为19mm时，设计水枪消防射流量 $q_{xh}=5.2L/s>5L/s$，因而在选用消火栓时，选用65mm口径的消火栓。

查《高层民用建筑设计防火规范》可知，本工程中高层建筑高度超过50m，室内消火栓用水量为40L/s，每根立管最小流量为15L/s，每支水枪最小流量为5L/s。

（5）水带水头损失

本设计拟采用的水带材料为衬胶材质，查表4-16可知，当水带直径为65mm，对应的 $A_Z=0.00172$，水带水头损失为：$h_d=A_z\cdot L_d\cdot q_{xh}^2\times10=1.16m$

（6）消火栓口所需压力

消火栓口所需压力：$H_{xh}=H_q+h_d+H_k=16.9+1.16+2=20.06m$

4. 消火栓管路系统给水管水力计算

此设计中总共设置有6根消防立管，最不利管段选取为立管XL-6(见图4-27)。

（1）对最不利管路进行编号1-2-3-4-5-6-7-8-泵。

（2）室内消火栓系统初步水力计算表见表4-7。由于立管是环状布置，承担从水箱供给室内的10min消防流量，立管流量按照所承担的三支水枪流量计算。

表4-7 室内消火栓系统水力计算表

管段	设计秒流量	长度 L/m	DN/mm	v/(m/s)	1000i(mH_2O/m)	h_j/(mH_2O)
1~2	15.6	3.6	100	1.872	29.428	0.106
2~3	15.6	3.6	100	1.872	29.428	0.106
3~4	15.6	3.6	100	1.872	29.428	0.106
4~5	15.6	75.6	100	1.872	29.428	2.245
5~6	15.6	18.6	100	1.872	29.428	0.547
6~7	31.2	18.1	150	1.842	43.76	0.792
8~泵	41.6	30.2	150	2.456	77.82	2.350

$$\sum h_j = 6.252mH_2O$$

（3）管路总水头损失

$$\sum h_j + h_i = 1.1\sum h_j = 6.877mH_2O$$

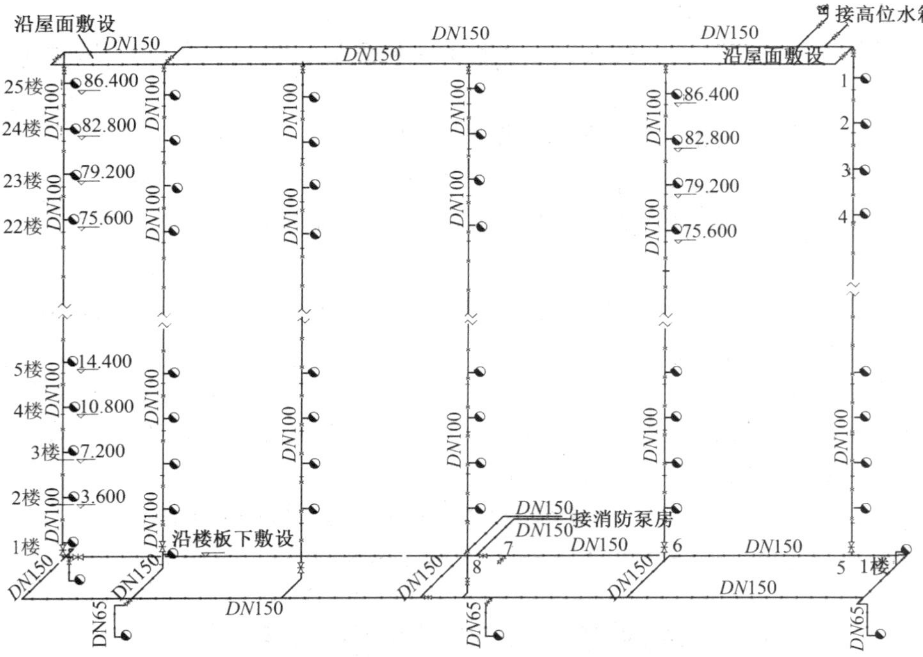

图 4-27　消防系统的系统图

（4）消火栓给水系统所需总压力

$$H = H_1 + H_2 + H_{xh} = (3.6 \times 24 + 1.1) + 6.877 + 20.06 = 114.437\text{mH}_2\text{O}$$

故选取消防水泵扬程大于 115m，流量为 44.5L/s，选 2 台型号为 125DL-25x5 的水泵，l 流量 44.5L/s，扬程 125m，一用一备。

栓口出水压力大于 0.50MPa 时，应在消火栓处设减压装置。一般在栓前设减压阀或减压孔板，以降低动压力。现已有带减压孔板的室内消火栓和室内减压稳压消火栓，此工程中设在栓口压力大于 50mH$_2$O 柱的下面几层设置室内减压稳压消火栓，每层减压后栓口剩余压力均为 20.06mH$_2$O 柱，计算过程略。

（5）消防水箱计算

本建筑为一类公共建筑，室内消防用水量为 40L/s，室外消防用水量 30L/s；屋顶水箱应贮有 10min 消防用水量。所以消火栓系统用水量为

$$V_f = q_{xf} \cdot T_x \cdot 60/1000 = 40 \times 10 \times 60/1000 = 24\text{m}^2$$

10min 消防水箱容积 $V = 24 + 12 = 36\text{m}^3$

选用矩形水箱，尺寸为 $L \times B \times H$ = 5200mm×2000mm×3500mm。高位水箱的设置高度应保证最不利点消火栓静水压力。

（6）消防水箱设置高度校核

消防水箱安置在电梯机房上部，其地面标高为 90.00m，把水箱支高 0.8m，则水箱底标高为 90.80m，水箱最低水面标高为：90.80+3.9＝94.70m，水箱保护高度为 0.25m，则水箱实际高度为 94.70+0.25＝94.95m，设置的出水管标高为 90.80+0.15＝90.95m。最不利点高程为 86.4m，则最不利点净水压力应当为：90.95－87.5＝3.45m；所以按照规范要求需要设增压措施，综合分析稳压泵增压需要频繁启动及气压罐容积较小，增压设施采用设稳压泵和小型气压罐联合使用。

(7) 消火栓增压泵计算

消火栓增压泵流量可按 4. 8L/s 计，扬程为水箱到最高消火栓总水头损失与该消火栓口出所需压力。

计算得出水箱-最高消火栓沿程水头损失 0. 52m。

$$H=H_{xh}+h_{水箱-最不利消火栓}=20.06+1.1\times0.52-3.45=17.18\text{m}$$

选型号为 50SG10-15 的离心泵一台，扬程为 20m，流量为 $10\text{m}^3/\text{h}$。

(8) 消防泵房消防泵计算

消防泵房中消火栓增压泵流量应为 40L/s，扬程为 106. 9m(与生活水泵估算方法相同)。选取型号为 5DL150-2 的两台离心泵，一备一用。

(9) 消防水池计算

消防贮水池按能够满足火灾延续时间内的室内的消防用水量进行计算。本建筑为一类公共建筑，火灾延续时间为 3h，自喷要保证 1h 的水量。

$$V_f=[(40+30)\times3+20.68\times1]\times3600/1000=830\text{m}^3$$

消防水池分两格，每格尺寸为 $L\times B\times H=8000\text{mm}\times8000\text{mm}\times6500\text{mm}$。

第六节　自动喷水灭火系统

自动喷水灭火系统装置是一种发生火灾时，能自动作用打开喷头喷水灭火，同时发出火警信号的消防给水设备，该装置多设于容易自燃而无人管理的仓库以及对消防要求较高的建筑物或个别房间，起火蔓延很快的场所或危险性很大的建筑物内，设置各类自动喷水灭火系统的场所见附录 4 中附表 4-16。

一、系统分类

按照喷头开闭的方式分为：闭式自动喷水灭火系统和开式自动喷水灭火系统。

闭式自动喷水灭火系统包括：湿式自动喷水灭火系统、干式自动喷水灭火系统、预作用式自动喷水灭火系统。

开式自动喷水灭火系统包括：雨淋喷水灭火系统、水幕喷水灭火系统、水喷雾喷水灭火系统。

(一) 湿式自动喷水灭火系统

管网中的管道内充满有压水，发生火灾时，温度升高到喷头开启温度时，喷头的玻璃球爆裂或易熔合金的闭锁熔化脱落，水即从喷头喷出灭火，同时发出火警信号。该系统适用于常年温度在 4~70℃之间的场所，具有动作迅速、作用简明的优点，但是湿式系统可能由于渗漏会损失建筑装饰，见图 4-28。

湿式自动喷水灭火系统由水源(供水设备)、控制信号阀、火灾控制器、配水管网、喷头、报警控制装置等组成。

1. 水源

与室内消火栓系统一样，也需要水源满足最不利点喷头所需的水量和水压(0. 1MPa)。高位水箱储存 10min 用水量，一般按 10 个喷头，即 10L/s 计算，储水池储存 1h 水量。水箱的出水与喷淋系统的连接管应该设在消防泵之后报警阀之前的管道上。

2. 配水管网

(1) 供水干管

每一单元喷头管网宜布置成树枝状，但作为一个建筑物的自喷系统其给水干管应布置成环状，进水管不少于两条，与干管相连，一条发生故障时，另一条进水管保证全部用水量。当两者压力相近时，供水环状干管，可与消火栓系统合为一个系统但必须在控制阀前分开，配水管两侧每根配水支管控制的标准喷头数，轻危险级、中危险级场所不应超过 8 只，同时在吊顶上下安装喷头的配水支管，上下侧均不应超过 8 只，严重危险级及仓库危险级场所均不应超过 6 只。

(2) 配水管网

自喷系统配水管网分为配水干管、配水立管、配水支管、分布支管，布置见图 4-29。

① 配水立管：最好设在配水干管的中央；

② 配水支管：和干管应在配水立管两侧均匀分布；

③ 配水支管应在配水支管两侧均匀分布；

④ 每根配水支管和分布支管直径均不应小于 25mm；

⑤ 配水管两侧每根配水支管控制的标准喷头数，轻危险级、中危险级场所不应超过 8 只，同时在吊顶上下安装喷头的配水支管，上下侧均不应超过 8 只，严重危险级及仓库危险级场所均不应超过 6 只；

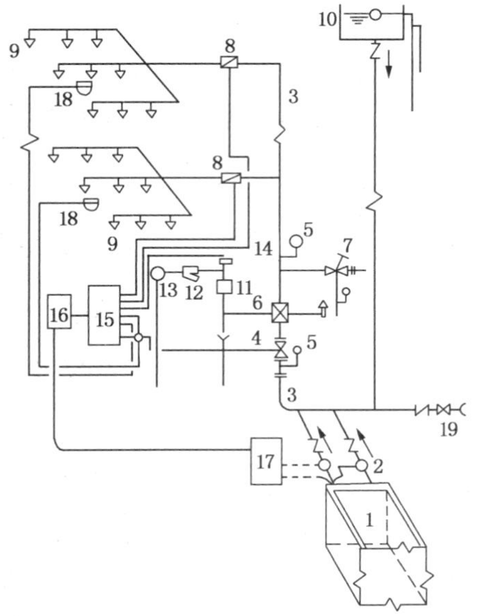

图 4-28　湿式自喷灭火系统示意图

1—消防水池；2—消防泵；3—管网；4—控制蝶阀；5—压力表；6—湿式报警阀；7—泄放试验阀；8—水流指示器；9—喷头；10—高位水箱、稳压泵或气压给水设备；11—延时器；12—过滤器；13—水力警铃；14—压力开关；15—报警控制器；16—非标控制箱；17—水泵启动箱；18—探测器；19—水泵结合器

⑥为了便于检修时管道内的水放空，配水管道应有一定坡度，湿式坡度 i 不小于 2‰坡度与水流方向相同，在分布支管最低点设干式坡度 i 不小于 4‰泄水阀。

3. 喷头

喷头是自喷系统的关键部位，目前主要有三类：闭式喷头、开式喷头、特殊喷头，各自

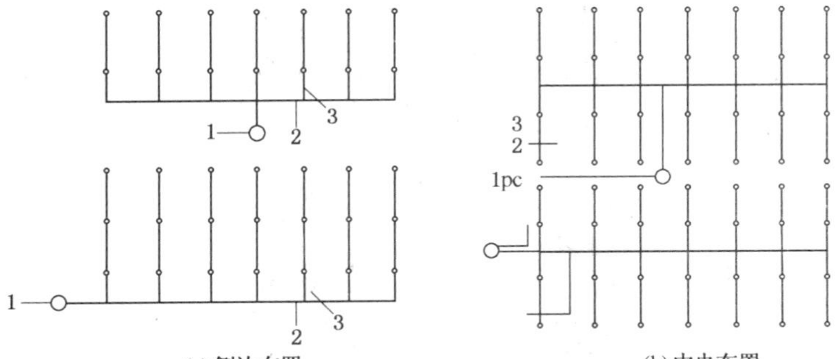

(a) 侧边布置　　(b) 中央布置

图 4-29　管网布置形式

1—主配水管；2—配水管；3—配水支管

适用于不同场所。

(1) 闭式喷头类型

闭式喷头由喷水门、感温组件、溅水盘组成，喷头按热敏组件不同分为：易燃合金闭式喷头和玻璃球泡式喷头；按照安装方式不同分为：直立型、下垂型、边墙型、普通型、吊顶型等，见图 4-30 与图 4-31。

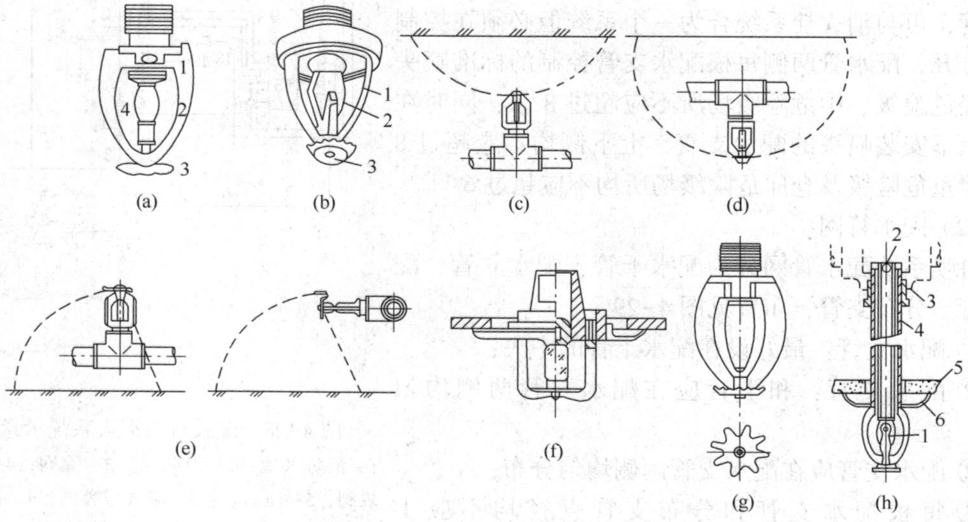

图 4-30　闭式喷头构造示意图

(a)玻璃球洒水喷头：1—支架；2—玻璃球；3—溅水盘；4—喷水口；(b)易熔合金洒水喷头：1、3 同(a)，2—合金锁片；(c)直立型；(d)下垂型；(e)边墙型(立式、水平式)；(f)吊顶型：1—支架吊顶型；2—装饰罩；3—吊顶；(g)普通型；(h)干式下垂型：1—热敏组件；2—钢球；3—铜球密封圈；4—套筒；5—吊顶；6—装饰罩

① 直立型：抛物线洒水状，喷头向上；

② 下垂型：向下安装平板形溅水盘；

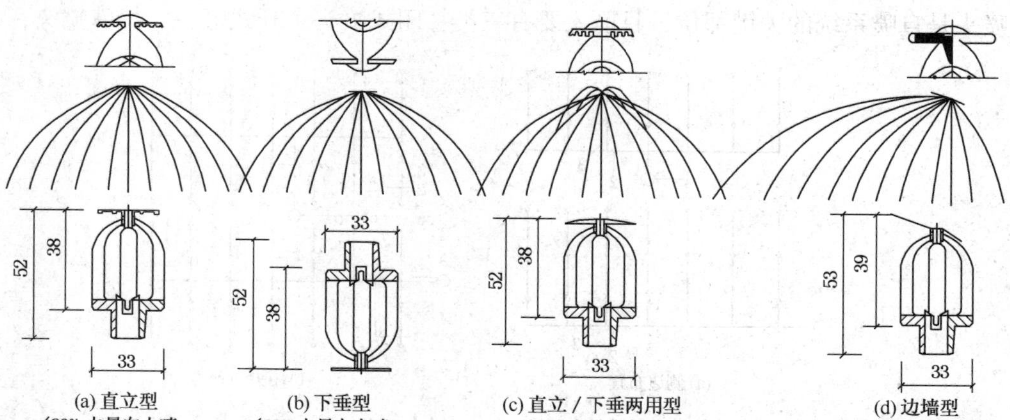

图 4-31　喷头的溅水盘和布水

③ 边墙型：靠墙安装，水喷向被保护一侧，洒水为右抛物线形；

④ 普通型：倒伞形溅水盘，球形洒水状；

⑤ 吊顶型：平板形溅水盘，喷头安装在隐蔽处。

（2）喷头的动作温度及色标

喷头的动作温度是根据环境温度确定的，一般情况下，自动喷头的动作温标应高出使用环境最高温度20～30℃，不同温标的喷头是依据各自敏感元件的颜色来区分的。喷头的动作温度=环境最高温度+20～30℃，见表4-8。

表4-8 几种类型喷头的技术性能参数

喷头类别	喷头公称口径/mm	喷头动作温度/℃	
		玻璃球喷头	易熔合金喷头
闭式喷头	10、15、20	57—橙、68—红、79—黄、93—绿、141—蓝、182—紫红、227—黑、260—黑、234—黑	57～77—本色、80～107—白、121～129—蓝、163～191—红、204～246—绿、260～302—橙 320～343—黑
开式喷头	10、15、20		

（3）喷头性能参数及适用场所

闭式喷头适用于湿式系统、干式系统和预作用自动喷水灭火系统：开式喷头适用于雨淋系统、水幕系统和水喷雾等系统，特殊喷头适用于特殊喷水功能要求的场所，分为自动启闭式、快速反应式、灭火滴式、扩大喷洒面积式，各种喷头适用场所及其技术性能参数见表4-9。

表4-9 各类喷头适用场所

项目	喷头类别	适用场所
闭式喷头	玻璃球洒水喷头	因具有外表美观、体积小、重量轻、耐腐蚀，适用于宾馆等要求美观高和具有腐蚀性场所
	易熔合金洒水喷头	适用于外观要求不高、腐蚀性不大的工厂、仓库和民用建筑
	直立型洒水喷头	适用安装在管路下经常有移动的体育场，尘埃较多的场所
	下垂型洒水喷头	适用于各种保护场所
	边墙型洒水喷头	安装空间狭窄、通道状建筑适用此种喷头
	吊顶型洒水喷头	属装饰型喷头，可安装于旅馆、客厅、餐厅、办公室等建筑
	普通型洒水喷头	可直立、下垂安装，适用于有可燃吊顶的房间
	干式下垂型洒水喷头	专用于干式喷水灭火系统的下垂型洒水喷头
开式喷头	开式洒水	适用于雨淋喷水灭火和其他开式系统
	水幕喷头	凡需要保护的门、窗、洞、檐口、舞台口等应安装这类喷头
	水喷雾喷头	用于保护石油化工装置、电力设备等
特殊喷头	自动起闭洒水喷头	这种喷头具有自动起闭功能，凡需要降低水渍损失场所均适用
	快速反应洒水喷头	这种喷头具有短时启动效果，凡要求启动时间短场所均适用
	大水滴洒水喷头	适用于高架库房等火灾危险等级高的场所
	扩大覆盖面洒水喷头	喷水保护面积可达30～36m^2，可降低系统造价

（4）喷头布置

喷头布置原则上要满足装设自喷系统房间的任何部位发生火灾时都能得到一定强度的喷水，喷头根据房屋构造和面积几何形状可布置成正方形、长方形或菱形，见图 4-32。

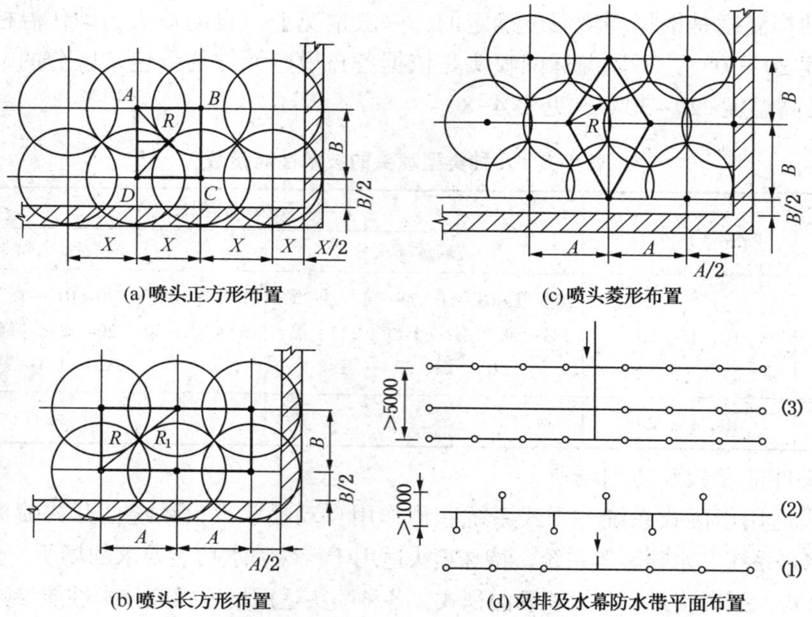

(a) 喷头正方形布置　(c) 喷头菱形布置

(b) 喷头长方形布置　(d) 双排及水幕防水带平面布置

图 4-32　喷头布置几种形式

（5）喷头与吊顶、楼板、屋面板的安装

各种危险级别的建筑物构筑物自动喷水灭火系统，每只标准喷头的保护面积、喷头间距以及喷头与墙柱间的间距见表 4-10。

① 喷头溅水盘与吊顶楼板，屋面板的不宜小于 7.5cm 并不大于 15cm，见图 4-33、图 4-34。

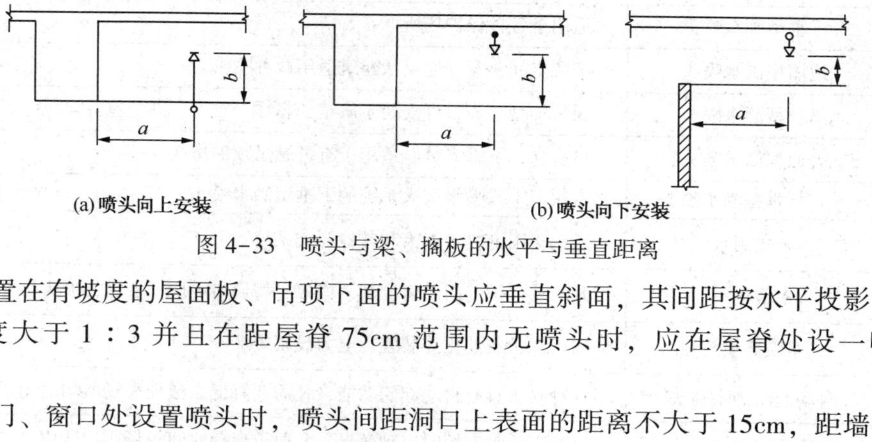

(a) 喷头向上安装　(b) 喷头向下安装

图 4-33　喷头与梁、搁板的水平与垂直距离

② 布置在有坡度的屋面板、吊顶下面的喷头应垂直斜面，其间距按水平投影计算，当屋面板坡度大于 1 : 3 并且在距屋脊 75cm 范围内无喷头时，应在屋脊处设一喷头，见图4-35。

③ 在门、窗口处设置喷头时，喷头间距洞口上表面的距离不大于 15cm，距墙面的距离不宜小于 7.5cm，并不宜大于 15cm，见图 4-36。

④ 水幕喷头的布置

水平大空间的防火分隔水墓带的喷头不知不少于 3 排，保护宽度不应小于 6m，每条水幕带安装的喷头不宜超过 72 个，如图 4-37 所示。

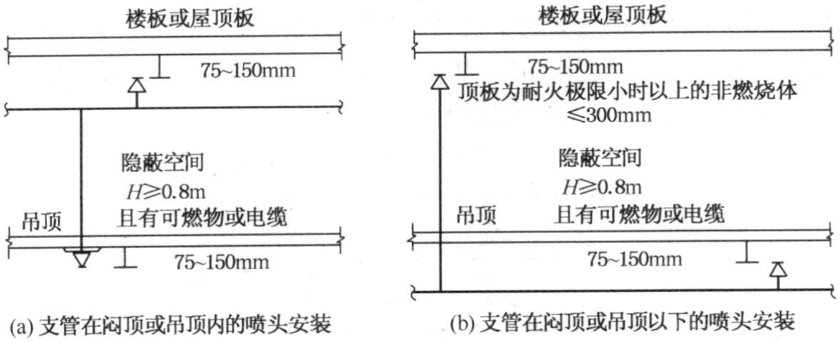

图 4-34　屋顶闷顶和楼板吊顶内的喷头安装

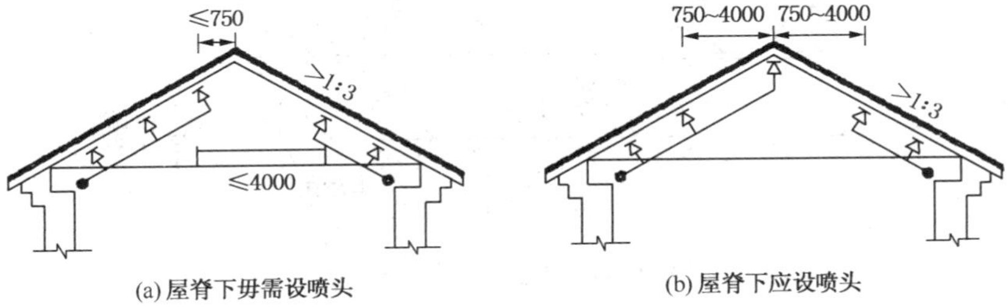

图 4-35　斜面下的喷头安装

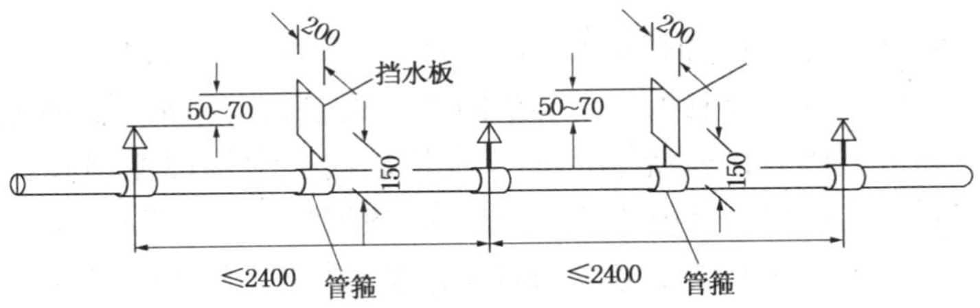

图 4-36　喷头之间的最小距离与喷水挡板

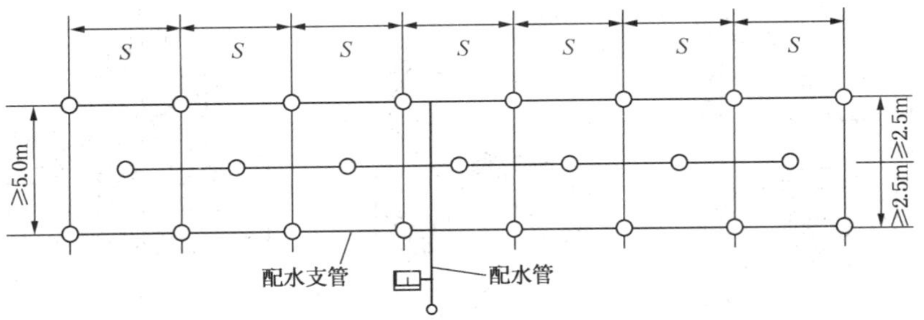

图 4-37　水幕带布置示意图

建筑内如舞台口和面积有超过 3m^{2}的洞口，宜用双排水幕喷头来防止火势蔓延，喷头的布置方式见图4-38，但是舞台口设有自动降落的防火幕，可以采用单排水幕喷头，安装于舞台口内侧，距防火幕100~150mm，喷头与幕顶齐与幕布呈30°的夹角，并与幕的自动降落联动，同时面对观众的一侧设手动控制阀，控制水幕的给水。

小型水幕系统可用于保护防火卷帘、防火门或为设备降温，可利用输出控制器来控制水源，一般均设手动球阀(平时铅封)作为辅助控制。

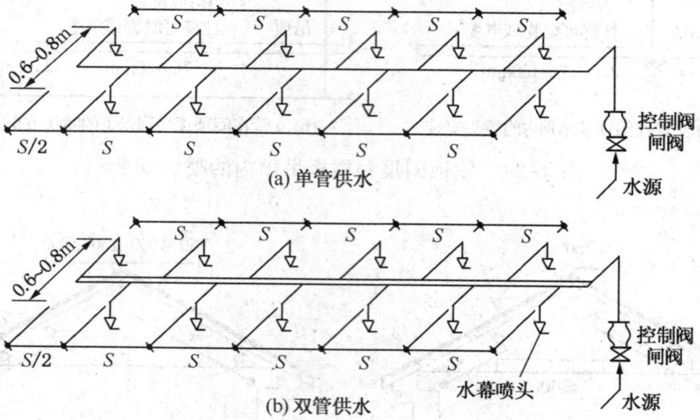

图4-38　消防水幕管线布置

4. 控制信号阀

控制信号阀是自动喷水灭火系统主要组件之一。

(1) 功能

控制信号阀功能是平衡阀门前后的压力，当喷头爆裂，压力降低，阀门打开，管中水流，同时与它联系的压力传感控制系统启动消防增压设备和启动水力警铃报警。

闭式系统的控制信号阀有湿式控制阀、干式控制阀、预作用控制阀；开式系统有雨淋阀，控制信号报警阀构造示意图见图4-39。湿式控制阀为一直立单向阀，平时喷头未喷水，管网中的水处于静止状态，阀心由于自重而封闭控制信号阀，同时也关闭了环形凹槽与水力警铃连通管的水流。火灾时，喷头喷水，阀心上压力降低，压力水顶开阀心，并向配水管道流动，同时水亦通过阀座上的凹槽进入水力警铃系统装置，继续而发出报警信号。

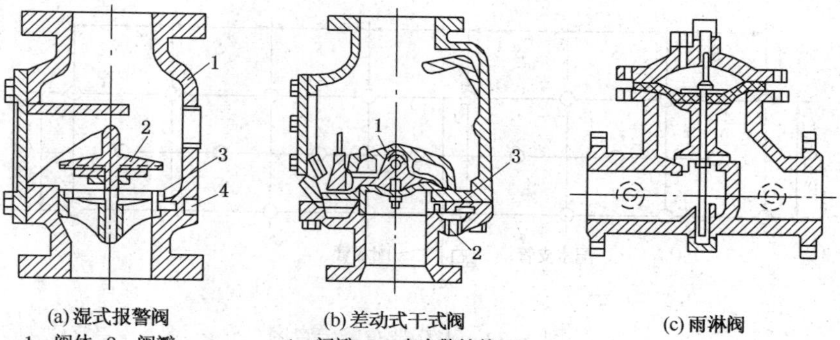

(a) 湿式报警阀
1—阀体；2—阀瓣；
3—沟槽；4—水力警铃接口

(b) 差动式干式阀
1—阀瓣；2—水力警铃接口；
3—弹性隔膜

(c) 雨淋阀

图4-39　报警阀构造示意图

(2) 设置

控制信号阀应设在无冰冻危险，管理维护方便的房间内，每个控制信号阀控制的喷头数依据危险等级确定。如中危险级：湿式 800 个，干式 500 个(有排气)，250(天然气装置)预作用，见附录 4 附表 4-17。例如，对于多层或高层设置喷淋系统的建筑，每层设置喷头，按照危险级别中规定的喷头个数为单位，设置报警阀的个数，如图 4-40 为多套报警阀分别控制的自喷系统。

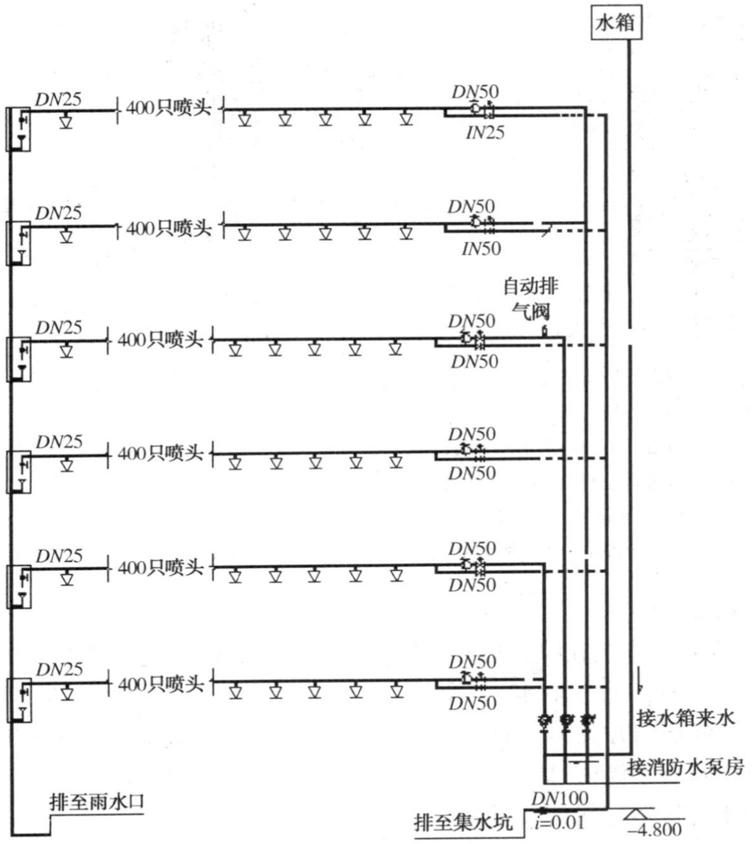

图 4-40　多套报警阀分控制自喷系统示意图

5. 报警装置

火灾发生后，早一秒发现，就多一份安全，为消防人员疏散赢得宝贵的时间，所以火灾的报警很重要。火灾的监测可以通过设置在各部分的火灾探测器、手动报警按钮装置来实现，也可以由人员直接通信报警。火灾的探测器通过探测保护范围内空气中的烟气的浓度和空气温度来判断有无火灾，当探测值达到预定的报警值时，发出火灾报警信号，并传达到集中的消防控制系统。湿式系统供水报警与阀门组装连接形式见图 4-41。

火灾事故传播与疏散系统的报警装置是报告闭式喷头开启喷水灭火所处位置，是报告发生火灾的信号装置。

(1) 水力警铃

与控制信号阀配套使用，当控制信号阀开启，水也流入警铃进水管，水流冲动叶轮，带动铃锤转动打铃报警，水力报警器应安装在控制信号阀附近，管道长度距离值班室≤25m，高度≤6m，见图 4-43。

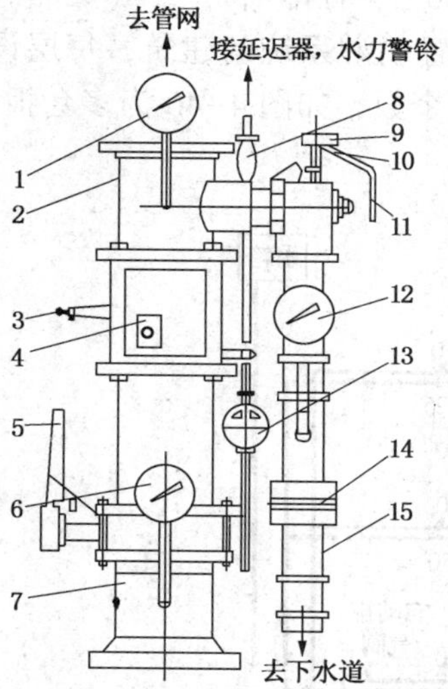

图 4-41　湿式系统供水与报警阀门组装图

1—管网压力表；2—装配连接三通；3—放水阀；4—报警阀；5—供水控制阀；6—供水压力表；7—装配连接管；8—报警截止阀；9—压力开关；10—水力警铃；11—泄放试验阀；12—流量表；13—检视漏斗；14—流量孔板；15—泄放阀；

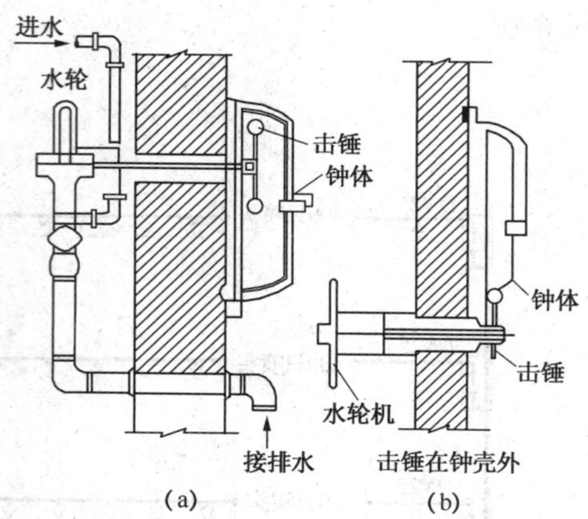

图 4-42　水力警铃安装方式

(2) 电动报警器

① 水流指示器：它安装在喷头配水管网水平支管上，因此它可直接报知建筑物火灾部位，以便及时组织扑救，见图 4-43。

② 压力继电器(压力开关)：当自喷系统投入工作后，水流很快充满延时器然后再到水力警铃，压力继电器在水流通过时，其电触点闭合，发出报警信号，它一般用于辅助报警，安装在延时器与水力警铃之间信号管上。

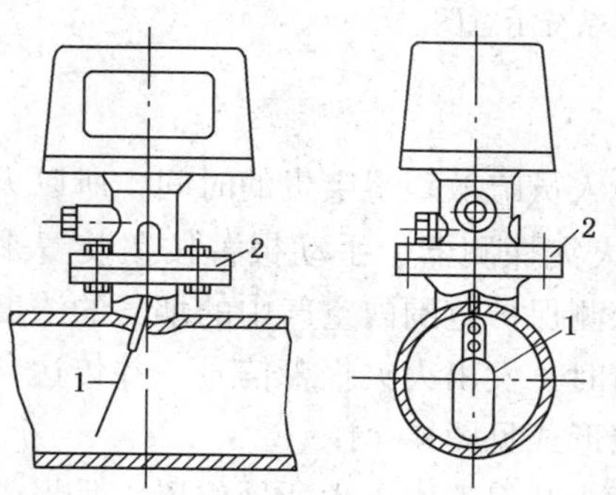

图 4-43　水流指示器

1—桨片；2—法兰连接

6. 延时器

延时器是一种罐式容器，安装在水力警铃和压力开关之前，用以消除因报警阀前后压力瞬间变化引起的水锤对报警系统的影响，以免虚假报警发生。延时器可将上述渗漏水排除，一旦真正发生火灾，经控制信号阀来的水会在 30s 内充满容器，并封闭排水器，然后触发压力开关和水力警铃发出报警信号，见图 4-44。

7. 探测器

探测器具有预先探测火灾并及时报警的功能，分为感温探测器、感烟探测器、感光探测器。

(二) 干式自动喷水灭火系统

干式系统是由湿式系统发展而来的，平时管网内

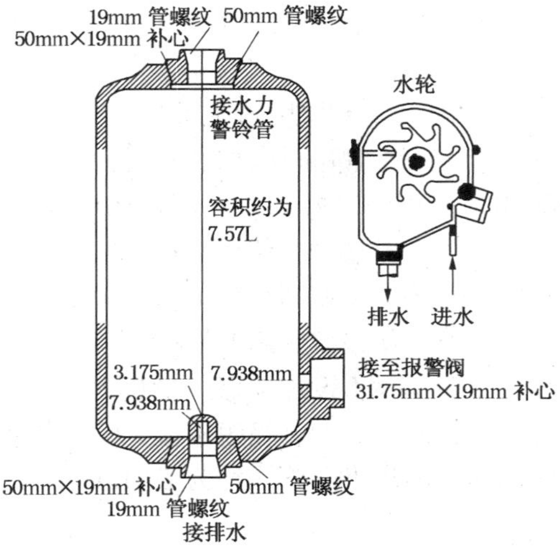

图 4-44　延迟器的构造

充满压缩空气，火灾时，温度上升到一定值时，闭锁脱落，气体喷出，管网压力降低，使压力水打开控制信号阀，压力水进入配水管网灭火。干式系统的动作要比湿式系统慢 50%，因为干式系统先排气，然后阀门启动，干式报警阀构造见图 4-39，采用差动式(利用报警阀气压面的差动式比，一般为(1：5)~(1：6)，气压面的压力小于 0.24~0.31MPa)。

1. 组成

干式系统由干式阀、空压机、排气阀和向上安装的喷头组成，见图 4-45。该系统克服了湿式系统的缺点，但是由于需要排气所以动作比湿式系统慢。

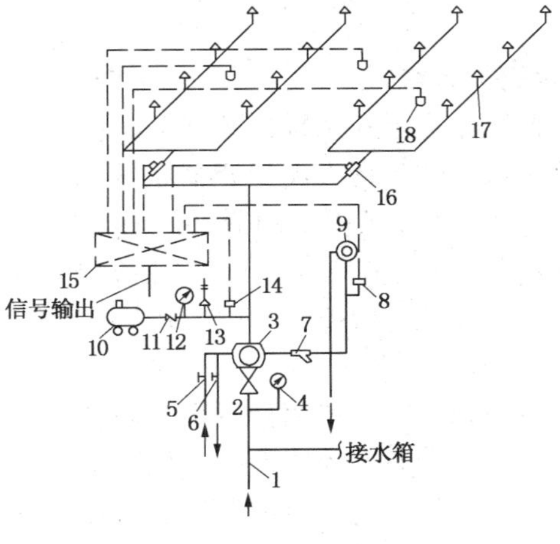

图 4-45　干式系统示意图

1—供水管；2—闸阀；3—干式阀；4、12—压力表；5、6—截止阀；7—过滤阀；8、14—压力开关；9—水力警铃；10—空压机；11—止回阀；13—安全阀；15—火灾报警控制阀；16—水流指示器；17—闭式喷头；18—火灾探测器

2. 喷头

干式下垂型喷头（见图 4-30），适用于小于 4℃或大于 70℃的建筑物内场所。

3. 排气加速器

在容积较大的干式系统报警阀上，为加快喷头动作，喷头向上安装，一定体积时要设“快速排气器”，以缩短火灾发生后报警阀的开启时间，提高灭火效果。加速器的构造见图 4-46，加速器连接干式报警阀上部充气管网和差动阀板的中间室，一旦火灾使一个喷头开启，管网内空气压力立即下降，加速器动作，使压缩空气从充气管网进入差动阀中间室，致使上阀板的上下两侧压缩空气不相等，使差动板失去差动效应，于是下阀板的下部水流以 8 倍于上侧压缩空气的压力举起阀板，使报警阀迅速开启，喷头出水灭火。这一过程在喷头开启后，只需要几秒钟即可完成，而如果不设加速器，当喷头打开时，能加快干式自动喷水灭火管网的排气，从而加快干式报警阀的启动，缩短水流到喷头的时间。排气加速器安装在报警阀上充气主干管上，连接加速器的进出管管径均为 *DN*15mm。

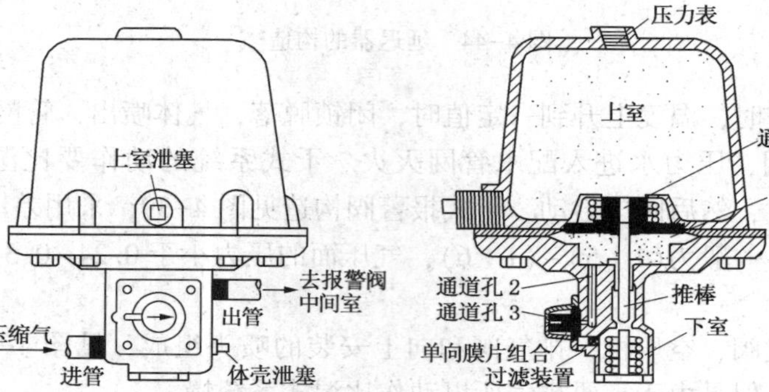

图 4-46　加速器的构造

（三）预作用式自动喷水灭火系统

预作用式自动喷水灭火系统是在干式系统的基础上演化而来的，适用于不允许有水渍损失、误动及寒冷环境的建筑。该系统包括火灾探测器系统和预作用阀，带压缩空气和氮气，其压力不宜大于 29kPa，充气时宜先注入少量的清水封闭阀门，火灾时由火灾探测器两路不同探测信号自动开启预作用阀使管道充水，同时打开报警区域的排气阀，水泵启动宜在 2min 内充满管道，由干式转为湿式自动系统，只有当着火点温度达到开启闭式喷头时，才开始喷水灭火，见图 4-47。

预作用式自动喷水灭火系统弥补了上述两种系统的缺点，适用于建筑装饰要求高，灭火要求及时的建筑物，其基本组成为水源、加压设施、稳压设施、压力气源、报警装置、管网及闭式喷头，其特点与湿式系统比较，能在火灾发生之前及时报警，可以立即组织灭火，而湿式系统必须在喷水灭火后才报警。同时，克服了干式系统滞后的缺点，可以配合自动监测装置发现系统中是否有渗漏现象，提高系统的安全可靠性。

（四）雨淋喷水灭火系统

雨淋喷水灭火系统是一种喷头常开的灭火系统，也是自动喷水系统的一种，系统使用喷头为开式喷头，发生火灾时，系统保护区域上的所有喷头喷水，形似“下雨降水”。闭式喷水火灾系统在灭火时只有火焰直接影响到的喷头才被开启喷水，由于喷头开放的速度往往慢于火势的速度，因此往往不能控制火情，雨淋喷水灭火系统示意图见图 4-48。

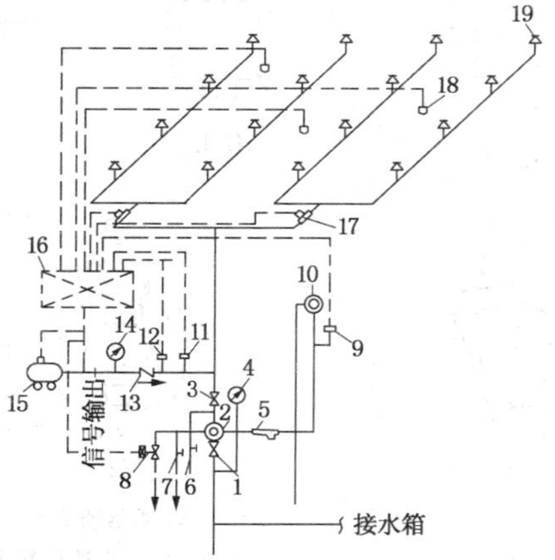

图 4-47　预作用自动灭火系统示意图

1—总控制阀；2—预作用阀；3—检修闸阀；4、13、14—压力表；5—过滤阀；6—截止阀；7—手动开启截止阀；8—电磁阀；9、11—压力开关；10—水力警铃；12—低气压报警压力；15—空压机；16—火灾报警控制阀；17—水流指示器；18—火灾探测器；19—闭式喷头

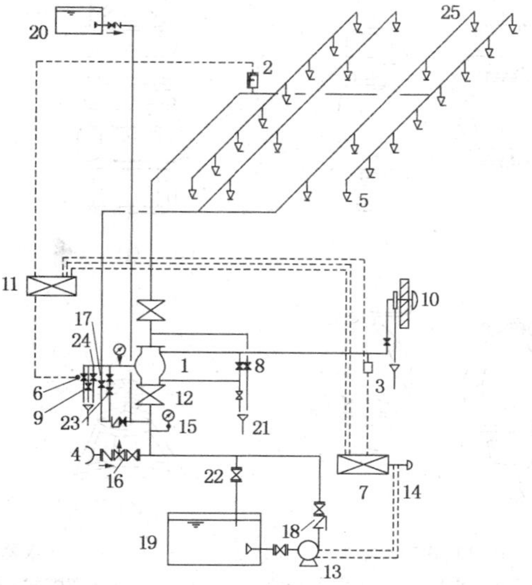

图 4-48　雨淋系统示意图

1—雨淋阀；2—水流指示器；3—压力开关；4—水泵结合器；5—开式喷头；6—电磁阀；7—过电气自控箱；8—系统试水；9—手动快开阀门；10—水力警铃；11—火灾报警控制阀；12—闸阀；13—消防水泵；14—按纽；15—压力表；16—安全阀；17—传动管注水阀；水流指示器；18—止回阀；19—消防水池；20—高位水池；21—排水漏斗；22—消防水泵试水阀；23—3mm 小孔闸阀；24—试水阀门；25—传动管上的开式喷头

雨淋喷水灭火系统克服了以上缺点，适用于大面积喷水快速灭火的特殊场所(如大于 $400m^2$ 的演播室、大于 $500m^2$ 的电影摄影棚)。雨淋阀之后的管道平时为空管，火灾时由火灾探测系统中两路不同的探测信号自动开启雨淋阀，由该雨淋阀控制的系统管道上的所有开式喷头同时喷水，达到灭火目的。

1. 组成

雨淋阀系统由火灾探测器、传动控制系统，带有雨淋阀形式的自动灭火系统及自动控制系统组成。雨淋阀采用火灾探测器、传动管网或易熔锁封来启动雨淋阀。

2. 雨淋阀系统主要的特殊部件

雨淋系统主要的特殊部件有开式喷头和雨淋阀。

(1) 开式喷头：由溅水盘、喷水口组成。按用途分类：开启式、水幕喷头、喷雾式，见图 4-49。

(2) 雨淋阀：见图 4-50，分为 A、B 两室，B 室为与开式喷头连接。A 室与充水的水泵连接，为水室，阀板将两室隔开，由一个制动器将阀板锁住在阀座上，使 A 室的水不能进入 B 室，发生火灾时，传动管自动或手动泄压，使阀板迅速开启，供水进入喷水管网后出水灭火。

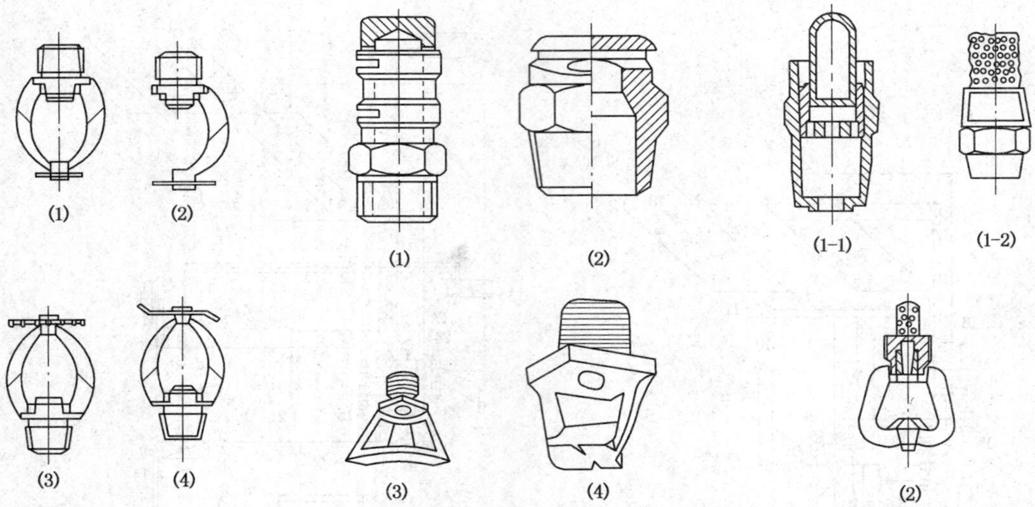

(a) 开启式洒水喷头

(1) 双臂下垂型；(2) 单臂下垂型；
(3) 双臂直立型；(4) 双臂边墙型

(b) 水幕喷头

(1) 双隙式；(2) 单隙式；
(3) 窗口式；(4) 檐口式

(c) 喷雾喷头

(1-1、1-2) 高速喷雾式；
(2) 中速喷雾式

图 4-49　开式喷头构造示意图

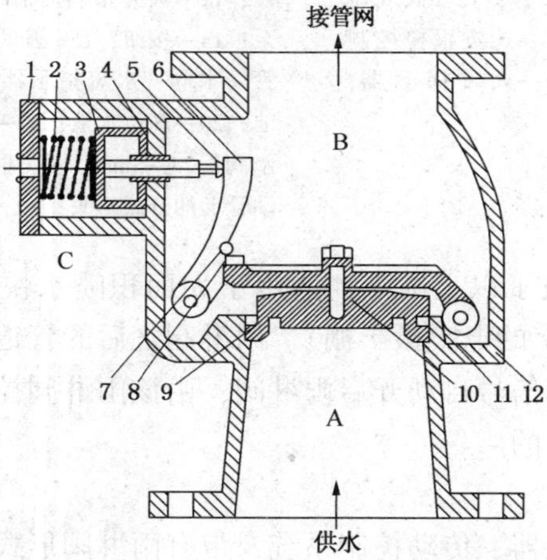

图 4-50　杠杆式雨淋阀

1—端盖；2—弹簧；3—皮碗；4—轴；5—顶轴；6—摇壁；7—锁杆；8—垫铁；
9—密封圈；10—顶杠；11—阀瓣；12—阀体

3. 雨淋阀的自动控制系统

雨淋阀自动控制开启方式有四种，介绍如下。

（1）带闭式喷头的传动管系统：闭式喷头作为感温组件探测火灾，任一支喷头开启，传动管内水压下降，即可开启雨淋阀，为防止静水压对雨淋阀缓开的影响，静水压不应超过雨淋阀前水压的 1/4，见图 4-51 及图 4-52(c)。

（2）易燃锁封的钢索绳装置：当易燃锁封 4 受热熔化脱开后，传动阀自动开启、传动管排水，传动管内压力下降，自动开启雨淋阀，如图 4-52(a)所示。

（3）自动控制装置：火灾发生时，由火灾探测器报警信号直接开启雨淋阀的电磁排水阀排水，使雨淋阀自动开启，见图 4-52(b)。

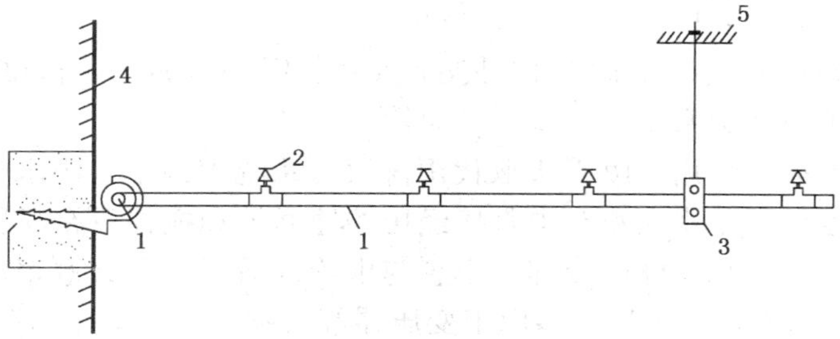

图 4-51　闭式喷头传动管网启动控制阀

1—传动管网；2—闭式喷头；3—管道吊架；4—墙壁；5—顶棚

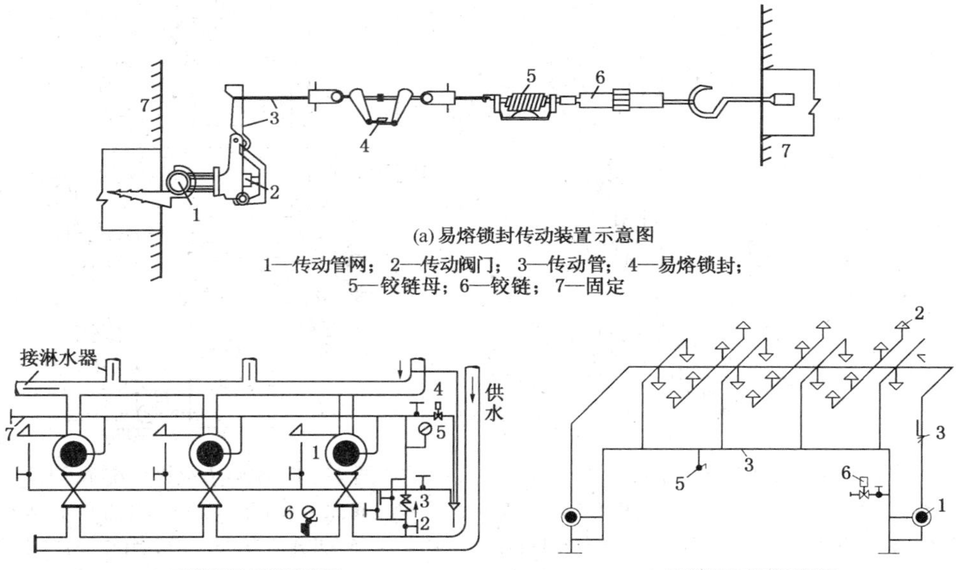

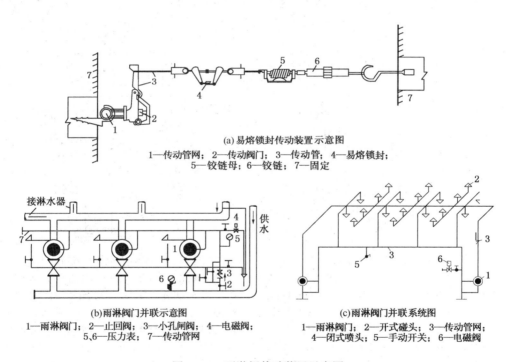

(a) 易熔锁封传动装置示意图

1—传动管网；2—传动阀门；3—传动管；4—易熔锁封；5—铰链母；6—铰链；7—固定

(b) 雨淋阀门并联示意图

1—雨淋阀门；2—止回阀；3—小孔闸阀；4—电磁阀；5、6—压力表；7—传动管网

(c) 雨淋阀门并联系统图

1—雨淋阀门；2—开式碰头；3—传动管网；4—闭式喷头；5—手动开关；6—电磁阀

图 4-52　雨淋阀传动装置示意图

（五）水幕消防灭火系统

水幕消防系统不直接用于灭火，而是用于防火隔断或进行防火分区及局部降温保护，多与防火卷帘配合使用。在有些大空间，既不能用防火墙，又无法做防火卷帘，只能用水幕系统作防火分隔或防火分区，如超市的防火分隔的卷帘门处会设置水幕消防灭火系统。

1. 组成

水幕消防灭火系统由采用开式水幕喷头、洒水管网平时不充水、控制阀与水源。控制阀采用雨淋阀或湿式报警阀组，见图 4-53。前者为水帘或水墙做防火分隔物用，后者仅用于冷却防火分隔物，水幕的特点是防止火灾蔓延到另一个区域，无论是防护冷却还是防火分隔水幕都起到防止火灾蔓延作用。

2. 水幕系统的开启

水幕系统的开启装置可采用自动或手动两种方式，采用自动开启装置时应同时设有手动开启装置，该控制阀可以是雨淋阀、干式报警器、电磁阀、手动球阀和蝶阀。

3. 水幕系统的使用范围

防护冷却水幕仅用于防火卷帘的冷却，其开口尺寸小于等于 15m×8m 开口的防火分隔水幕。

（六）水喷雾喷水灭火系统

水喷雾喷水灭火系统用水喷雾头取代雨淋灭火系统中的干式洒水喷头，即可形成水喷雾灭火系统。水喷雾是水在喷头内直接经历冲撞回转和搅拌后在喷射出来的成为细微的水滴而形成的，它具有较好的冷却、窒息与电绝缘效果，灭火效率高，可扑灭液体火灾、电器设备火灾、石油加工厂，多用于变压器等火灾，水喷雾喷水灭火系统图如图 4-54 所示。

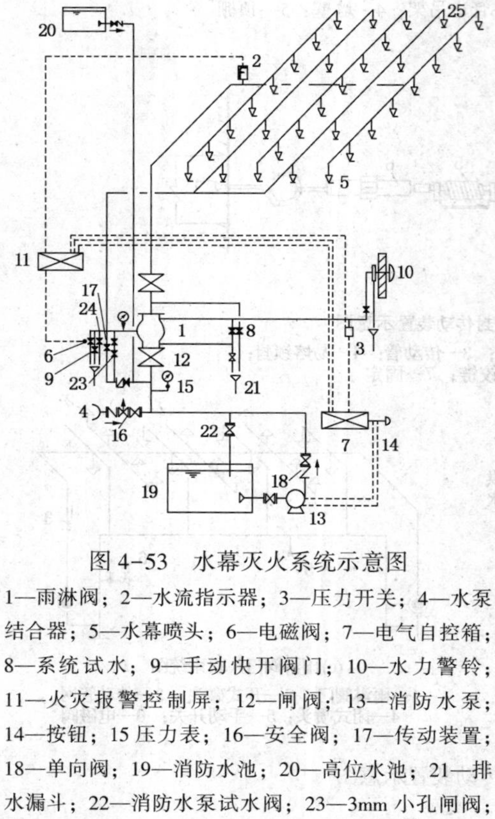

图 4-53　水幕灭火系统示意图

1—雨淋阀；2—水流指示器；3—压力开关；4—水泵结合器；5—水幕喷头；6—电磁阀；7—电气自控箱；8—系统试水；9—手动快开阀门；10—水力警铃；11—火灾报警控制屏；12—闸阀；13—消防水泵；14—按钮；15 压力表；16—安全阀；17—传动装置；18—单向阀；19—消防水池；20—高位水池；21—排水漏斗；22—消防水泵试水阀；23—3mm 小孔闸阀；24—试水阀；25—闭式喷头

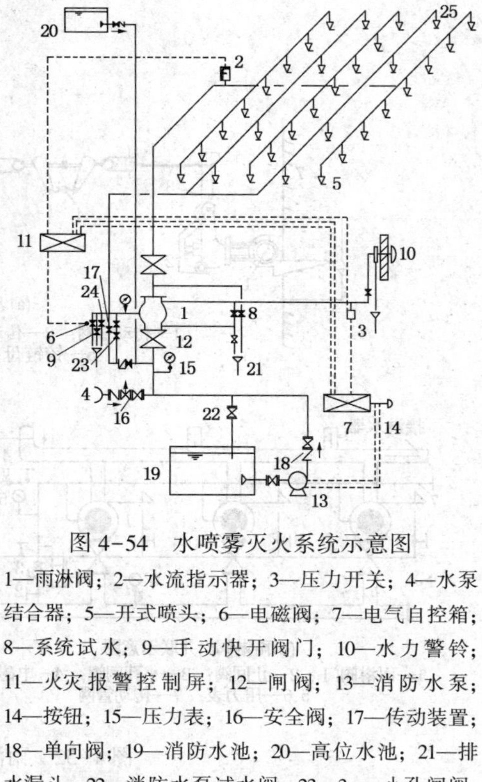

图 4-54　水喷雾灭火系统示意图

1—雨淋阀；2—水流指示器；3—压力开关；4—水泵结合器；5—开式喷头；6—电磁阀；7—电气自控箱；8—系统试水；9—手动快开阀门；10—水力警铃；11—火灾报警控制屏；12—闸阀；13—消防水泵；14—按钮；15—压力表；16—安全阀；17—传动装置；18—单向阀；19—消防水池；20—高位水池；21—排水漏斗；22—消防水泵试水阀；23—3mm 小孔闸阀；24—试水阀；25—传动管上的开式喷头

水雾喷头的工作压力高，喷出的水雾液滴粒径小，喷出的水雾呈现不连续的状态，具有良好的绝缘性。

水雾的比表面积大、吸热效果好、排斥空气、窒息燃烧的作用强。喷向燃烧液体的水雾不仅可使其乳化或稀释，加强灭火进程，而且不致引起液滴的飞溅，水雾良好的绝缘性能，使水雾系统用于扑灭电气火灾。

水雾喷头必须具有足够的强度，一定的耐腐蚀性和耐热性。制作材料采用黄铜青铜或不锈钢，口径 DN15mm～25mm，螺纹连接；灭火选用 0.35～0.7MPa 压力的水雾喷头，雾化角为 120°以下；防护选用 0.2～0.5MPa 的水雾喷头；喷水量介于 10～180L/min 之间；有效射程为 0.5～6m。

二、自动喷水灭火系统的水力计算

（一）基本技术数据

1. 危险等级的划分

设有自喷系统灭火系统的建筑物，依据火灾危险性大小、可燃物数量、单位时间内放出的热量、火灾蔓延迅速以及扑救难易程度等因素划分为三个级别，即严重危险级、中危险级、轻危险级，具体划分见附表 4-18。

2. 消防用水量和水压

民用建筑与工业厂房系统设计参数不低于表 4-10，非仓库类高大净空场所设置自动喷水系统时，湿式系统的设置不低于民用建筑与工业厂房系统设计参数，具体见表 4-11。

表 4-10　民用建筑与工业厂房系统设计参数

危险等级		静空高度/m	设计喷水强度/[L/(min·m²)]	作用面积/m²
轻危险级		≤8	4	160
中危险级	Ⅰ		6	
	Ⅱ		8	
严重危险级	Ⅰ		10	260
	Ⅱ		12	

注：计算管路上最不利点处喷头工作压力可降低到 5×10^4Pa。

表 4-11　非仓库类高大净空场所设置自动喷水系统设计参数

适用场所	静空高度/m	设计喷水强度/[L/(min·m²)]	作用面积/m²	喷头选型	喷头最大间距/m
中庭、影剧院、音乐厅、单一功能体育馆	8～12	6	260	$K=80$	3
会展中心、多功能体育馆、自选商场	8～12	12	300	$K=115$	3

注：1. 喷头溅水盘高度超过 3.5m 的自选商场应按照 16L/(min·m²)确定喷水强度；

2. 表中两侧的数据，左侧为“大于”，右侧为“不大于”。

仅在走道设置单排喷头的闭式系统，其作用面积应按最大疏散距离所对应的走道面积确定；装设网格、栅板类通透性吊顶的场所，系统的喷水强度应按表 4-10 中规定值的 1.3 倍确定；干式系统与雨淋系统的作用面积应应按本规范表 4-10、表 4-11 规定值的 1.3 倍确定；雨淋系统中每个雨淋阀控制的喷水面积不宜大于表 4-10、表 4-11 的作用面积；对于水幕系统执行表 4-12 规定。

表 4-12　水幕系统的设计基本参数

水幕类别	喷水点高/m	喷水强度/[L/(s·m)]	工作压力/MPa
防火分隔水幕	≤12m	2	0.1
防火冷却水幕	≤4m	0.5	

注：防护冷却水幕的喷水点高度每增加 1m，喷水强度增加 0.1L/(s·m)，但超过 9m 时喷水强度仍采用 1.0L/(s·m)。

3. 持续喷水时间

（1）自动喷水灭火系统的持续喷水时间，应按火灾延续时间不小于 1h 确定；

（2）配水管道的工作压力不应大于 1.20MPa，并不应设置其他用水设施；利用有压气体作为系统启动介质的干式系统、预作用系统，其配水管道内的气压值，应根据报警阀的技术性能确定；利用有压气体检测管道是否严密的预作用系统，配水管道内的气压值不宜小于 0.03MPa，且不宜大于 0.05MPa。

4. 管材与连接方式

每组喷淋泵的吸水管与出水管均不应少于两根。报警阀入口前设置环状管道的系统，出水管应设控制阀、止回阀、压力表和直径不小于 65mm 的试水阀，必要时，应采取控制供水泵出口压力的措施。系统应设水泵接合器，其数量应按系统的设计流量确定，每个水泵接合器的流量宜按 10~15L/s 计算。当水泵接合器的供水能力不能满足最不利点处作用面积的流量和压力要求时，应采取增压措施。

配水管道应采用内外壁热镀锌钢管或符合现行国家或行业标准涂覆其他防腐材料的钢管，以及铜管、不锈钢管。当报警阀入口前管道采用不防腐的钢管时，应在该段管道的末端设过滤器；镀锌钢管应采用沟槽式连接件（卡箍）、丝扣或法兰连接，报警阀前采用内壁不防腐钢管时，可焊接连接。

（二）水力计算

1. 目的

（1）确定喷水系统的喷头出水量和管段的流量；

（2）确定管网道段的管径；

（3）计算高位水箱设置高度；

（4）计算管网所需的供水压力，选择喷淋系统水泵；

（5）管道节流计算。

2. 水力计算方法

自动喷水灭火系统计算方法有两种：①特性参数法，从最不利点开始逐个算出各喷头节点的出流量和各管段中流量，逐段计算至规定流量；②作用面积法。下面一一介绍。

（1）特性系数法

在自动喷水灭火系统中，每一喷头的出流量和管段水头损失分别用下公式计算。

$$q=K\sqrt{H} \tag{4-15}$$

$$h=ALQ^2 \tag{4-16}$$

式中　K——与喷头构造有关的流量特性系数；

　　　A——比阻值，见附表 4-19 比阻值。

以下确定计算管路中流量可按下列方法计算，图 4-55 为某自动喷水系统计算管路中最不利喷水工作区的管段。

该喷头：1、2、3、4……为管系Ⅰ，

a、b、c、d……为管系Ⅱ；

e、f、g、h……为管系Ⅲ。

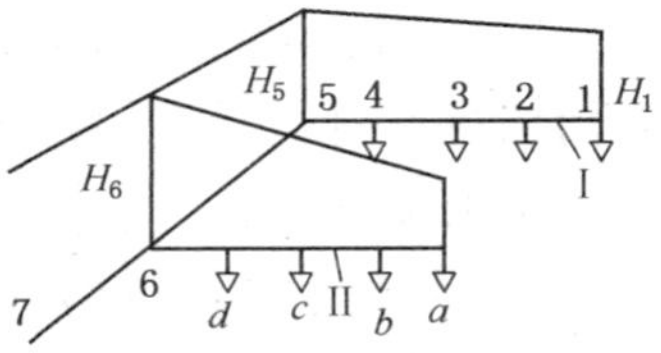

图 4-55 喷水灭火管网计算图

它们的喷头口径、型号及其布置安装等均相同。管系Ⅰ在节点1、2、3、4处的计算见表4-27。

管系Ⅰ在节点5只有转输流量，无支出流量，则 $Q_{6-5}=Q_{5-4}$

管系Ⅱ与管系Ⅰ计算方法相同，故管系Ⅱ可得

$$\Delta H_{5-4}=H_5-H_4=A_{5-4}L_{5-4}\cdot Q_{5-4}^2$$

$$\Delta H_{6-d}=H_6-H_d=A_{6-d}L_{6-d}\cdot Q_{6-d}^2$$

$$Q_{6-d}=Q_{5-4}\sqrt{\frac{\Delta H_{6-d}}{\Delta H_{5-4}}}$$

$$Q_{6-7}=Q_{6-5}\left(1+\sqrt{\frac{H_6-H_d}{H_5-H_4}}\right)$$

根据水流在管中连续性原理：可得节点6的转输流量。

简化计算 令 $\sqrt{\frac{H_6-H_d}{H_5-H_d}}=\sqrt{\frac{H_6}{H_5}}$ 可得 $Q_{6-7}=Q_{6-5}\left[1+\sqrt{\frac{H_6}{H_5}}\right]$

其中 $\sqrt{\frac{H_6}{H_5}}$ 为调整系数。

表 4-13 管系的水力计算

节点编号	管段编号	喷头流量系数	喷头处水压	喷头出流量	管段流量
1		K	H_1	$q=K\sqrt{H}$	
	1-2				q_1
2		K	$H_2=H_1+h_{1-2}$	$q=K\sqrt{H}$	
	2-3				q_2+q_1
3		K	$H_3=H_2+h_{2-3}$	$q=K\sqrt{H}$	
	3-4				$q_2+q_1+q_3$
4		K	$H_4=H_3+h_{4-3}$	$q=K\sqrt{H}$	
	4-5				$q_2+q_1+q_3+q_4$

（2）作用面积法

① 按照危险等级：选定参数，并在图上划定最不利作用面积，确定最不利计算管路，水力计算选定的最不利点处作用面积宜为矩形，其长边应平行于配水支管，其长度不宜小于作用面积平方根的1.2倍。

② 计算各管段流量

a. 最不利作用面积画定后，确定其中喷头数 n 计算时，仅计算画定范围内的喷头数，而且均按最不利点1点，喷头出水量计算。

喷头出水量

$$q=K\sqrt{H}(\mathrm{L/min}) \tag{4-17}$$

式中 q——喷头流量，L/min；

H——喷头工作压力，MPa；

K——喷头流量系数。

系统最不利点处喷头的工作压力应计算确定。

b. 系统的设计流量，应按最不利点处作用面积内喷头同时喷水的总流量确定。

$$Q_s=\frac{1}{60}\sum_{i=1}^{n}q_i \tag{4-18}$$

式中 Q_s——系统设计流量，L/s；

q_i——最不利点作用面积内各喷头节点的流量，L/s；

n——最不利点处作用面积内的喷头数。

计算管段喷水量 $Q_s=nq$

系统的设计秒流量为 $Q_s=(1.15\sim1.3)Q_L$，Q_L=喷水强度×作用面积

c. 计算各管段水头损失 $h=ALQ^2$。

d. 计算作用面积内的平均喷水强度 $q=n\cdot q/F'[\mathrm{L/(min.\ m^2)}]$ q_p 要求满足表4-10或表4-11喷水强度规定。

系统设计流量的计算，应保证任意作用面积内的平均喷水强度不低于表4-10和表4-11的规定值。最不利点处作用面积内任意4只喷头围合范围内的平均喷水强度，轻危险、中危险级不应低于本规范表4-10规定值的85%，严重危险级和仓库危险级不应低于规定值。

找到设置喷头的区域内见图4-56，最大保护面积的4个喷头和最小保护面积的4个喷头(见图4-57)，如果它们的平均喷水强度满足要求，则可认为代表了整个区域内喷水强度满足要求，分别计算出各自相应的保护面积 F，然后算出平均喷水强度，表4-10、表4-11对照即可。

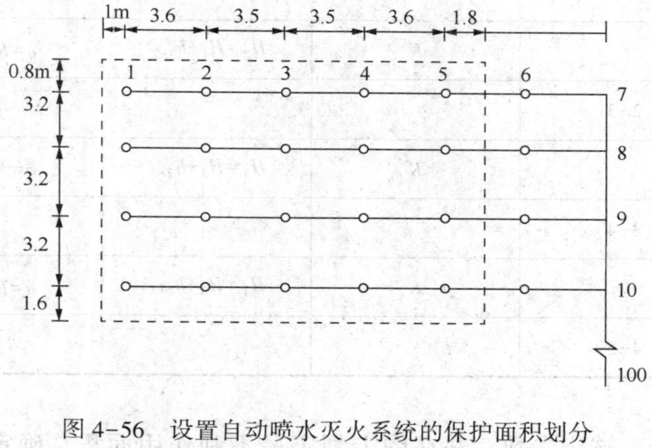

图4-56 设置自动喷水灭火系统的保护面积划分

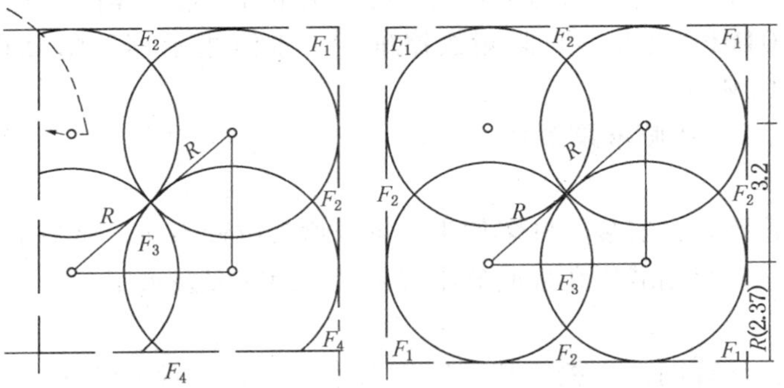

图 4-57　四个喷头组成的保护面积

3. 水力计算基本步骤

(1) 按建筑物的危险级，选定喷头间距，布置喷淋系统，并绘制管道系统透视图。

(2) 在管网轴测图上选定最不利作用面积，并从最不利点开始编号(以喷头处管径变更处，管道分歧处)，确定最不利计算管路。

(3) 轻危险级、中危险级场所中配水支管、配水管控制的标准喷头数，按表 4-14 初步确定管径。

表 4-14　轻、中危险级场所中配水支管、配水管控制的标准喷头数

等级 / 危险管径	25	32	40	50	65	80	100
轻危险级	1	3	5	10	18	48	—
中危险级	1	3	4	8	12	32	64

(4) 喷水灭火管网中计算管路最不利喷头数的工作水压不小于 0.05MPa。

(5) 采用计算方法确定各管段流量。

(6) 流速校核。

管段中允许流速，钢管不宜大 5m/s。

校核流速公式

$$V_p = K_c \cdot Q \tag{4-19}$$

式中 V_p——管道流速，m/s；

K_c——流速系数，具体见表 4-15；

Q——管道流量，L/s。

当校核计算出的允许流速超过规定值时，重新调整管径。

表 4-15　钢管与铸铁管的流速系数 K_c

钢管管径/mm	25	32	40	50	70	80	100	125	150	200
钢 管	1.883	1.05	0.8	0.47	0.283	0.204	0.115	0.53		
铸铁管							0.1273	0.0814	0.0566	0.0318

(7) 消防泵的压力

$$H_B = H_1 + H_2 + H_p \tag{4-20}$$

式中 H_1——几何高差(最不利喷头至储水池最低水位)或到系统入口管水平中心线之间的高程差，MPa；

H_2——水头总损失，包含管道沿程与局部损失的累计值，MPa。湿式报警阀水头损失取 0.04MPa 或者按照监测数据确定、水流指示器取值 0.02MPa、雨淋阀取值 0.07MPa。

依据 Q_b 和 H_B 可以选择喷淋泵型号。

（8）节流管计算

自喷系统分支管路多，安装了许多喷头，每个喷头位置不同，喷头压力不同，为使各层分支管段水压平衡，而采用减压孔板或节流管装置，消除多余水压。

① 节流措施：

对于减压孔板，计算同消火栓一样。对于节流管，节流管内流速 $v_c \leqslant 0.1\text{m/s}$，长度 ≥ 1m 时，节流管直径最多可此安装管段直径缩小 3 倍，见图 4-58。

② 安装减压孔板时符合以下要求：

a. 应设置在管径≥50mm 的管道上；

b. 孔口直径应小于安装管段直径的 50%；

c. 孔板安装在水流转弯处的一侧，其距离转弯处，不应小于安装管段管径的两倍；

d. 节流管的选择：节流管的选择依据干管管径直接选定，见表 4-16。

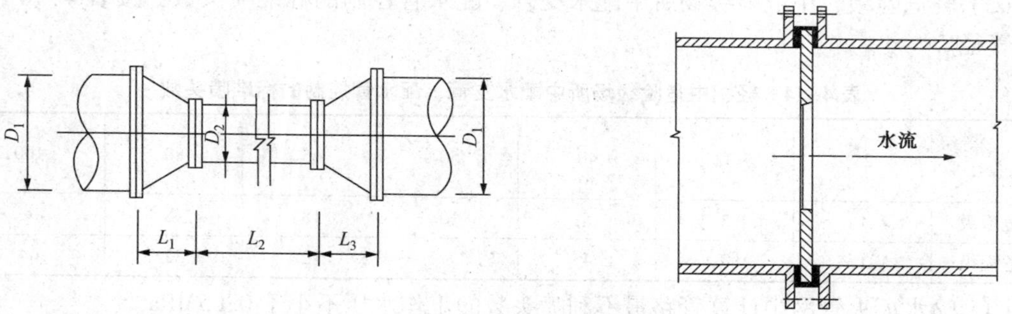

图 4-58　节流孔板示意图

表 4-16　节流管的选择

干管	50	70	80	100	125	150	200	250
支管	25	32	40	50	70	80	100	125

【例 4-2】 某高层建筑 10 层，长 40m，宽 20m，层高 3.5m，水池最低水位标高-5m。属中危险级Ⅰ级。设计闭式自动喷水灭火系统。

解：1. 查阅《自动喷水灭火系统规范》该建筑属于中危险级Ⅰ级，数据参数如下：

（1）喷水强度：6 $\text{L/min}\cdot\text{m}^2$；

（2）理论作用面积：160m^2；

（3）最不利喷头出水量：（喷头工作压力：100kPa）$q = 1.33\text{L/s} = 80\text{L/min}$；

（4）喷头间距：$2.4\text{m} \leqslant S \leqslant 3.6\text{m}$；距墙：≤1.8m；

（5）理论作用面积的长边：

$$A \geqslant 1.2\sqrt{F} = 1.2\sqrt{160} = 15.17\text{m}$$

2. 系统布置

（1）喷头间距（见图 4-59）。

① 试算：中危险级喷头最大间距可以达 3. 6m，40/3. 6≈11. 11 个，取 12 个。

② 喷头间距：40/12 = 3. 33 m ，取喷头间距 S = 3. 4m

③ 端点喷头距墙：(40−3. 4×11)/2 = 1. 3m<1. 8m

(2) 支管间距

① 采用正方形布置：支管间距也取 S = 3. 4m

② 支管数 20/3. 4 = 5. 88，取 6 根支管

③ 两侧支管距墙：(20−3. 4×5)/2 = 1. 5m<1. 8m

(3) 作用面积

最不利作用面积在 10 层最远点，长方形，3 根支管，每根支管 5 个喷头。

作用面积：长边 3. 4×4+1. 3+1. 7 = 16. 6 m

宽边：3. 4×2+1. 7+1. 5 = 10m

作用面积 = 16. 6×10 = 166m² 大于 160m²，符合要求。

3. 设计流量

(1) 作用面积内理论设计流量

$$Q_L = Fq_0/60 = 166\times6/60 = 16.6\text{L/s}$$

(2) 作用面积内计算设计流量

$$Q_{设} = q\times m = 1.33\times15 = 19.95\text{L/s}$$

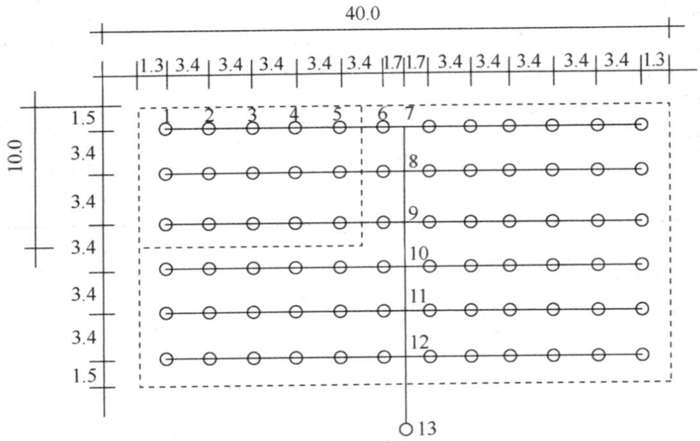

图 4−59　喷头布置图及计算管路标注

4. 校核

(1) 校核流量：$Q_{设}/Q_L$ = 19. 95/16. 6 = 1. 20(在 1. 15~1. 30 之间)

(2) 校核强度

① 作用面积内平均强度

$$q_{平} = 60Q_{设}/F = 60\times19.95/166 = 7.21\text{L/(min·m}^2) > 6\text{L/(min·m}^2)$$

② 1 支喷头的喷水强度

$$q_1 = 1.33\times60/(3.4\times3.4) = 6.90\text{L/(min·m}^2) > 6\text{L/(min·m}^2)$$

5. 按控制标准确定管径

最不利管线管径 1-2-3-4-5-6-7-8-9-13-水池，按照表 4-28 初步确定管径见表 4-17。

表 4-17　最不利管线管径

管段	1~2	2~3	3~4	4~5	5~6	6~7	7~8	8~9	9~13
管径	25	32	40	50	50	50	70	80	100

6. 列表进行水力计算，见表 4-18，自喷系统最不利管路水力计算表。

7. 最不利计算管路总水头损失：$H_2 = 1.1 \times 175.2 = 192.7\text{kPa}$，为 19.3m 另外报警阀局部损失 4m，水流指示器局部损失 2m。

8. 水泵扬程：$H_1 = H_2 + H_3 + H_3 + H_4 + H_5 = (35+5) + 19.3 + 4 + 2 + 5 = 71.3\text{m}$，依据流量 20L/s，扬程 71.3m，选择水泵的型号。

表 4-18　自喷系统最不利管路水力计算表

管段编号	喷头数	管径/mm	流量/(L/s)	管长/m	流速/(m/s)	水头损失/kPa
1~2	1	25	1.33	3.4	1.883×1.33 = 2.44	$4.367 \times 1.33^2 \times 3.4 = 26.26$
2~3	2	32	2.66	3.4	1.05×2.66 = 2.79	$0.9386 \times 2.66^2 \times 3.4 = 22.58$
3~4	3	40	3.99	3.4	0.8×3.99 = 3.10	$0.4453 \times 3.99^2 \times 3.4 = 24.10$
4~5	4	50	5.32	3.4	0.47×5.32 = 2.50	$0.1108 \times 5.32^2 \times 3.4 = 10.66$
5~6	5	50	6.65	3.4	0.47×6.65 = 3.13	$0.1108 \times 6.65^2 \times 3.4 = 16.66$
6~7	5	50	6.65	1.7	3.13	$0.1108 \times 6.65^2 \times 1.7 = 8.33$
7~8	5	70	6.65	3.4	0.283×6.65 = 1.88	$0.02893 \times 6.65^2 \times 3.4 = 4.35$
8~9	10	80	13.3	3.4	0.204×13.3 = 2.71	$0.01168 \times 13.3^2 \times 3.4 = 7.02$
9~13	15	100	19.95	11.9	0.115×19.95 = 2.29	$0.002674 \times 19.95^2 \times 11.9 = 2.66$
13~池				3.5×10+5 = 40		$0.002674 \times 19.95^2 \times 40 = 42.57$
Σ						175.19

第五章　石油化工企业的消防

石油、化工企业内有大量易燃爆、有毒、腐蚀性物质，生产过程中有高温、高压、生产工业操作连续化，化学发应复杂，电源、火源容易发生火灾爆炸事故，而且容易蔓延扩大造成严重的后果。根据石油、石油化工厂的特点，大型炼油厂、石油化工厂应建立的消防站和设置完善的消防给水设施。不同的物质燃烧有不同的扑救方式，以下分别针对不同的火灾从火灾特性、消防布置、防火间距、消防设施等几个方面进行论述。

第一节　石油及石化产品的主要特性

一、石油化工产品的主要特性

石油化工产品具有以下主要特点：

(1)发热量高；(2)密度小于水，流动性能好；(3)油气比空气重；(4)纯净的石油产品是不良的导电体；(5)石油产品是不良的导热体；(6)油气与空气混合后容易形成易爆炸的混合物，爆炸极限较低；(7)闪电低、易燃烧，且燃烧速度快，见表5-1。

表5-1　油品的燃烧速度与火焰高度

油品名称	燃烧速度/(cm/s)	油品名称	燃烧速度/(cm/s)	油品名称	燃烧速度/(cm/s)
汽油	30	柴油	18~20	重油	10
煤油	24	原油	12~5		

注：当风速增大到10m/s时，油品燃烧速度可增大30%~50%，原油和重油含水时，燃烧速度也会增加。

二、油罐火灾的特点

油罐中储存大量的易燃和可燃液体，如汽油、煤油、柴油、原油等，具有很大的危险性。油罐火灾的特点是火势猛，温度高，易沸腾或喷溅，燃烧时间长，油罐易爆裂，油火溢出，扩大成灾，因此，扑救油罐火灾是十分艰巨的任务，需要大量的人力、物力。扑救油罐火灾所需的装备、器材和灭火剂，消防队在制定灭火计划和防火检查时必须进行充分考虑和计算。

据统计，我国油罐火灾的发生概率为14.6%，按油品种类分：原油罐40%、汽油32%、柴油罐8%、重质油罐20%；按火灾原因分：明火64%、静电12%、自然8%、雷击12%、其他4%。

三、油罐火灾的燃烧类型

(1) 稳定燃烧：气温较高时，轻质油会从油罐的呼吸阀、采光孔、量油孔等处挥发出大量油蒸气，遇火会形成稳定燃烧，扩散到火焰面。

油罐发生稳定燃烧时，可用少量水对周围进行冷却，迅速用覆盖捂灭，也可用喷雾水、干粉等扑救。不宜用大量水冷却罐顶，以免罐内温度急剧下降造成负压回火，引起储罐爆炸。

（2）爆炸性燃烧：爆炸性燃烧的实质就是一种预混燃烧，即油蒸气与空气预先混合好后遇火再进行的燃烧。该燃烧造成罐顶塌陷，罐体破裂或位移，如果出现油品流散，还会引发流淌火。储罐的爆炸有三种：分别是先爆炸、后燃烧；先燃烧、后爆炸；只爆炸、不燃烧。

（3）沸溢喷溅式燃烧：原油罐或重质油罐着火后油品中的轻组分蒸发进入火焰燃烧，重组分携带从表面吸收的热量因相对密度大而下沉形成热波。当热波继续向下运动，到油罐底部水垫层时，使水垫层的水大量蒸发，将水垫层上的油抛到罐外，形成喷溅式的燃烧，对着火油罐周围的消防扑救人员构成极大的威胁，并引发附近油罐着火。

四、油罐内油品的燃烧特性

（一）油罐内油气与空气混合后形成易爆炸的混合气体

油罐内油气与空气混合后形成易爆炸的混合气体，达到爆炸极限后，遇明火可使油罐发生爆炸，发生爆炸后罐顶可能发生裂缝，局部或全部被掀起。油罐顶部被掀掉后形成开放式燃烧，油罐内下层油温均匀，与爆炸前温度比较基本没变，但油面上部的油气层被点燃爆炸，火焰在油气层中以燃烧速度传播开来。

燃烧的油品液面的高低直接影响着罐壁的变形，罐内油面低，在油面以上的罐壁直接受到火焰的作用。当罐壁温度达到500℃以上，罐壁边缘强度降低，发生变形。

（二）油罐内油品燃烧火焰的特性

着火油罐火焰是紊流型浮力扩散火焰，其突出的特点是，燃烧油罐的周围空气进入油罐主要是从油罐中心进入火焰，油罐直径越大，空气进入火焰的深度越大，火焰中存在有局部回流，上升的火焰及下降的空气形成犬牙交错的锥状。火焰中心处的温度最低，靠近罐壁处的温度较高。从油面到火焰低部随着高度的增加迅速增高，到达火焰底部后有一稳定阶段，高度再增加，温度也随之下降。

（1）火焰的高度：油罐内燃烧油品的火焰高度取决于油罐直径和储存的油品种类，与风速无关。也就是说油罐的直径越大，储存的油品越轻，则燃烧的火焰高度越高。当油罐的直径大于或等于2.7m时，敞口油罐油品燃烧的火焰高度与油罐直径 D 的关系见表5-2。

表5-2　油品火焰的特性

油品名称	火焰的高度	火焰的水平投影长度	火焰的热辐射强度/（W/m^2）
汽油	$H=1.43D$	$0.7D$	97200
柴油	$H=0.93D$	$0.5D$	73000
乙醇	$H=0.76D$	$(0.2\sim0.3)D$	68000

说明：浮顶油罐不同于固定顶油罐，他发生火灾往往首先发生在环形密封圈上的不严密处。在着火初期火焰不高，火势扩散缓慢，降低了对邻近的热辐射，因此对浮顶油罐初期火灾，及时扑救回减少火灾损失。降低了对邻近的热辐射，因此对浮顶油罐初期火灾。

（2）火焰的温度：火焰的温度主要取决于燃烧油品的种类。一般石油产品的火焰温度在900~1200℃之间，火焰的温度高，热辐射强度大，直接威胁邻近的建筑物，油品的热辐射强度见表 5-2。

（3）火焰的倾斜度：敞开油罐燃烧的火焰呈锥形，锥形底部就等于燃烧油罐的面积。锥形火焰受到风的作用就会产生一定底倾斜角度，角度的大小与风速有直接的关系，与油罐的直径及所储存的油品种类无关。无风条件下，火焰的倾斜角度为 0°～15°；当风速≥4m/s 时，火焰的倾斜角度为 60°～70°。火焰倾斜角与风速的关系可按下式计算：

$$\alpha = 35.6\omega^{0.34} \tag{5-1}$$

（三）燃烧油罐的油层高度

燃烧油面接受火焰辐射热后，油表面迅速被加热到沸点，形成高温层。高温层的厚度与油罐直径及容积无关，随着燃烧时间的增加，被加热的油层厚度也增加，在此油层中的温度基本相同。

（1）若油罐内油层很高，即使长时间燃烧，被加热油层当达到某一定值之后，基本保持不变。

（2）油罐内为中低油位时，油罐火灾发展的特点如下：

① 火灾初期，罐内油层被加热的厚度很薄，油的蒸发速度迅速增加，加热层向深部扩展，中间层厚度不大，热屏蔽作用甚小，此时，火焰发展迅速。

② 火灾中期，经过很短时间就过度到中期，此时燃烧的速度比初期大，加热层深度趋于稳定，火焰中的燃气流速大，中间层内负压也大，因此大量空气被吸入罐内形成犬牙交错的上下气流团，常会产生火焰的脉动和蘑菇状烟柱。加热层近于恒定温度向深部缓慢扩展，中间层厚度逐渐增加，空气、烟和燃烧产物进入中间层，使中间层成为灰色体层，并对油品有明显的热屏蔽作用，使罐内油品燃烧相对稳定。

③ 油品火灾燃烧晚期：随着中间层的厚度逐渐变大，燃烧油层变薄，油面所接受到的辐射热不仅不能使油面加热厚度增大，反而使油品的燃烧速度下降，火焰高度及温度下降，辐射热反馈减小，使油品火灾进入衰落期。

（四）含水原油及重质石油产品燃烧特性

（1）燃烧特性

含水原油及重质石油产品的燃烧速度开始较低，而经过一段时间之后突然增大，增大到一定值后，趋向于稳定。含水原油及重质石油在燃烧过程中，燃烧油面的下部油层被加热，油品内所含的水也被加热，因此造成储存在油罐内的含水原油及重质石油产品燃烧时发生沸溢现象。其原因是油层内部被加热的速度比油层表面燃烧的速度大 2～4 倍，油层很快被加热，经过一段时间之后，油品和水的分界面上的温度达到 100～140℃时就会产生一种膜状沸腾，由于重质石油产品的黏度和表面张力都很大，在分界面容易形成蒸气膜，这种膜将水层隔离了一定时间后，油品受到强烈过热，迫使油罐底部的水突然转化为蒸气，就形成超过油品黏度和燃烧油品液面高度的液柱压力。蒸汽泡从分界层开始穿过油层向上冲出，这时油品温度达到 150～300℃，开始从上层突然转为下层与水接触，强烈过热的油品与油罐底部水层接触，引起水爆炸性的沸腾，同时油罐底层的水在极短时间内形成大量蒸汽向外排出，这样就促使油品发生沸溢和喷溅。重质油品发生沸溢和喷溅时，能将燃烧的油品喷溅到 70～120m 以外，喷出的火柱高度达 80m，这就使火灾的范围扩大，造成更严重的损失。因此要采取可靠的措施以防沸溢和喷溅的发生。

（2）采取的措施

① 事先将含水原油及重质油品脱水处理；②含水原油及重质油品燃烧时，设法将罐底

水层排出；③在发生沸溢之前进行扑救，加强对着火油罐的冷却。

第二节 消防站的建立

消防站是消防力量的固定驻地。大中型石油、石油化工企业应设置消防站。

一、消防站的设置

消防站在石油、石油化工企业中的布置，应根据企业生产的火灾危险性、消防给水设施、防火设施情况全面考虑，合理布置。为发挥火场供水力量和灭火力量的战斗力，减少灭火损失，宜采用“多布点，布小点”的原则，将消防力量分设于各个保卫重点区域，以便及时地扑灭初期火灾。

（1）油田消防站的布置，应满足消防接到火灾报警后5min内消防车到达联合站、集中处理站、油库等火场；10min内消防车到达油田边缘地区非重要生产设施或油田其他生产设施。

（2）大、中型炼油厂，石油化工厂消防站的布置，应满足消防队接到火警后5min内消防车到达厂区(或消防管辖区)最远点的甲、乙、丙类生产装置、厂房或库房，且消防站的服务半径不大于2.5km(行车的距离计算)；对丁、戊类生产火灾危险性的场所，消防站的服务范围可以适当地增大，但不宜超过消防站服务范围，超过消防站服务范围的场所应设立消防分站。

（3）消防站应尽量靠近责任区内火灾危险性大，火灾损失大的重点部位，并应靠近主要的交通线，便于通往重点保卫部位。消防站远离噪声场所，且距幼儿园、托儿所、医院、学校、商店等公共场所，不宜小于100m。消防车库大门应面向道路，距道路边不应小于15m。车库前场地应采用混凝土或沥青地面，并应有不小于2%坡度的坡向道路。

二、消防站的规模

石油、石油化工企业中的消防力量，应根据石油、石油化工企业的消防用水量及泡沫干粉等灭火剂用量，灭火设施的类型，消防协作的力量等情况决定。

（1）采用半固定灭火系统和移动式灭火系统及移动灭火设备时，消防力量应按最大一次火灾需要的消防用水量及泡沫，干粉配备消防车辆；采用固定式消防灭火系统时，消防力量可按第二大火(仅次于最大火灾，因为全部设备均设有固定灭火系统，移动式消防力量可适当减少)消防用水量及泡沫干粉等灭火剂另配备消防车辆。每个消防站或消防分站的最少车辆不宜少于两辆。

（2）石油厂和石油化工工厂的消防车辆应根据企业的消防用水量和泡沫混合液量以及每辆消防车在火场实战中供水量，由计算决定。

① 东风牌消防车供应冷却用水量按13~15L/s计。如企业消防用水量已知，则车辆数根据企业的消防用水量及消防车的供水能力确定车辆数。

② 东风牌消防车供应泡沫混合液时，每辆消防车供应一个泡沫室使用，压力比较稳定，容易控制，灭火效果较好；但混合液量超过15L/s时，用一辆东风牌消防车供应泡沫混合液，由于水带的水头损失较大，常不能保证泡沫室的标准压力要求，需要使用两辆消防车并联工作供应一个泡沫室的混合液量。

③ 黄河牌消防车和交通牌消防车的冷却用水量可按35~45L/s计算，两者的固定泡沫液的泡沫量可达300L/s，但必须指出，泡沫灭火对地面流散液体火焰和地面油池火灾灭火效果较好，对露天生产装置火灾有良好的作用，但对地面上油罐火灾，泡沫利用较低，在使用上受到风向，风力和障碍物限制。

（3）大中型石油、石油化工企业一般应具有独立的消防力量。若临近有较强大的移动消防供水力量和泡沫灭火力量，并发生火灾后10min内能到达装置区出水或20min内到达罐区泡沫灭火，可考虑利用临近的消防力量进行协同作战可能性，但必须是临近消防站具有扑灭该区火灾的消防力量，同时经过公安部门同意，并建立协作组织机构及制定配合作战的技术措施。

三、消防站设施

消防站应有良好的建筑和通信报警设备。应为独立的建筑物，建筑物的耐火等级不低于二级，消防站应设有消防车库，电话通讯室，队长值班室，队员值班室、单身宿舍、药剂器材库、修理间、练习墙、充电间和长度大于120m、宽度为40m的练习场。

车库内设有线和无线通信设备，便于报警和火场指挥。

四、消防给水设施

消防给水设施是石油化工企业的一项重要消防技术设施，其设置的合理与否，完善与否直接影响石油化工企业的安全。

（一）消防水源

石油化工企业的消防水源，可采用天然水源和消防给水管道水。

（1）当利用天然水源作消防水源时，应有通向天然水源的消防车道，并在天然水源地建立可靠的、任何季节都能保证消防取水的设施，并保证枯水期所需的消防水量。

（2）石油化工厂有大量的易燃可燃液体以及其他易燃易爆物质，往往污染附近天然水体，这种被污染了的水体，不能作为消防用水的水源。

（3）石油化工企业的循环冷却水也容易被石油化工产品污染，如果利用循环冷却水管网供应消防用水是不安全的，石油化工企业内的循环冷却水管道或生产蓄水池不作为主要的消防水源，但可作为消防应急用水的备用水源。

（二）消防水压

石油化工企业内供水可采用高压、临时高压或低压消防给水系统，一般从经济、技术、安全三方面考虑，来综合确定。

（1）低压消防给水系统：石油化工企业内低压消防给水管道应保证消防用水达到最高时，最不利点消火栓的水压不应低于147kPa（从地面算起一般98kPa）主要原因是石油化工企业露天装置区的墙群平台框架较高，且石油产品火灾辐射热较大，须要较大的灭火射流。所以应比其他工业与民用建筑消防给水管道有较大的水量和水压。

（2）高压消防给水系统：石油化工企业内高压消防给水系统应满足喷淋设备、高压水枪灭火的水压要求，且应保证消防用水量达到最高时，最不利点灭火所需的压力。但不应低于其他工业和民用建筑高压消防给水系统的要求。

（三）消防用水量

石油、石油化工企业的室外消防用水量，应按同一时间内火灾的发生次数与一次火灾用水量的乘积计算。

工厂、仓库和民用建筑在同一时间内的火灾次数见第三章表 3-4。大型石油化工厂的各分厂、罐区、居住区等，如有单独的消防给水系统时应分别计算。

一次灭火的用水量是指一次火灾所需冷却用水、灭火用水和掩护用水的总和。其水量与生产装置、辅助设施的火灾危险性和规模、平面布置、占地面积、防火设施以及工艺成熟程度等因素有关；一个单位内有泡沫设备、带架水枪、自动喷水灭火设备以及其他消防用水设备时，其消防用水量应将上述设备所需的全部消防用水量加上表 3-5 中规定的室外消火栓用水量的 50%，但采用的水量不应小于表 3-5 的规定。

1. 露天装置区高压消防给水系统的用水量

露天装置区高压消防给水系统的用水灭火设备有：固定高压水枪、移动高压水枪、喷淋冷却设备、水幕系统、水泡沫两用水枪，其用水量见表 5-3。

表 5-3　水枪用水量

总容量 V/m^3	$V\leqslant500$	$500<V\leqslant2500$	$V>2500$
单罐容积 V/m^3	$V\leqslant100$	$V\leqslant400$	$V>400$
水枪用水量/(L/s)	20	30	45

注：1. 水枪用水量应按本表总容积和单罐容积较大者确定。

2. 总容积 $50m^3$ 或单罐容积 $20m^3$ 的储罐区或储罐，可单独设置固定喷淋装置或移动式水枪。其消防用水量应按水枪用水量计算。

易燃可燃材料露天、半露天、半露天堆场，可燃气体储罐或储罐区的室外消防用水量，不应小于表 5-4，露天装置区室外消防给水系统用水量见表 5-4。

表 5-4　堆场、储罐的室外消防用水量

名称		总储量或总容量	消防用水量/(L/s)
粮食 W/t	圆筒仓圆囤	$30<W\leqslant500$ $500<W\leqslant5000$ $5000<W\leqslant20000$ $W>20000$	15 25 40 45
	席茓囤	$30<W\leqslant500$ $500<W\leqslant5000$ $5000<W\leqslant20000$	20 35 50
棉、麻、毛、化纤 W/t		$10<W\leqslant500$ $500<W\leqslant1000$ $1000<W\leqslant5000$	20 35 50
稻草、麦秸、芦苇等易燃材料 W/t		$50<W\leqslant500$ $500<W\leqslant5000$ $5000<W\leqslant10000$ $W>10000$	20 35 50 60

名称	总储量或总容量	消防用水量/(L/s)
木材等可燃材料 V/m^3	$50<V\leqslant1000$ $1000<V\leqslant5000$ $5000<V\leqslant10000$ $V>10000$	20 30 45 55
煤和焦炭 W/t	$100<W\leqslant5000$ $W>5000$	15 20
可燃气体储罐或储罐区 V/m^3	$500<V\leqslant10000$ $10000<V\leqslant50000$ $50000<V\leqslant100000$ $100000<V\leqslant200000$ $V>200000$	15 20 25 30 35

（1）固定高压水枪用水量

在移动式水枪喷射不到的地方，发生火灾时急需用水冷却发生火灾后易于蔓延扩大且难以控制火势的地区，应设置固定高压水枪；

① 固定高压水枪用水量为同时使用水枪数量与每支水枪用水量乘积；

② 固定高压水枪使用的数量与水枪喷嘴口径、充实水柱长度有关，水枪数量一般不宜少于 4 支。

③ 充实水柱要求：水枪喷嘴口径≥28mm，充实水柱 H_m 长度应按保护对象高度由设计决定，固定水枪的控制高度一般为 20～30m，计算充实水柱长度时水枪上倾角≤45°，扑救较大火场或冷却易燃、易爆液体油罐火灾，油罐火灾充实水柱一般为 17m。

（2）移动高压带架水枪用水量

设有固定高压水枪的装置区还应采用移动高压带架水枪，利用高压管网上的消火栓供水，配合固定高压水枪加强对设备的冷却保护或一般生产装置区利用高压管网上的消火栓（或大型消防车）供水对高度较大的设备进行冷却保护。带架水枪充实水柱长度随着喷嘴与水平面成的角度不同而不同。

喷嘴口径

$$R_x = f \times R_{30} \quad (5-2)$$

式中 R_x——成 α 角时充实水柱作用半径，m；

f——喷嘴与水平面成 α 角时 H_m 的作用半径同喷嘴与水平面成 30°时的充实水柱作用半径的比值；

R_{30}——喷嘴与水平面成 30°时充实水柱作用半径。

（3）喷淋设备用水量

露天装置内有些塔群、框架上的容器设备高度很大，超过水压水枪的保护半径范围，其超高部分宜设置喷淋冷却设备。固定喷淋冷却设备喷雾头的设备应保护设备各部分获得均匀冷却。塔群喷淋环管的垂直距离不应超过 15m，以免出现空白点，塔群喷淋冷却水的供给强度≥0.085L/(s·m^2)，容器和球罐喷淋冷却的供给强度≥0.05L/(s·m^2)。

（4）水幕设备的用水量

为了防止火势扩大，防止火势蔓延，在露天生产装置区内，油气设备区（塔群、中间罐、框架上容器设备）、炉区、气体压缩机房（或油泵房）等之间，以及联合装置各单元之间，宜设置消防水幕。

消防水幕设备的喷雾水头的类型应根据设置地点的特点和作用选定，消防水幕不应出现空白点且应为连续性良好的水帘。喷雾水幕头的压力不应小于 0.294MPa，水幕用水的供给强度≥0.5L/(s·m^2)。消防水幕的开关应设在安全地点，离保护对象≥15m。

（5）水、泡沫两用枪的用水量

用于扑灭露天生产装置区初起火灾和局部液流散火焰的简易灭火设备。在装置区内不同地点安装消防短管接口，在短管接口上安上长 10～15m 胶管，两枪使用的充实水柱（或泡沫的充实水柱）能到达装置区内任何地点，两用枪喷嘴压力不宜小于 0.49MPa，每秒钟的用水量或泡沫的混合液量不小于 2L/s。

2. 露天装置区低压给水系统的用水量

露天生产装备区采用低压消防给水系统需要消防车加压供水，黄河牌、交通牌消防车供水能力较大外，一般东风牌消防车仅能供两支喷嘴口径为 19mm 水枪用水，充实水柱长度≤17m，对于高度较大的墙群，容器设备的冷却极为困难。消防实践证明，在墙群框架平台的高度超过 20m 处，宜设置供消防车供水的消防竖管。

（1）竖管布置位置：消防竖管应沿框架、墙群平台等梯子一侧方向排放，在各层平台的竖管上安装水带接口；接口的位置应便于火场供水或供应泡沫；当平台长度大于 30m 时，应在另侧走梯处设消防竖管。

（2）竖管管径：消防竖管管径按保护面积选定，一般情况下，当框架、墙群平台面积≤$50m^2$时，管径采用 $DN=75mm$；当 $F>50m^2$时，$DN=100mm$；消防竖管管径>75mm 时，在各个平台上宜设双接口消火栓。

（3）消防用水量：火场供水统计资料说明，露天生产装置区采用低压给水系统使用消防车灭火时，消防用水量不应小于表 5-5 中的要求。

表 5-5　露天生产装置消防用水量　　L/s

名称	中型装置	大型装置	名称	中型装置	大型装置
炼油厂	60~80	80~120	联碱装置合成氨碱	40~60	60~80
石油化工厂	60~100	100~150			

3. *石油化工厂辅助生产设施用水量*

石油、石油化工辅助生产设施的消防用水量可按建筑的室外消防用水量计算，见表 5-5，当计算出来的消防用水量小于 30L/s 时，仍应按 30L/s 设计。

4. *罐区消防用水量*

（1）液化石油气罐用水量：液化石油气罐用水量包括喷淋冷却用水量和机动水枪用水量两部分之和；喷淋冷却用水量为燃烧罐和近邻罐冷却用水量之和。液化石油气罐喷淋冷却用水量不小于 0. 05L/s。

（2）液化石油气罐区机动水枪用水量：按灭火使用水枪数量决定。扑灭液化石油气罐火灾石油气罐使用的水枪数量不小于 4 支，每支水枪流量不小于 7. 5L/s，水枪扑灭喷嘴压力不小于 0. 343MPa。

（3）易燃、可燃液体储罐消防用水量：冷却可燃、易燃液体储罐消防用水量，燃烧油罐的罐壁直接火焰威胁，需要在较短时间内组织冷却，一般情况下，5min 内可使罐壁的温度达 500℃，使钢板的强度降低一半，在 10min 内可使罐壁的温度达到 700℃以上，钢板的强度降低 90%以上，油罐将发生变形或破裂。由于燃烧油罐辐射热较大，罐壁温度升高较快。采用移动式冷却时，水枪的口径不小于 19mm，H_m 不小于 15m；若 $H_m=15m$，则喷嘴口径等于 19mm 水枪的流量 Q_x 为 6. 5L/s，根据火场时间实践：

① 1 支口径为 19mm 水枪，当 $H_m=15m$ 时，能控制的油罐周长≤8m 或 10m，若按 8m 计算，则燃烧油罐每米周长冷却用水量约 0. 8L/s。

② 若按 10m 计算，则燃烧油罐每米周长冷却用水量为 0. 65L/s。

③ 当 $H_m=17m$ 时，直径为 19mm，$Q_x=7.5L/s$，能控制的油罐周长为 10m 计算，则油罐每米周长用水量为 0. 75L/s。

④ 当油罐高度不超过 17m 时，燃烧油罐每米周长的冷却用水量可按 0. 8L/s 计算；当油罐的高度大于 17m 时，手提式水枪难操作（反作用力太大）。宜采用固定式冷却用水设备（每米周长冷却温度用水量为 0. 5L/s。）油罐起火后燃烧油罐固壁都受到火焰威胁，因此，油罐的整个周长都应进行冷却。

第三节　油罐火灾的扑救

随着现代化建设的需要，石油产品越来越多，用途越来越广，而石油及其产品储罐必将大批兴建。所以，保护油罐免受火灾危害极其重要。

一、油罐种类

（1）按罐体形状不同分为固定顶油罐、氮封拱顶油罐、低压氮封油罐、呼吸顶油罐、球形油罐、浮膜式油罐、浮顶油罐几种。不同形式的油罐防火安全性不一样。浮顶油罐的安全性最好，通常为85%，浮膜式为75%；球形油罐与低压氮封油罐为70%；固定顶油罐最低，为35%。

（2）按其结构分为固定顶、浮顶和内浮顶油罐。

① 固定顶油罐：立式圆柱形的油罐上，安装上固定顶盖。它可以储存闪点低于28℃和低于120℃的各类油品，但要求固定顶油罐顶板与包边角钢之间的连接应采用弱顶结构，并设置相应的安全设备。见图5-1。

② 浮顶油罐：分为外浮顶和内浮顶两种，一般称浮顶油罐指外浮顶油罐，油罐上的顶盖漂浮在油面上，它是随着油面高低上下浮动。外浮顶油罐是在固定顶油罐内加上一个能随油面高低上下浮动的顶盖。它适用于储存闪点介于28~45℃之间的甲类油品，见图5-2。

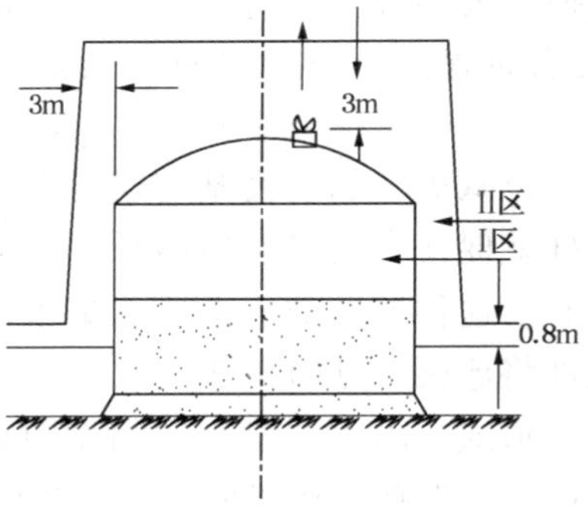

图5-1　固定顶油罐

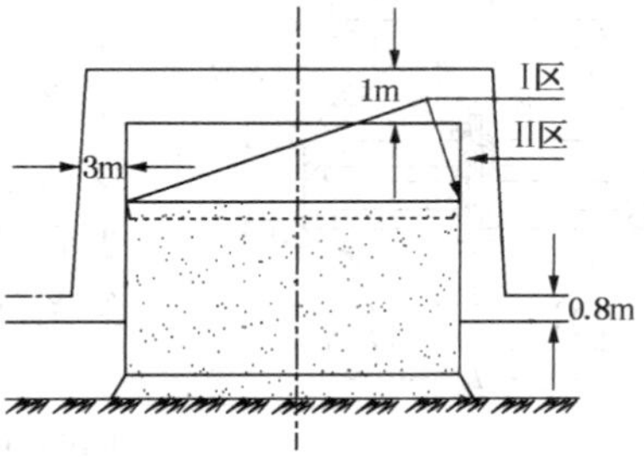

图5-2　浮顶油罐

③ 内浮顶油罐：固定顶油罐在其罐内安装一个随着液面上下浮动的顶盖。它可分为双盘式浮顶(浮顶为浮仓式，浮仓之间由许多隔板相互隔开)、单盘式浮顶(浮顶局部安装浮仓)及浅盘式浮顶(浮顶为盘状无浮仓式的浮顶)，其中浮仓式内浮顶油罐适用于储存闪点介于28~45℃之间的各类油品。

二、油罐的组成

固定顶油罐由罐体、呼吸阀、阻火器、液压安全阀、消防竖管、泡沫灭火设备、框架平台等组成。装有轻质油品的固定顶油罐应安装呼吸阀和阻火器。

（一）呼吸阀

（1）呼吸阀作用：油罐呼吸阀装于储罐上方，用于调节油罐内外压力平衡、降低油品损耗、保证储油罐的安全。适用于储存闪点低于28℃的甲类和闪点低于60℃的乙类油品如汽油、煤油、轻柴油、苯、甲苯、原油等及化工原料的储罐上，用以调节油罐内外压力平衡，增加油罐的安全性。

呼吸阀通常采用二合一式防爆阻火排气口侧向的结构，防止向下的排气口排出气体直接喷向油罐顶部造成油罐着火，消除事故的隐患。

（2）呼吸阀的选择：呼吸阀的选择根据油罐进出的最大油量进行选择，见表5-6。

表5-6　呼吸阀的选择

进出油罐的最大流量/(m^3/h)	≤50	51~100	101~150	151~250	251~300	301~500	501~700
呼吸阀(个数×直径)/mm	1×50	1×100	1×150	1×200	1×250	2×200	2×250

（二）阻火器

阻火器是阻止易燃气体和易燃蒸气的火焰和火花继续传播，迫使火焰熄灭的安全装置，适用条件同呼吸阀。阻火器是由能够通过气体的许多细小均匀的或不均匀的通道和孔隙组成。这样火焰进入阻火器就会被分成许多细小的火焰流，火焰由于传热作用和器壁效应而被熄灭。

（1）阻火机理：火焰进入阻火器内，由于传热作用和器壁效应而被熄灭。火焰通过许多细小的通道之后变成了许多细小的火焰流，由于若干细小的通道而增大了传热面积，通过通道壁进行热交换，火焰温度相对降低，火焰被熄灭即传热作用阻止火焰而熄灭。而随着阻火器通道尺寸的减小，自由基与分子之间碰撞概率减小，自由基与反应分子之间碰撞概率也减少，而自由基与通道壁的碰撞概率反而增大，这样就促使自由基反应减低，当通道尺寸减少到某一数值时，这种器壁效应造成火焰不能继续燃烧的条件，火焰即将熄灭，见图5-3。

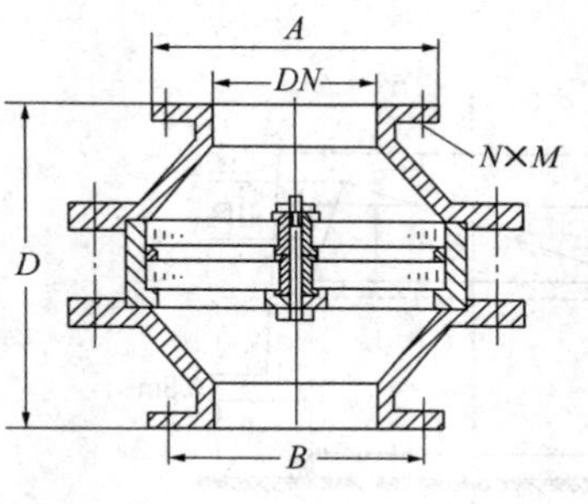

图5-3　阻火器构造图

（2）阻火器形式：阻火器有金属网型阻火器和波纹型阻火器，国内石油储罐上用过的金属网型阻火器由12层16~22目的铜网重叠组成。阻火器有防爆性能和耐烧性能。波纹型阻火器有两种形式，第一种形式由两个方向折成波纹型薄板材料组成；另一种形式在两层波纹薄板之间加一层扁平薄板，形成许多三角形的通道，更利于熄灭火焰。

（3）阻火器规格：推荐一种波纹型石油储罐阻火器，见表5-7。

表5-7　波纹型石油储罐阻火器规格

公称直径/mm	A	B	C	D	质量/kg	公称直径/mm	A	B	C	D	质量/kg
50	140	110	220	236	6	150	260	225	427	288	25
80	185	150	280	270	12.8	200	315	280	496	306	35
100	205	170	325	274	19.5	250	370	335	593	320	46

（三）液压安全阀

液压安全阀与阻火器配套使用，在油罐呼吸阀失灵时起到保护油罐安全使用的作用。其定压值应高于呼吸阀定压值的5%～10%。液压安全阀结构如图5-4(a)示。

（1）原理：液压安全阀内灌装以蒸发性低、凝固点低的油品（变压器油、轻质柴油等）作为液封，因此阀内液封高低根据油罐控制压力决定。当油罐内压力处于平衡时，阀内外液封面处于同一高度；当油罐内压力大于大气压力时，内环空间的液封被压入外环空间，罐内气体通过外环排入大气；当油罐内压力小于大气压力时，外环空间的液封被压入内环空间，空气由内环进入油罐内。油罐内压力处于平衡时，阀内外液封面处于同一个高度见图5-4(b)(1)；油罐内压力大于大气压力时，内环空间的液封被压入外环空间，罐内气体通过外环排入大气见图5-4(b)(2)；油罐内压力小于大气压力时，外环空间的液封被压入内环空间，空气由内环进入油罐内见图5-4(b)(3)。

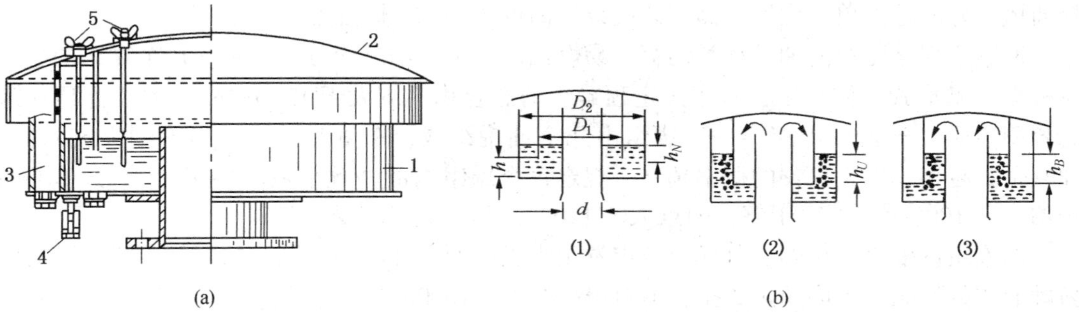

图5-4　液压安全阀结构和工作原理示意图

1—外壳；2—顶罩；3—液封环；4—排液孔；5—量油杆

（2）适用条件：同上，防止油罐呼吸阀失灵时起到保护油罐安全使用的作用。

（3）规格的选择：液压安全阀规格大小由式(5-3)内环直径与外环直径确定。

$$D_2 = d\sqrt{\frac{3h_B + 4h_U}{h_U}} \tag{5-3}$$

液压安全阀内环直径

$$D_1 = 2d \tag{5-4}$$

式中　d——液压安全阀通径，mm；

D_1——液压安全阀内环直径，mm；

D_2——液压安全阀外环直径，mm；

h_U——外环高于内环的液面高度差，mm；

h_B——外环低于内环的液面高度差，mm。

液压安全阀隔板浸入液封内的高度见式(5-5)

$$h_M = \frac{h_B h_U}{h_B + h_U} \tag{5-5}$$

液封用的油柱高=水柱高÷油的密度

则液压安全阀底层页面高度见式(5-6)。

$$h=\frac{3}{8}d \tag{5-6}$$

则液压安全阀的选择与油罐呼吸阀的选择一样，可参考表5-6。

三、油罐的设计

油罐的防火安全性大小主要取决于油罐内油气空间的大小。油气空间小，油罐内储存油品的蒸发空间小。反之，油气空间大，油罐内储存油品的蒸发空间大，就容易形成大量易燃易爆的混合气体，危险性大，因此减少油品的蒸发空间就成为增加油罐安全性的重要手段。为了减少油罐的火灾危险性，应该从油罐的布置、油罐间距、油罐的防雷、油罐防火堤等多方面加以考虑。

（一）油罐布置

油罐应采用钢板焊制而成。油罐应布置在本单位或本地区全年最小风向的上风侧，并选择通风良好的地点单独设置，储灌区应设置高度为1m的非燃烧实体防护墙。

油罐应根据储存的油品种类储存，易燃油品与可燃油品应分组储存。每个罐组的总容积应根据油罐形式不同而定，对于固定顶罐组的总容积不应大于$12\times10^4m^3$，对于浮顶油罐的总容积不应大于$20\times10^4m^3$。一个罐组由几个油罐组成，布置时首先应考虑到火灾的概率。油罐个数越多，发生火灾的概率越高。规定每个罐组内的油罐个数不多于12个，单罐的容积均小于$1000m^3$。但对于储存闪点大于120℃油品的储罐不受此限制。

油罐组内油罐的排列，首先应考虑发生火灾时便于扑救为原则，所以规定罐组内的储存易燃液体的储罐，不应超过2排；但对单罐容积≤$1000m^3$的储存闪点大于120℃的油品，不应超过4排，其中润滑油罐的单罐容积和排数不限。

（二）油罐间距

油罐间距的确定遵循《石油化工企业设计防火规范》GB 50160—2008，国内油罐防火间距见表5-8。

表5-8　罐组内相邻地上油罐间距

油罐形式 / 防火间距 / 油品类型	固定顶罐 ≤$1000m^3$	固定顶罐 >$1000m^3$	浮顶罐 内浮顶罐	卧罐
闪点<28℃和闪点<60℃	0.6D（固定式消防冷却） 0.75D（移动式消防冷却）	0.6D，但不宜大于20m	0.4D，但不宜大于20m	0.8m
闪点≥60℃至≤120℃	0.4D，但不宜大于15m			
闪点>120℃	2m	5m		

注：1. 表中D为相邻较大油罐直径；

2. 高架罐的防火间距，应不小于0.6m；

3. 浅盘式内浮顶罐的防火间距与固定罐相同；

4. 储存不同类型的油品或不同型式的相邻油罐的防火间距，应采用本表规定的最大值。

目前国内炼油厂和石油化工厂内的油罐间距为的(0.5~0.7)D(D为罐直径)，中间罐区的油罐间距2~4m即可。

甲、乙、丙类液体储罐宜布置在已采取安全防护措施的地方，也可布置在地势较高的地带。瓶装桶装的甲类液体不应露天布置。甲、乙、丙类液体储罐（区）和乙、丙类液体桶罐堆场与其他建筑的防火间距，不应小于表5-9的规定。

表 5-9　甲、乙、丙类液体储罐(区)和乙、丙类液体桶装堆场与其他建筑的防火间距　m

类别	一个罐区或堆场的总容量 V/m^3	建筑物				室外变、配电站
		一、二级		三级	四级	
		高层民用建筑	裙房，其他建筑			
甲、乙类液体储罐(区)	$1 \leqslant V < 50$	40	12	15	20	30
	$50 \leqslant V < 200$	50	15	20	25	35
	$200 \leqslant V < 1000$	60	20	25	30	40
	$1000 \leqslant V < 5000$	70	25	30	40	50
丙类液体储罐(区)	$5 \leqslant V < 250$	40	12	15	20	24
	$250 \leqslant V < 1000$	50	15	20	25	28
	$1000 \leqslant V < 5000$	60	20	25	30	32
	$5000 \leqslant V < 25000$	70	25	30	40	40

注：1. 当甲、乙类液体储罐和丙类液体储罐布置在同一储罐区时，罐区的总容量可按 $1m^3$ 甲、乙类液体相当于 $5m^3$ 丙类液体折算；

2. 储罐防火堤外侧基脚线至相邻建筑的距离不应小于 10m；

3. 甲、乙、丙类液体的固定顶储罐区或半露天堆场，乙、丙类液体桶装堆场与甲类厂房（仓库）、民用建筑的防火间距，应按本表的规定增加 25%，且甲、乙类液体的固定顶储罐区或半露天堆场，乙、丙类液体桶装堆场与甲类厂房（仓库）、裙房、单、多层民用建筑的防火间距不应小于 25m，与明火或散发火花地点的防火间距应按本表有关四级耐火等级建筑物的规定增加 25%；

4. 浮顶储罐区或闪点大于 120℃ 的液体储罐区与其他建筑的防火间距，可按本表的规定减少 25%；

5. 当数个储罐区布置在同一库区内时，储罐区之间的防火间距不应小于本表相应容量的储罐区与四级耐火等级建筑物防火间距的较大值；

6. 直埋地下的甲、乙、丙类液体卧式罐，当单罐容量不大于 $50m^3$，总容量不大于 $200m^3$ 时，与建筑物的防火间距可按本表规定减少 50%；

7. 室外变、配电站指电力系统电压为 35~500kV 且每台变压器容量不小于 10MV・A 的室外变、配电站和工业企业的变压器总油量大于 5t 的室外降压变电站。

甲、乙、丙类液体储罐之间的防火间距不应小于表 5-10 的规定。

表 5-10　甲、乙、丙类液体储罐之间的防火间距　m

类别			固定顶储罐			浮顶储罐或设置充氮保护设备的储罐	卧式储罐
			地上式	半地下式	地下式		
甲、乙类液体储罐	单罐容量 V/m^3	$V \leqslant 1000$	$0.75D$	$0.5D$	$0.4D$	$0.4D$	$\geqslant 0.8m$
		$V > 1000$	$0.6D$				
丙类液体储罐		不限	$0.4D$	不限	不限	—	

注：1. D 为相邻较大立式储罐的直径（m），矩形储罐的直径为长边与短边之和的一半；

2. 不同液体、不同形式储罐之间的防火间距不应小于本表规定的较大值；

3. 两排卧式储罐之间的防火间距不应小于 3m；

4. 当单罐容量不大于 $1000m^3$ 且采用固定式冷却系统时，甲、乙类液体的地上式固定顶储罐之间的防火间距不应小于 $0.6D$；

5. 地上式储罐同时设置液下喷射泡沫灭火系统、固定冷却水系统和扑救防火堤内液体火灾的泡沫灭火设施时，储罐之间的防火间距可适当减小，但不宜小于 $0.4D$；

6. 闪电大于 120℃ 的液体，当单罐容量大于 $1000m^3$ 时，储罐之间的防火间距不应小于 5m；当单罐容量不大于 $1000m^3$ 时，储罐之间的防火间距不应小于 2m。

（三）油罐的防雷

雷电对油罐的危害性很大，因为雷电放电时能产生高达几万伏或数十万伏的冲击电压，足以使油罐受到严重破坏，引起油罐的爆炸与燃烧。对于储存闪点小于 28℃和小于 60℃的石油产品的储罐，应按照以下规定设计防雷措施。

油罐防雷的措施根据油罐不同而设施不同，对装有阻火器的地上固定顶钢油罐，当油罐顶板厚度≥4mm 时，应装设避雷针（其保护范围应包括整个油罐）；对于浮顶油罐由于浮顶上的密封严密，浮顶上面集聚油气较少，一般均达不到爆炸下限，可不装设避雷针。但是为了防止感应雷和导线传到金属浮顶上的静电荷，应采用两根截面不小于 $25mm^2$软铜线将金属浮顶与罐体进行良好的电气连接。

对于闪点大于 60℃和大于 120℃的油品（丙类液体）储罐，可不设避雷针，但必须设感应雷接地，接地电阻不宜大于 30Ω。

（四）油罐防火堤

甲、乙、丙类液体和液化石油气罐区发生火灾时，火焰高，有时会出现液体流散，因此，消火栓应设在防火堤外的安全地点。防火堤的作用：一是为了防止储罐跑油、漏油后油品的流散；二是为了防止油罐火灾发生后，火势随流散的油品蔓延。防火堤应采用非燃烧材料建造，防火堤内面积和容量必须满足有关规范的要求，为保证放火堤的密封性，严禁在防火堤上开洞，平时应注意防火堤的完好性，土质的防火堤应定期培土维修，混凝土质的也会因年久风化而产生裂缝，应根据使用情况进行修理。在改造时切不可怕麻烦，避免破坏防火堤或让管线穿过防火堤，图 5-5 为设有防火堤的储罐区示意图。

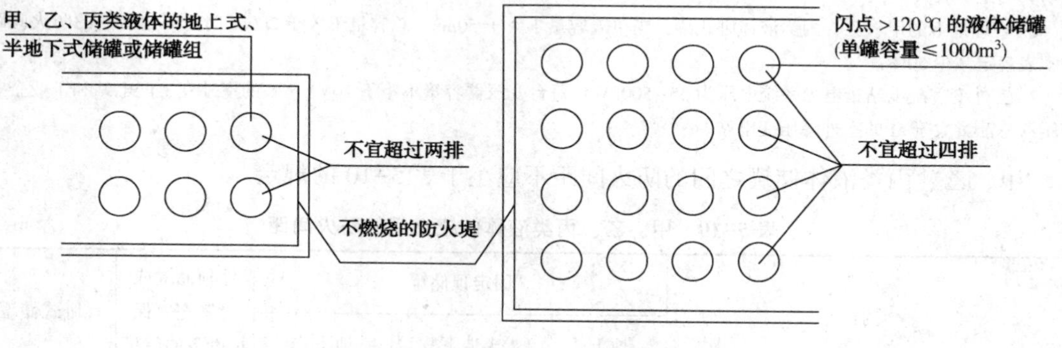

图 5-5　设有防火堤的储罐区示意图

（1）防火堤内的储罐布置不宜超过 2 排；单罐容量小于等于 $1000m^3$且闪点大于 120℃的液体储罐不宜超过 4 排。

（2）防火堤内的有效容量不应小于最大罐的容量，但浮顶罐可不小于最大储罐容量的一半。

（3）立式油罐的防火堤高宜为 1～2. 2m；卧式油罐的防火堤实际高不应低于 0. 5m；防火堤的实际高度应比计算高度高出 0. 2m。

（4）立式油罐至防火堤内坡脚线距离，不应小于罐壁高度的一半。卧式油罐至防火堤内坡脚线距离，不应小于 3m。

（5）沸溢性液体地上、地下储罐，每个储罐应设一个防火堤或防火隔堤。

（6）由于罐区防火堤是闭合的，因此必须设置排水系统，及时排出罐区内的雨水，排水管应设在防火堤外设置常闭阀门，平时阀门处于关闭状态，只在排水时打开，排完水后应立即关闭阀门。

(7) 地上、半地下储罐的每个防火堤分隔范围内，应布置同类火灾危险性的储罐。沸溢性与非沸溢性液体储罐或地下储罐与地上、半地下储罐，不应布置在同一防火堤分隔范围内。

(8) 不设防火堤的储罐区与堆场：

① 闪点超过 120℃ 的液体储罐、储罐区；

② 桶装的乙类、丙类液体堆场；

③ 甲类液体半露天堆场。

(五) 罐区消防管网与消火栓

1. 消防管网

油罐区的消防管网可包括两部分，一部分是泡沫混合液输送管，另一部分是冷却水输送管。对于采用固定泡沫灭火系统的站库，应该在罐区防火堤与消防道路之间设置泡沫混合液输送管。在罐区设置冷却水输送管是为了及时向着火罐和邻近罐提供冷却水，以防止着火罐钢板软化坍塌和防止邻近罐中油品被燃烧。泡沫混合液输送管和冷却水输送管必须保持畅通，应定期用清水试压，试压后应将管路中的水放净，特别是冬季，更应该及时放水，以防止管路被水冻结。

石油、石油化工消防给水管道应采用环状管网，对于库容较小的库站，若因地形条件限制，无法采用环行道路时，也可采用尽头式消防道路，在道路尽头应设置回车道路或回车场。其输水干管不应小于两条，当其中的一条发生事故时，其余输水管仍能通过用水总量的 70%，但不得小于消防流量。环状管网应用闸门分成若干独立段，两闸门之间的消火栓数量不宜多于 5 个，闸门应经常开启。生产给水管网可作为独立消防管网的备用水源(但不能作为消防用水设计水源)，将生产管网与消防管网用干管连接起来，供应消防应急用水，具体见储罐区消防管网布置示意图 5-6。

2. 消火栓

(1) 消火栓保护半径：石油化工厂火灾特点是火焰温度高，辐射热大。扑救石油化工火灾要求水量大、出水快。因此石油、石油化工厂低压管网室外消火栓的保护半径不宜超过 120m(城市管网为 150m)，每个消火栓的出水量按 15L/s 计算。

(2) 消火栓间距：该工厂生产装置区消火栓的间距不应超过 60m(城市管网为 120m)，消火栓应沿装置四周设置，当装置的宽度大于 120m 时，应在装置内的道路边增设消火栓。

(3) 低压管网上消火栓的数量按式(5-7)计算

$$N=n+Q/q \tag{5-7}$$

式中 N——装置区消火栓数量，个；

Q——各个装置区的消防用水量，L/s；

q——消防车用水量，L/s。每辆东风牌消防车用水量按 15L/s；

n——备用消火栓数量，个。考虑使下风向不能使用或个别消火栓损坏待维修情况，备用消火栓的数量不小于 2 个。

油罐区泡沫栓与消火栓的布置示意图见图 5-7。

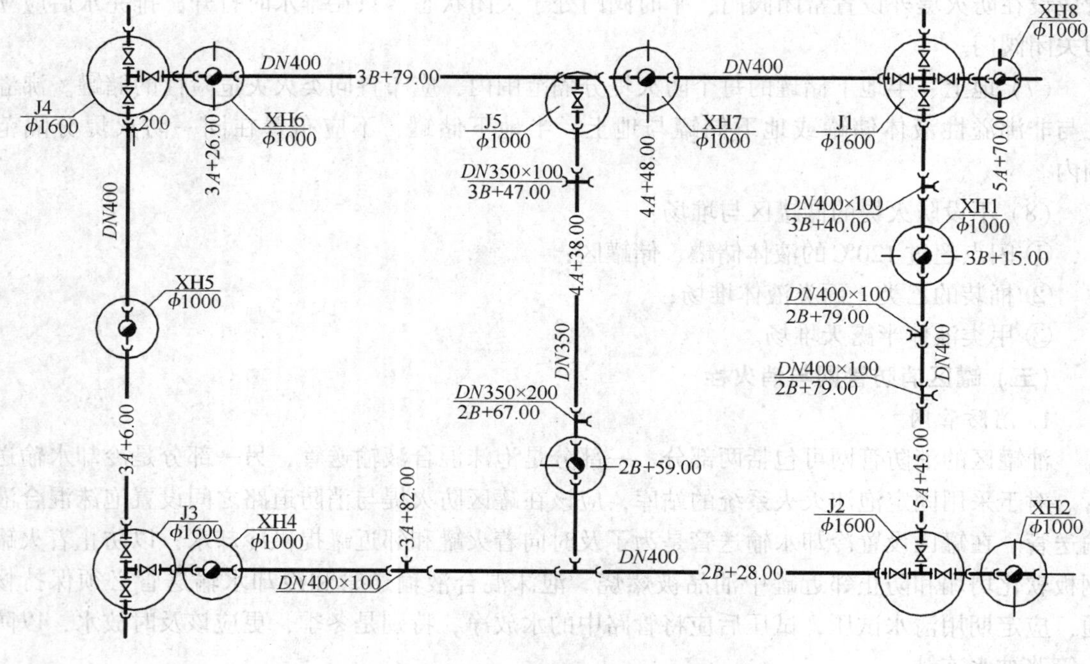

图 5-6　储罐区消防管网布置示意图

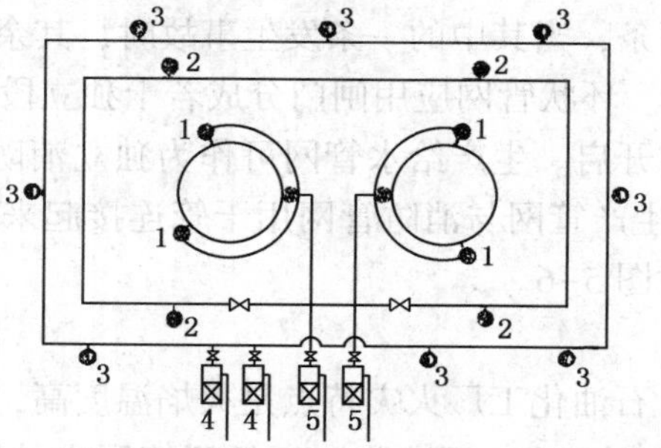

图 5-7　油罐区平面图布置

1—泡沫室；2—泡沫栓；

3—消火栓；4—水泵；5—泡沫泵

四、油罐火灾的扑救

（一）扑救油罐火灾的原则

（1）先扑围，后中间。当油罐火灾引燃了周围的建筑物或其他物质时，应首先消灭油罐外围火灾，从外围向中间逐步推进，最后消灭油罐火灾。当然如果灭火力量雄厚，两者同时进行灭火是最好的选择。

（2）先上风，后下风。当火场上有几个相邻的开口油池同时发生燃烧，或出现大面积地面油火时，灭火应实行从上风方向开始扑救，并逐渐向下风方向推进，最后将火扑灭。上风方向可以避开浓烟视线清楚，火焰对人的烘烤也小些，有利于接近火源，可以提高灭火率，缩短灭火时间，减少复燃的可能性。

（3）先地面，后油罐。由于油罐爆炸、沸溢、喷溅或罐壁变形塌陷使大量燃烧着的油品从罐内流出，造成大面积流淌火时，必须首先扑灭地面流淌火，才有条件接近着火油罐。

（二）扑救油罐火灾的方法

扑救油罐火灾基本措施是冷却和灭火。不同情况可以采取不同方式，有先冷却、后灭火；边冷却、边灭火；只灭火、不冷却三种形式。当油罐燃烧了较长时间，油品和壁温较高，油面温度超过 147℃时，对泡沫的破坏性大，就采取先冷却、后灭火的办法；当油罐燃烧时间不长，油品温度不高，可采用边冷却、边泡沫灭火的战术；小型油罐、油池或油罐某一局部发生初期火灾，且燃烧时间不长，油品温度不高，可采用只灭火、不冷却的形式。

扑救油罐火灾的方法有以下五种。

（1）冷却降温：油罐着火后，用水对油罐进行冷却降温，防止着火罐的高温辐射引燃周围建筑物或相邻油罐。冷却时应注意冷却水量要足够，冷却用水不能进入罐内，射水要均匀且不出现空白点，冷却水流应抛物线喷射到罐壁上，防止直流冲击，油罐的温度降到常温，才能停止冷却。油罐冷却喷头的安装位置见图 5-8。

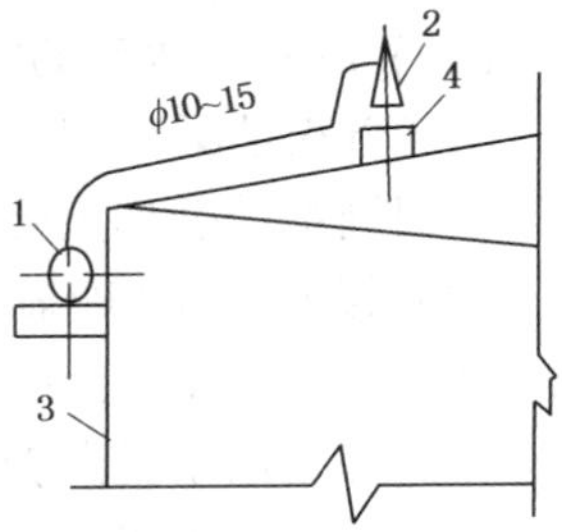

图 5-8　油罐冷却喷头安装示意图
1—环行消防冷却水管；2—喷头；
3—油罐壁；4—呼吸阀

（2）倒油搅拌：目的是破坏油面上层的高温层，防止沸溢出现；用油泵将油罐下部冷油抽出，然后再由油罐上部注入罐内；由非着火罐向着火罐内注入相同品质的油，用储罐搅拌器搅拌。

（3）排除积水：排除油罐水垫层的积水，目的是防止发生喷溅，方法是通过油罐底部的虹吸栓将沉积于罐底的水垫排泄到罐外，注意不要过量，防止出现跑油现象。

（4）筑堤拦坝：即修筑防火堤，没有防火堤的可根据地形条件建立数道土地堤。

（5）灭火装备：容积较大的储油罐一般都装固定或半固定灭火装置，当油罐发生火灾后，在固定或半固定灭火装置没有遭受破坏的情况下，要充分利用这一有利条件，迅速启动灭火装置，将火扑灭。

（三）扑救油罐火灾的灭火技术

（1）泡沫灭火技术：泡沫是油罐灭火的主要灭火剂，要保证泡沫覆盖效率，尽量顺着罐壁喷射，贴着油面喷射。在喷射泡沫时要使泡沫避开火焰，避开高温罐壁，因为高温会使泡沫破灭，要尽量加快泡沫流动速度，提高泡沫覆盖火焰灭火的速度。

（2）干粉灭火技术：采用干粉炮水平喷射灭火效果最佳。单独使用干粉灭油品火灾的最低供给强度不小于 8. 3kg/(min · m^2)。

（3）喷雾水灭火技术：喷雾水枪的工作压力为 0. 686MPa 左右，水的喷雾形成好。喷射角度 20℃左右，喷射距离 2~3m。

（4）干粉、泡沫联用技术：当泡沫将火势控制在 70%以后，再同时喷射干粉灭火效果最佳。泡沫混合液供给强度为 5L/(min · m^2)，干粉供给强度为 3kg/(min · m^2)为最佳。

第四节　油罐的消防冷却设计

冷却油罐是扑救油罐火灾的一项首要任务。油罐着火，罐壁烧热，如果不及时有效的冷却，不仅导致猛烈的燃烧，引起邻近油罐着火，而且很快造成油罐变形或破坏。因此，油罐着火后，必须首先进行冷却。不仅要冷却着火油罐，而且要冷却着火油罐 1.5D 直径以内的邻近油罐。冷却油罐所需力量，包括水、消防车、水枪的数量，都必须事先进行计算。冷却用水量是很大的，冷却时间很长。用泡沫进攻之前，要进行冷却，火灾扑灭后，由于油罐温度很高，油液仍有复燃的危险，也还要进行冷却。

一、计算的依据

（一）冷却用水量的标准

（1）着火油罐冷却用水量，按冷却整个周长计算，用水量标准为 0.8L/(s·m)。着火油罐整个圆周都会受到火势威胁，因此，整个圆周都要冷却(则每秒的用水量为 0.8πDL/s)。

（2）邻近油罐(即着火油罐 1.5D 直径范围内的油罐)冷却用水量，按冷却半个周长($\pi r=1.5\pi D/2$)计算，用水量标准为 0.7L/s·m。

（3）邻近油罐受到着火油罐的威胁，特别是朝向着火油罐那面的罐壁，受到的威胁大需要及时冷却，可按半个圆周计算。

（4）邻近油罐为保温罐或半地下油罐、地下罐顶部无覆土时，用水量标准为 0.35L/s·m。

（5）着火油罐为浮顶罐时，其冷却用水量为 0.6L/s·m，其邻近油罐可不考虑冷却。着火油罐为地下罐时，其冷却用水量为 0.4L/s·m，冷却用水量见表 5-11。

表 5-11　冷却用水量表

着火油罐/(L/s·m)			邻近油罐/(L/s·m)	
地上罐	地下罐	浮顶罐	地上罐	半地下、地下顶部无覆土保温罐
0.8	0.4	0.6	0.7	0.35

注：表 5-11 中数据是设计管道和储水池时应考虑的冷却用水量，实际其冷却用水量要小于上述数据，因为火场上肯定要损耗一部分水量。

（二）冷却延续时间

着火油罐和邻近油罐的冷却延续时间相同。冷却延续时间取决于油罐的直径和油罐种类。浮顶罐、地下、半地下固定顶油罐以及直径小于 20m 的地上固定顶油罐按冷却 4h 计算；直径达 20m 的地上固定顶油罐按 6h 计算。则冷却用水量 = $\sum$ 用水时间×每秒用水量。

（三）水枪数量

水枪数量取决于冷却用水量和油罐周长。着火油罐辐射热大，罐壁温度高，冷却用水量要大一些，宜采用喷嘴口径 19mm 水枪，在充实水柱 17m 时，流量为 7.5L/s，着火油罐每米周长冷却用水量(按一支枪控制 10m 周长计算)为 0.75L/s，设计冷却用水量 0.8L/s·m，可以满足实际冷却用水量的需要。

冷却邻近油罐，可采用喷嘴口径较小的水枪，如果冷却半地下油罐，采用喷嘴口径

13mm 水枪，充实水柱 15m 时，流量为 3.4L/s；如果冷却地上油罐，采用喷嘴口径 16mm 水枪，充实水柱长度一般为 15m，则每支水枪的流量为 4.8L/s；如果油罐较高，需要 166.6kPa 时，则每支喷嘴口径 16mm 水枪的流量为 5.6L/s。按一支水枪控制 8m 周长计算，则每米周长冷却用水量为 0.7 L/s。

根据上述标准，水枪数量可按下式计算：$\text{水枪数量(支)}=\dfrac{\text{冷却用水量(L/s)}}{\text{水枪流量(L/s)}}$

或冷却着水油罐水枪数量(支)$=\dfrac{\text{着火油罐周长(m)}}{10\text{(m)}}$

冷却邻近油罐的水枪数量(支)$=\dfrac{\text{邻近油罐周长(m)}}{8\text{(m)}}$

（四）消防车数量

消防车数量取决于消防车的供水能力和油罐区有无高压消火栓，国产东风牌消防车正常供水能力为 18~25L/s，供给两支喷嘴口径 19mm 水枪，可以保证输送 120m 距离，在输送同样距离的条件下，供给 3 支喷嘴口径 13mm 水枪，更是不成问题的。

如果油罐区有高压消火栓，则每个消火栓应保证供给 15L/s 水量，可供两支喷嘴口径 19mm 水枪。

二、计算步骤和公式

1. *着火油罐冷却用水量*

冷却着火油罐用水量，可按式(5-8)计算：

$$Q_1=\pi D\cdot q \tag{5-8}$$

式中 Q_1——着火油罐冷却用水量，L/s·m；

D——着火油罐直径，m；

q——着火油罐每米周长冷却用水量，L/s·m。

2. *邻近油罐冷却用水量*

冷却邻近油罐用水量，可按式(5-9)计算：

$$Q_2=\frac{\pi Dq}{2}\times n \tag{5-9}$$

式中 Q_2——邻近油罐冷却用水量，L/s·m；

D——油罐直径，m；

q——邻近油罐每米周长冷却用水量，L/s·m；

n——邻近油罐数量，个。

3. *每秒冷却用水量*

每秒冷却用水量 Q_3，应为冷却着火油罐用水量和邻近油罐用水量之和，按式(5-10)计算。

$$Q_3=Q_1+Q_2 \tag{5-10}$$

4. *冷却用水总量*

冷却延续时间所需一切冷却用水量的总和为冷却用水总量。

$$Q=Q_3\times\text{冷却延续时间} \tag{5-11}$$

5. 水枪数量(只)

$$水枪数量(支)=\frac{冷却用水量(L/s)}{每只水枪流量(L/s)} \tag{5-12}$$

6. 消防车数量(辆)

所需消防车数量应根据消防车供水能力、水枪数量和喷嘴口径来计算。例如，东风牌消防车可供给两支喷嘴口径 19mm 水枪或者 3 支喷嘴口径 16mm 或 13mm 水枪来计算。消防车数量可按(5-13)式计算：

$$消防车数量(辆)=\frac{水枪数量}{2}或\frac{水枪数量}{3} \tag{5-13}$$

三、计算举例

【例 5-1】 已知一组地上汽油罐有 6 个，其直径都是 10.6m，罐与罐之间距离为 15m，假设其中一个油罐起火，试计算冷却用水量和消防车、水枪的数量。计算时对着火罐壁周长全部冷却，距着火罐 15m 的 3 个相邻油罐均需冷却其罐周长的一半。

解：

(1) 求冷却着火油罐用水量

$$Q_1=\pi Dq=3.14\times10.6\text{m}\times0.8\text{L/s}\cdot\text{m}$$
$$=33\text{m}\times0.8\text{L/s}\cdot\text{m}\approx26.4\text{L/s}$$

(2) 邻近油罐冷却用水量

$$Q_2=\frac{\pi Dq}{2}\times n=\frac{3.14\times10.6\text{m}\times0.7\text{L/s}\cdot\text{m}}{2}\times3$$
$$=\frac{33\text{m}\times0.7\text{L/s}\cdot\text{m}}{2}\times3=11.55\text{L/s}\times3\approx35\text{L/s}$$

(3) 求每秒钟冷却用水量

$$Q_3=Q_1+Q_2=26.4\text{L/s}+35\text{L/s}=61.4\text{L/s}$$

(4) 计算冷却用水总量

$$Q=Q_3\times冷却延续时间=61.4\text{L/s}\times4\text{h}\times60\text{min}\times60\text{s}=884160\text{L}=884.16\text{m}^3$$

(5) 计算水枪数量

冷却着火油罐所需喷嘴口径 19mm 水枪数量(查表 3-18 知：充实水柱 17m 时，流量为 7.5L/s)。

$$\frac{冷却用水量(L/s)}{每支水枪流量(L/s)}=\frac{26.4(L/s)}{7.5(L/s)}\approx4 支$$

着火油罐周长约为 33m，按每支水枪控制 10m 周长计算，也需 4 支喷嘴口径 19mm 水枪。

冷却邻近油罐所需喷嘴口径 16mm 水枪支数。查表(3-18)知：充实水柱 17m 时，流量为 5.6 L/s。

$$\frac{冷却用水量}{每只水枪流量}=\frac{35(L/s)}{5.6(L/s)}\approx6 支$$

每个邻近油罐(直径相同的)各需 2 支水枪冷却。

邻近油罐半周为 16.5m，若按每支水枪控制 8m 周长计算，各需 2 支水枪。

共需东风牌水罐消防车 2+3=5 辆。

第五节　固定油罐灭火系统设计

扑救油罐火灾的灭火剂主要是空气泡沫，空气泡沫对油层可以起到隔绝作用、隔热作用、冷却作用和稀释作用。固定顶油罐可采用低倍数和中倍数泡沫灭火，蛋白空气泡沫灭火剂的性能见第二章第一节。它适用于储存闪点低于 28℃或大于 60℃的各类石油类产品。低倍数泡沫灭火系统的固定顶油罐根据油品的不同，采用不同的供给泡沫系统，可分为液上喷射泡沫灭火系统，液下喷射泡沫灭火系统及半液下喷射泡沫灭火系统。油罐液上喷射泡沫灭火系统可选用蛋白空气泡沫液、氟蛋白泡沫液、水成膜泡沫液等灭火；液下喷射泡沫灭火系统是将氟蛋白空气泡沫从燃烧的液面下喷入，泡沫通过液层由下往上运动达到燃烧的液面进行灭火；半液下喷射泡沫灭火系统采用低倍数泡沫液，泡沫的性质不受限制，各种低倍数泡沫液均可使用。

一、油罐液上喷射灭火系统

(一) 液上喷射灭火系统相关知识

1. 液上喷射的特点

(1) 油罐液上喷射泡沫灭火系统可选用蛋白空气泡沫液、氟蛋白泡沫液和水成膜泡沫液等灭火。

(2) 液上喷射对油品的污染小于液下喷射灭火。

(3) 液上喷射操作简单，灭火迅速。

(4) 喷射泡沫灭火混合液的供给强度大。

空气泡沫液由于制造的原料、工艺水平不同，存放条件不同，质量也不同。泡沫液质量越低，供给强度应该越大；液体的闪点越低，燃烧温度越高，对泡沫破坏能力就越大，因此，泡沫供给强度就应该越大。水溶性易燃液体对泡沫破坏能力很大，扑救这类储罐火灾时，泡沫供给强度应更大些；燃烧面积越大，泡沫流动时间越长，泡沫破坏的数量越多，要求泡沫供给强度就越大。泡沫混合液的供给强度及连续供给时间应根据 GB 50151—2010《低倍数泡沫灭火系统设计规范》规定其值不小于表 5-12 中数据，对于水溶性的液体泡沫混合液供给强度不应小于表 5-13 中的规定。

表 5-12　泡沫混合液强度和连续供给时间

系统形式	泡沫液种类	供给强度/[L/(min·m^2)]	连续供给时间/min	
			甲、乙类液体	丙类液体
固定式、半固定式系统	蛋白	6.0	40	30
	氟蛋白、水成膜、成膜氟蛋白	5.0	45	30
移动式系统	蛋白、氟蛋白	8.0	60	45
	水成膜、成膜氟蛋白	6.5	60	45

表 5-13　泡沫混合液供给强度和连续供给时间

液体名称	供给强度/（L/min·m^2）	连续供给时间/min
	固定式、半固定式	
甲醇、乙醇、正丁醇、丁酮、丙烯腈、乙酸乙酯、乙酸丁酯	12	25
丙酮、异丙醇、甲基异丁酮	12	30
含氧添加剂含量体积比大于 10%的汽油	6	40

2. 液上喷射泡沫灭火混合液的选择

（1）固定式泡沫灭火系统的选择

根据油罐储量大小而定，总储量≥500m^3独立的非水溶性甲、乙、丙类液体储油罐区；水溶性甲、乙、丙类液体储油罐区总储量≥200m^3的罐区都可选择固定式泡沫灭火系统。固定式灭火系统可分为自动式或半自动式泡沫，它由储水池、泡沫液储罐、泡沫液比例混合器、泵及报警装置等组成，详细见图 5-9。当然采用固定式泡沫灭火系统时，除固定式泡沫灭火设备外，同时应设置泡沫枪、泡沫沟等移动式泡沫灭火设备；当报警装置接到着火信号后立即传送到泡沫系统的动力装置上，泡沫被输入着火油罐内，便于及时灭火。设置泡沫枪的数量应根据油罐直径大小而定，数量见表 5-14。

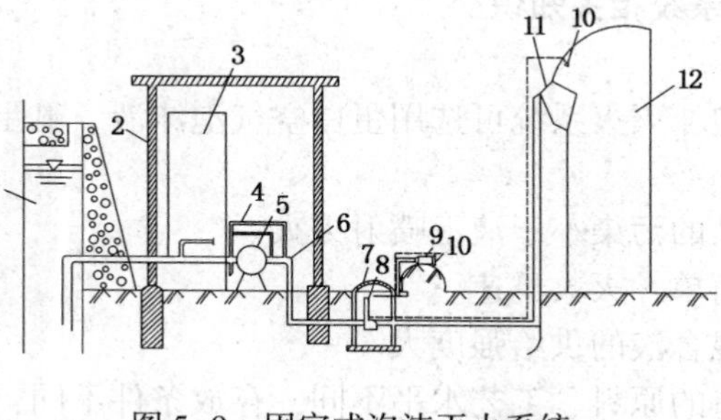

图 5-9　固定式泡沫灭火系统

1—储水池；2—泡沫泵站；3—泡沫液储罐；4—泡沫比例混合器；5—泵；6—管道；7—阀门井；8—控制装置；9—泡沫喷头；10—自动报警装置；11—泡沫产生器；12—储油罐

表 5-14　泡沫枪数量和连续供给时间

储罐直径/m	配备泡沫枪数/支	连续供给时间/min
≤10	1	10
>10 且≤20	1	20
>20 且≤30	2	20
>30 且≤40	2	30
>40	3	30

（2）半固定式液下喷射灭火系统

根据企业机动消防设施能力决定，对于企业内机动消防设施较强的企业附属甲、乙、丙类液体储罐区和石油化工生产装置区火灾危险性较大的场所均可采用半固定式泡沫灭火系统但要注意企业内的泡沫消防车的台数要与所设计的半固定式泡沫灭火系统最大泡沫用量相互配套。半固定式泡沫灭火系统是由固定的泡沫发生装置、泡沫消防车或机动泵，用水带连接组成的灭火系统；或由固定的泡沫泵、相应的管道和泡沫发生装置，用水带连接组成的灭火系统，见图 5-10。半固定式液下喷射灭火系统由消防车（供给混合液）、高背压泡沫产生器和固定安装在油罐底部的喷射口、泡沫管线、闸门、逆止阀、接口等组成。

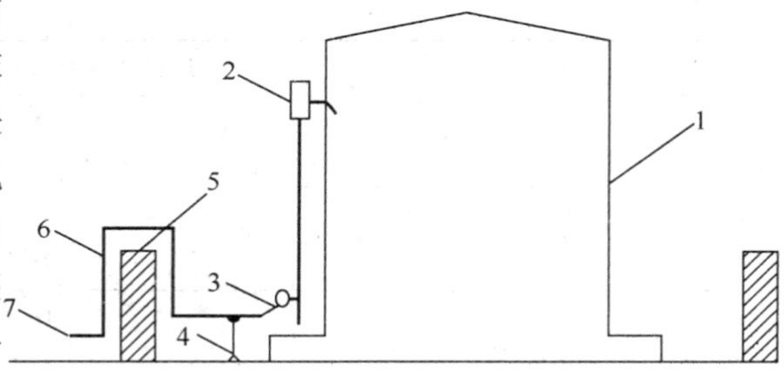

图 5-10　半固定式泡沫灭火系统

1—固定顶储罐；2—泡沫产生器；3—金属软管；4—管道支架；5—防火堤；6—泡沫混合液管道；7—管道接口

（3）移动式泡沫灭火系统

① 移动式泡沫灭火系统适用于储罐总储量<500m^3，而单罐容量≤200m^3，立式罐储罐壁高度不大于 7 m 的地上非水溶性甲、乙、丙类液体；

② 罐总储量<200m^3，而单罐容量≤100m^3，罐壁高度不大 5m 的地上非水溶性甲、乙、丙类液体立式储罐；

③ 卧式储罐；

④ 甲、乙、丙类液体卸装区易泄漏的场所。

移动式泡沫灭火系统泡沫灭火设备不固定在油罐上。当油罐发生火灾，临时将整套灭火设备运至现场进行灭火。见图 5-11。

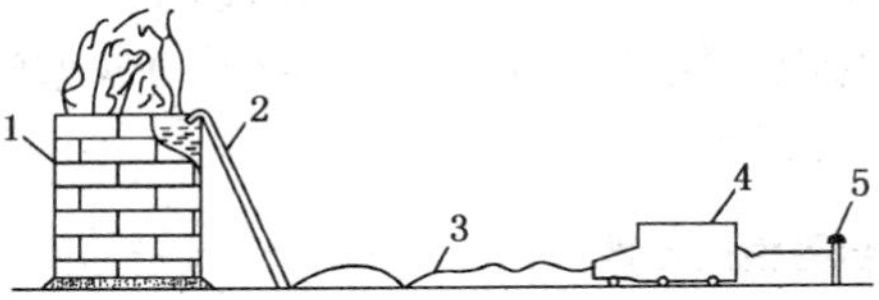

图 5-11　移动式泡沫灭火系统

1—储油罐；2—泡沫钩架；3—水带；4—消防车；5—消火栓

3. 泡沫液上喷射灭火系统的主要设备

（1）泡沫液储罐：用钢制焊接而成卧式或立式的储罐，罐内外应进行防腐处理。常用规格有：300L、400L、500L、600L、700L、800L、1m^3、1.2 m^3、1.5 m^3、2m^3。

（2）泡沫比例混合器：是泡沫灭火系统中按所需比例控制吸入泡沫液的一种设备，它安装在消防泵上将泡沫液按所需比例与水混合送入泡沫发生器内，泡沫比例混合器进口的工作压力范围为 0.6~1.4MPa，出口的工作压力范围为 0~0.05MPa。

泡沫比例混合器与泡沫液储罐安装时吸入口与泡沫液储罐的最低液位差，不得大于 1m，否则泡沫液吸不上来，泡沫比例混合器性能参数见表 5-15。

表 5-15　国产泡沫比例混合器性能参数

型　号	调节手柄指示数值/(L/s)	吸入泡沫液量/(L/s)
PH32 PH32C	4	0.24
	8	0.48
	16	0.96
	24	1.44
	32	1.92

续表

型　号	调节手柄指示数值/(L/s)	吸入泡沫液量/(L/s)
PH48	16 24 32 48	0.96 1.44 1.92 2.88
PH64 PH64C	16 32 48 64	0.96 1.92 2.88 3.84

隔膜压力式比例混合器是一种隔膜储罐式正压比例混合器，可以使泡沫液与水分开，泡沫使用后，剩余的泡沫液可继续使用。它由泡沫比例混合器、钢制泡沫液储罐、橡胶软袋、球阀、压力表及管道组成一体。当压力水进入比例混合器后，通过管道进入泡沫液储罐，水挤压橡胶软袋内的泡沫液，使软袋内的泡沫液经吸液管道挤出，与水混合后成泡沫混合液输入到泡沫产生器，其性能参数见表 5-16。

(3) 泡沫产生器：固定安装在油罐上圈板处，当泡沫混合液流量≤8L/s 时，泡沫喷射口中心距油罐壁顶部 200 mm；当泡沫混合液流量>8 L/s 时，泡沫喷射口中心距油罐壁顶部 280 mm。泡沫产生器适用于低倍数泡沫灭火系统。国产泡沫产生器按照安装使用方式可分横式(PC 型)和竖式(PS 型)两种。PC 型泡沫产生器的规格见图 5-12 及表 5-17；PS 型泡沫产生器的规格见图 5-13 及表 5-18。

表 5-16　隔膜压力式比例混合器性能参数

型号	工作压力/MPa	泡沫混合液流量/(L/s)	泡沫混合液比/%	泡沫液储罐容量/L	储罐最大工作压/MPa
PHY 64	1.0	16~64	3 和 6	3000~7600	1.2
PHY40	1.0	10~40		1000~3600	
PHY32	1.0	4~32		700~3000	
PHY16	1.0	3~16		500 以下	

表 5-17　PC 型泡沫产生器的规格

型号	进口压力/MPa	流量/(L/s)		混合液输入管口径/mm
		混合液	泡沫	
PC4	0.5	4	25	50
PC8	0.5	8	50	65
PC16	0.5	16	100	75
PC24	0.5	24	150	100

表 5-18　PS 型泡沫产生器的规格

型　号	规格/(L/s)	混合液输入管口径/mm
PS13A	25	50
PS14A	50	70
PS15A	100	80
PS16A	150	100
PS17A	200	125

泡沫产生器的进口压力，为 0.3~0.6MPa，它对应的泡沫混合液流量，按式(5-14)计算

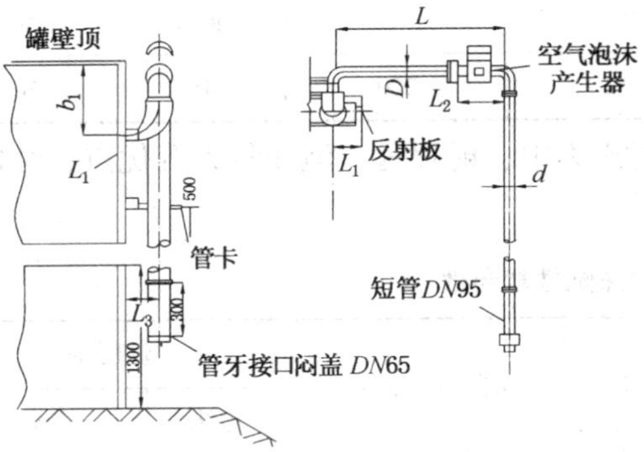

图 5-12　PC 型泡沫产生器安装图

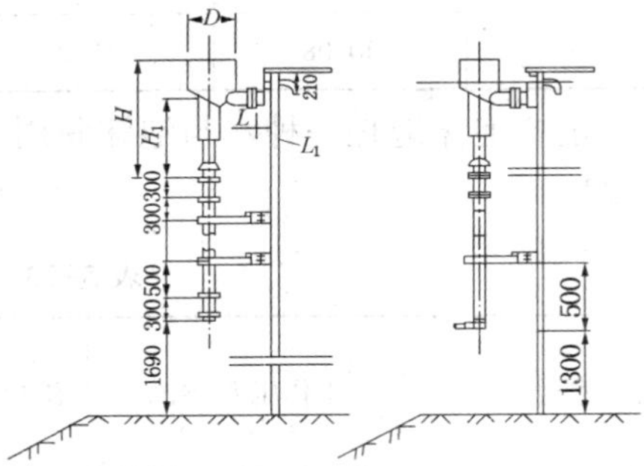

图 5-13　PS 型泡沫产生器安装图

$$q=k_1\sqrt{p} \tag{5-14}$$

式中　k_1——泡沫产生器流量特性系数见表 5-19；

p——泡沫产生器的进口压力，MPa；

q——泡沫混合液流量，L/s。

表 5-19　PC 型和 PS 型泡沫产生器流量特性系数

PC 型号	PC4	PC8		PC16	PC24
k_1	0.57	1.13		2.26	3.39
PS 型号	PS13A	PS14A	PS15A	PS16A	PS17A
k_1	0.54	1.07	2.14	3.12	4.28

(4) 泡沫枪：泡沫枪是一种移动式泡沫喷射灭火设备，工作压力 0.7MPa，可与水泵、消防车配套使用，设置数量见表 5-20；性能参数见表 5-21。

表 5-20　泡沫产生器设置数量

油罐直径/m	泡沫产生器设置数量/个
<10	1
10~25	2
25~30	3
20~35	4

表 5-21　泡沫枪性能参数

型号	工作压力/MPa	泡沫液量/(L/s)	混合液量/(L/s)	泡沫量/(L/s)	射程/ m	质量/kg
PQ4	0.7	0.24	4	≥25	≥24	2.8
PQ8		0.48	8	≥50	≥28	3.5
PQ16		0.96	16	≥100	≥32	6.9

(5) 泡沫炮：泡沫炮分固定式和移动式两种。

移动式泡沫炮是当油罐发生火灾时，将泡沫定位好，炮嘴对准目标，固定支架，与两条直径 65mm 的水带连接，进行泡沫灭火，性能参数见表 5-22。

表 5-22 移动式泡沫炮性能参数

工作压力/MPa	进水量	泡沫液吸入量/(L/s)	泡沫混合液量/(L/s)	泡沫量/(L/s)	射程/m	
					泡沫	水
1.0	30.08	1.92	32	200	45	50

固定式泡沫炮是一种水与泡沫联用，具有射流集中、射程远、泡沫量大等优点，性能见表 5-23。

表 5-23 固定式泡沫炮性能参数

型号	工作压力/MPa	泡沫混合液量/(L/s)	泡沫量/(L/s)	射程/m	
				泡沫	水
PPC300A	0.8	50	300	≥65	68

(二) 普通蛋白空气泡沫灭火计算

扑救油罐火灾，不仅需要大量的冷却用水，而且需要大量的灭火设备和灭火剂。

1. 基本参数

(1) 灭火延续时间

泡沫灭火延续时间取决于泡沫的抗烧性，普通蛋白空气泡沫的抗烧性在 7min 以上，因此，空气泡沫灭火延续时间按 5min 计算，即要在 5min 时间内，保证供给足以扑灭火灾的泡沫量。

(2) 空气泡沫液的储量和灭火(配制泡沫)用水储备量

空气泡沫液由于长期储存或保管不好可能降低质量。火场上可能出现反复或不利局面，需要重新组织优势力量，增加泡沫供给强度。因此，空气泡沫液储备量应为一次灭火用量的 6 倍。同样，灭火用水储备量也应为一次灭火用水量的 6 倍。

空气泡沫液和水的混合比例为 6∶94，即 6L 空气泡沫液和 94L 水混合，若发泡倍数按 6 倍计算，可生成 600L 空气泡沫。

(3) 着火液面积

储罐区应按直径最大(着火液面积最大)、火灾危险性最大的储罐液面积计算。卧式罐着火面积按整个罐组的占地面积计算，若占地面积超过 $400m^2$，一般仍按 $400m^2$计算。

库房、堆场的着火面积，按库房、堆场占地面积计算，若占地面积超过 $400m^2$，一般仍可按 $400m^2$计算。

(4) 空气泡沫枪

油罐爆炸和着火，可能导致罐壁破裂，使易燃和可燃烧液体外流。扑救油罐火灾时，应考虑满足扑救溢流液体火焰的要求。扑救溢流液体火焰需用的空气泡沫枪的数量，不宜小于表 5-14 的要求。

2. 计算步骤和公式

(1) 着火油罐液面积

圆柱形液面积按式(5-15)计算：

$$A=\frac{\pi D^2}{4} \tag{5-15}$$

式中 A——液面积，m^2；

π——圆周率，3.14；

D——油罐直径，m。

矩形罐(或油槽)液面积按式(5-16)计算：

$$A=a\times b \tag{5-16}$$

式中 A——液面积，m^2；

a——长边，m；

b——短边，m。

卧式成组罐的液面积，按土堤内的面积计算，超过 $400m^2$，仍按 $400m^2$ 计算。

(2) 计算空气泡沫量

泡沫量可按式(5-17)计算：

$$Q=A\cdot q_1 \tag{5-17}$$

式中 Q——泡沫量，L/s；

A——液面积，m^2；

q_1——泡沫供给强度，L/min·m^2。

(3) 确定空气泡沫产生器数量

空气泡沫产生器可按式(5-18)计算：

$$N=\frac{Q}{q_2} \tag{5-18}$$

式中 N——泡沫产生器数，个；

Q——泡沫量，L/s；

q_2——每个泡沫产生器的泡沫产生量，L/s。

(4) 计算升降式泡沫管架或泡沫钩管的数量

如果固定式、半固定式灭火系统遭到破坏，应采用移动式灭火系统式(5-19)计算：

$$N=\frac{Q}{q_3} \tag{5-19}$$

式中 N——泡沫管架或泡沫钩管数，个；

Q——泡沫量，L/s；

q_3——每个升降式泡沫管架或泡沫钩管的泡沫产生量，L/s。

(5) 计算泡沫混合液量

油罐所需的泡沫混合液量取决于泡沫产生器的数量和每个泡沫产生器的泡沫产生量，或者取决于泡沫钩管(或升降式泡沫管架)的数量和每个泡沫钩管的泡沫产生量。

油罐所需混合液量可按式(5-20)计算：

$$Q_{混}=N\cdot q_{混} \tag{5-20}$$

式中 $Q_{混}$——油罐所需混合液量，L/s；

N——泡沫产品或泡沫钩管数量，个；

$q_{混}$——每个泡沫产生器或泡沫钩管或升降式泡沫管架的混合液量，可查表 5-17、表 5-18 和表 5-20 或表 5-21、表 5-22 确定。

(6) 计算泡沫消防车数量 按式(5-21)计算

$$N=\frac{Q_{混}}{消防车供水能力} \tag{5-21}$$

(7) 计算泡沫液储备量

空气泡沫液储备量为一次灭火计算用量的6倍，可按式(5-22)计算：

储备量=一次灭火用水量×倍数　即：

$$Q_{储}=Q_{混}\times0.06\times40\times60\times6 \tag{5-22}$$

式中　$Q_{储}$——储备量，L；

$Q_{混}$——混合液量，L/s；

0.06——混合液含液百分比；

6——发泡倍数；

40——泡沫混合液的连续供给时间为40min。

(8) 计算灭火用水储备量

灭火用水储备量，是指配制泡沫用水储备量，可按式(5-23)计算：

储备量=一次灭火用水量×倍数　即：

$$Q_{备水}=Q_{混}\times0.94\times40\times60\times6 \tag{5-23}$$

式中　$Q_{备水}$——泡沫灭火用水储备量，L；

$Q_{混}$——混合液量，L/s；

0.94——混合液含水百分比；

40——40min 灭火延续时间(折算为S)；

6——倍数。

(9) 计算消防用水量

消防用水量是冷却用水储备量和泡沫灭火用水储备量之和。

(10) 确定泡沫枪数量，可查表5-14确定。

【例5-2】　已知：容量为5000m³立式钢质固定顶油罐1个，油罐直径23.76m，高度12.53m，存油品为汽油。采用普通蛋白泡沫液灭火剂，选用固定式液上喷射泡沫灭火系统灭火，并采用移动式冷却方式。计算数据：泡沫供给强度：0.6L/s·m²。

解：计算

(1) 油罐的燃烧面积

$$A=\frac{\pi D^2}{4}=\frac{3.14\times23.76^2}{4}=433.16\text{m}^2$$

(2) 计算泡沫量

$$443.39\text{m}^3\times0.6\text{L/s}\cdot\text{m}^2=266\text{L/s}$$

(3) 设计泡沫量≥计算泡沫量÷0.85=313L/s(考虑效率下降15%)

选用PC24型空气泡沫产生器2个和PC8型空气泡沫产生器1个，总的额定泡沫产生量为350L/s。

(4) 泡沫混合液用量(以发泡倍数6.25倍计算)

$$350(\text{L/s})\div6.25=56\text{L/s}$$

泡沫液用量(采用6%泡沫液)：

$$56(\text{L/s})\times0.06=3.36\text{L/s}$$

一次灭火泡沫液储备量(连续供给时间为40min)

$$\frac{3.36(\mathrm{L/s})\times 40(\mathrm{min})\times 60(\mathrm{s})}{1000}=8.064\mathrm{m}^3$$

（5）配制泡沫用水量

$$56(\mathrm{L/s})\times 0.94=52.64\mathrm{L/s}$$

一次灭火配制泡沫用水量：

$$\frac{52.64(\mathrm{L/s})\times 40(\mathrm{min})\times 60(\mathrm{s})}{1000(\mathrm{L})}=126.33\mathrm{m}^3$$

【例 5-3】 已知一组地上汽油罐有 6 个，其直径都是 10.6m，罐与罐之间的距离为 15m，假设其中一个油罐起火，采用半固定式泡沫灭火系统，要求计算冷却用水量和消防车及水枪的数量。

解：

（1）求着火油罐液面积

$$A=\frac{\pi D^2}{4}=\frac{3.14\times 10.6^2}{4}\approx 88\mathrm{m}^2$$

（2）计算空气泡沫量：查表 5-11 半固定式泡沫灭火系空气泡沫供给强度/（L/s · m²）为 0.8L/s · m²

$$Q=Aq_1=88\mathrm{m}^2\times 0.8\mathrm{L/s}\cdot\mathrm{m}^2\approx 70.4\mathrm{L/s}$$

（3）确定空气泡沫产生器数量：查表 5-17 空气泡沫产生器的泡沫产生量，可以选用 1 个 PC8 型和一个 PC4 型空气泡沫产生器。如果选用 2 个 PC8 型泡沫产生器更好。每罐至少安装两个泡沫产生器。

$$N=\frac{Q}{q}=\frac{70.4\mathrm{L/s}}{50\mathrm{L/s}}=1.4 \qquad 选 2 个$$

（4）计算升降式泡沫管架或泡沫钩管数量

如果采用移动式泡沫灭火系统，应按上述计算方法计算泡沫量和升降式泡沫管架或泡沫管数量。

（5）计算泡沫混合液量

$$Q_{泥}=Nq_{泥}=2\times 8\mathrm{L/s}=16\mathrm{L/s}$$

查表 5-17 每个 PC8 型空气泡沫产生器混合液量为 8L/s。

（6）计算泡沫消防车或混合器数量

如果采用东风牌泡沫消防车，供水能力按 18L/s 计算时

$$N=\frac{Q_{混}}{消防车供水能力}=\frac{16}{18}\approx 1 辆$$

查表 5-15，一个 PH32 型泡沫混合器完全可以满足供给 16L/s 混合液的需要。

（7）计算泡沫液储备量

储备量=一次灭火用量×倍数　即：

$$Q_{储}=Q_{混}\times 0.06\times 40\times 60\times 6=16\mathrm{L/s}\times 0.06\times 40\mathrm{min}\times 60\mathrm{s}\times 6=13824\mathrm{L}$$

（8）计算泡沫灭火用水储备量

储备量=一次灭火用量×倍数　即：

$$Q_{备水}=Q_{混}\times 0.94\times 30\times 60\times 6=16\mathrm{L/s}\times 0.94\times 40\mathrm{min}\times 60\mathrm{s}\times 6=216.576\mathrm{m}^3$$

（9）计算消防用水总量

第一节题解中已算出冷却用水总量为 884.16m³。冷却用水总量和灭火用水储备量的总

和即为消防用水总量。

$$884.16m^3+216.576m^3=1100.736m^3$$

（10）确定泡沫枪数量

查表5-14，直径20m以下油罐，需配备1支空气泡沫枪，1只泡沫枪所需的泡沫液、水和消防车也应按上述要求和方法进行计算。

二、油罐液下喷射灭火系统设计

液下喷射泡沫灭火就是将氟蛋白空气泡沫从燃烧的液面下喷入，泡沫通过油层由下往上运动达到燃烧的油面进行灭火。采用氟蛋白空气泡沫液，所产生的泡沫表面都是由氟表面活性剂排列组成，其亲水基朝里，疏水疏油基朝外，因此使得泡沫有较低的表面能，具有独特的疏油特性，这样就保证了泡沫在通过油层的过程中形成泡沫包围油滴的浮团。

灭火系统有固定式和半固定式。我们主要以固定式液下喷射灭火系统进行设计。

（一）组成

固定式液下喷射灭火系统由消防水泵、泡沫混合器、混合液管线、高背压泡沫产生器和喷射口、阀门与单向阀(油罐与泡沫产生器之间安装)组成。泡沫入口安装在油罐底部，当油罐发生爆炸时，泡沫灭火不宜受到破坏，可以正常工作，液下喷射泡沫灭火系统见图5-14。

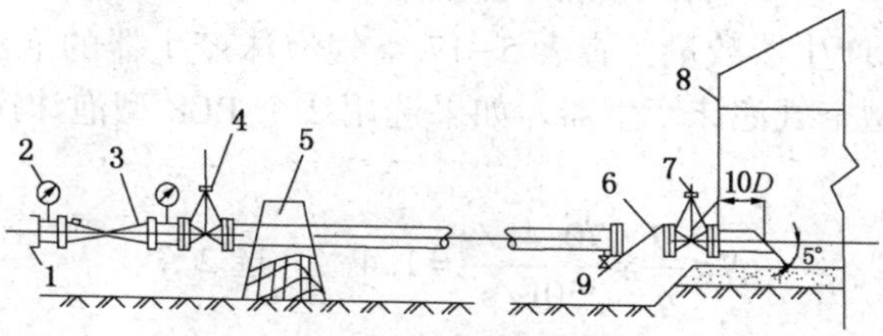

图5-14　液下喷射泡沫灭火系统图

1—管牙接口；2—压力表；3—高倍压泡沫产生器；4—控制阀；
5—防火堤；6—单向阀；7—阀门；8—储油罐；9—排水阀

（二）液下喷射泡沫灭火的特点

（1）液下喷射泡沫灭火有一定的局限性，不适用于各种油品，国内多用于汽油、煤油、柴油等油品。

（2）液下喷射泡沫灭火系统要求高背压泡沫产生器，泡沫产生器具有较高的出口背压。同时选用析液时间长的泡沫液。

（3）油罐与泡沫产生器之间安装的阀门和单向阀经常开启，会造成油品泄漏，在单向阀之前安装一层防爆膜，能防止渗漏。

（4）适用于浮顶油罐和内浮顶油罐，不能用于水溶性甲乙丙类液体储罐(如醇、酯、醚、酮、羧酸等水溶性液体储罐)。

（三）用氟蛋白空气泡沫灭火时所需力量的计算

1. 氟蛋白泡沫供给强度

氟蛋白泡沫供给强度是指在1s通过油层往$1m^2$油面上供给氟蛋白泡沫的数量。氟蛋白泡沫混合液供给强度不小于$6L/min\cdot m^2$，适用于汽油、煤油、柴油等易燃、可燃液体地上式固定顶油罐。

2. 灭火延续时间和泡沫倍数

氟蛋白泡沫混合液连续供给时间可按30min计算，也就是说，要在30min内，保证足以扑灭火灾的泡沫量。泡沫发泡倍数按3倍计算。

3. 泡沫喷射口的安装高度

泡沫喷射口的安装高度应该在油罐水垫层之上，油罐安装喷射口的数量取决于油罐直径，见表5-24。

表5-24　油罐直径和泡沫喷射口的数量

油罐直径/m	油罐最少的泡沫喷射口数/个
≤23	1
>23且≤33	2
>33且≤40	3

4. 软管式液下喷射泡沫灭火系统

该系统是通过软管将泡沫输送到燃烧的油面之下，见图5-15。其特点：

（1）是不受泡沫液种类的限制；

（2）对油品不污染；

（3）防止油品由泡沫管往外渗漏，保证安全；

（4）灭火迅速，维修方便。

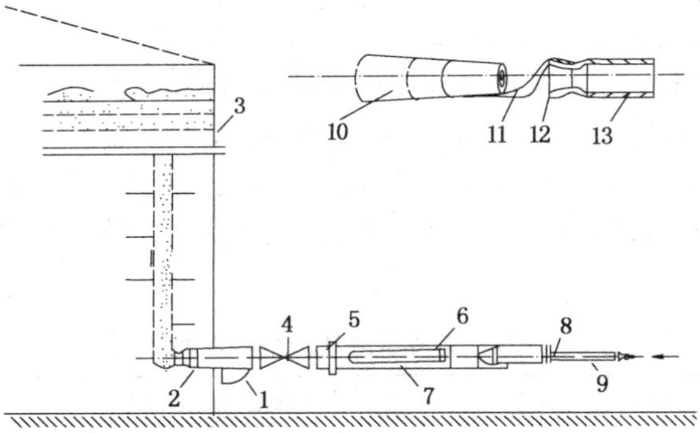

图5-15　软管式液下喷射泡沫灭火系统图

1—加强圈板；2—接口短管；3—油罐；4—控制阀门；5—快速接头；6—组合管外壳；7—组合软管；8—快速接头；9—高倍压泡沫产生器；10—组合管外壳；11—软管；12—膜片；13—连接管

采用软管式液下喷射泡沫灭火系统，可采用普通蛋白泡沫液。泡沫混合液供给强度见表5-25；软管式液下喷射泡沫灭火泡沫产生器性能参数见表5-26。

表5-25　泡沫混合液供给强度

油品闪点/℃	泡沫混合液供给强度/(L/min·m^2)	泡沫连续供给时/min
28	9	30
28~45	6	30
>45	3.6	30

表5-26　软管式液下喷射泡沫灭火泡沫产生器性能参数

型号	泡沫混合液量/(L/s)	工作压力/MPa	泡沫倍数	泡沫液用量/(L/s)	喷嘴直径/mm	聚乙烯导管直径/mm
Y-23	23	0.7~0.8	3.5	1.4	28	300
Y-46	46	0.7~0.8	3.5	2.8	39	400

5. 高背压泡沫产生器

高背压泡沫产生器是液下喷射泡沫灭火的主要设备，主要由喷嘴、混合管段和扩散器组成，当有压力的泡沫混合液以高速度喷射流通过喷嘴后，在混合管段内形成真空负压区吸入空气与泡沫混合液混合后形成泡沫，输入油罐内。因为泡沫通过油罐内的油层喷射到燃烧的油面上，要求泡沫产生器有较高的背压，以克服油层产生的静压力和泡沫管线产生阻力的要求。同时还应有一定的压力迫使泡沫能够达到燃烧的油层之上。

为达到目的，高背压泡沫产生器的出口压力应大于泡沫管道的阻力和罐内液体静压力之和，而进口压力应为 0.6~1.0MPa，相应的泡沫混合液流量，可按式计算

$$q=k_2\sqrt{p} \tag{5-14}$$

式中 k_2——高背压泡沫产生器流量特性系数；

p——高背压泡沫产生器的进口压力，MPa；

q——泡沫混合液流量，L/s。

高背压泡沫产生器可安装在距油罐大于 15m 小于 200m 处，对于储罐内油层不稳定的液面，可调节泡沫产生器的阀门，以控制背压的高低，性能参数见表 5-27。

6. 氟蛋白泡沫液的储备量和灭火(配制泡沫)用水储备量

氟蛋白泡沫液的储备量和灭火(配制泡沫)用水储备量为一次灭火用量的 6 倍。

7. 液下喷射泡沫灭火泡沫在油品中的浮升速度

由于泡沫喷射方式不同，泡沫通过油层引起油品对流的情况也不相同，泡沫在油品液面上覆盖的情况也不同。根据试验，5000m^{3}的油罐中泡沫浮升速度为 0.45~0.57m/s，小型油罐中泡沫浮升速度为 0.4m/s。当泡沫浮升到油面后，泡沫在油面上水平展开速度均为 3.3m/s。着火油罐液面积应按储罐区最大、最危险的油罐计算。高背压泡沫产生器型号不同，技术数据也不同，可参照表 5-27 进行计算。

表 5-27　高背压泡沫产生器性能参数

型号	工作压力/MPa	背压/MPa	泡沫混合液量/(L/min)	泡沫液量/(L/s)		泡沫倍数	泡沫 25%析液时间/s	泡沫产生器总长/mm
				6%	3%			
PCY450	均为 0.7	均为 0.21	450	0.48	0.24	均为 2.5~4	均>180	1020
PCY450G			450	0.48	0.24			927
PCY900			900	0.96	0.48			1245
PCY900G			900	0.96	0.48			1170
PCY13500G			1350	1.44	0.72			1372
PCY1800G			1800	1.8	0.96			1688

(四) 计算步骤和公式

(1) 求着火油罐液面积，计算公式同式(5-15)。

(2) 计算氟蛋白泡沫量，计算公式同式(5-17)。

(3) 计算高背压泡沫产生器数量，计算公式同式(5-18)。

(4) 计算泡沫混合液量，计算公式同式(5-19)。

(5) 计算泡沫消防车(泡沫混合器)数量计算公式同式(5-20)。

(6) 计算泡沫液储备量。

氟蛋白泡沫混合液中的水和泡沫液的比例可采用 94∶6，亦可采用 97∶3。当采用 3%型氟蛋白泡沫液时，应采用优质的动物蛋白水解的空气泡沫液为基料，泡沫液储备量计算按照

公式(5-24)计算。

储备量=一次灭火用量×倍数，即：

$$Q_{储}=Q_{混}\times 0.06\times 灭火延续时间(s)\times 6 \tag{5-24}$$

或者

$$Q_{储}=Q_{混}\times 0.03\times 灭火延续时间(s)\times 6$$

式中 $Q_{储}$——泡沫液储备量，L；

6或3——泡沫液在混合液中的百分比；

6——倍数。

（7）计算泡沫灭火用水储备量

$$Q_{备水}=Q_{混}\times 0.94\times 灭火延续时间(s)\times 6 \tag{5-25}$$

式中 $Q_{备水}$——灭火用水储备量，L；

0.94——混合液中含水比例；

6——倍数；灭火延续时间按照30min计算。

（8）消防冷却用水量

冷却用水总量与泡沫灭火用水储备量的总和，即为消防用水总量。冷却用水储备量应按本章第二节讲述的方法计算。

【例5-4】 已知容量为10000m^3立式钢质固定顶油罐1个，罐直径31.28m，高度14.07m，储存油品为航空煤油。灭火剂采用氟蛋白泡沫液，采用固定式液下喷射泡沫灭火系统。泡沫混合液供给强应小于6L/(min·m^2)，泡沫发泡倍数为3倍。

解：（1）油罐的燃烧面积

$$A=\frac{\pi D^2}{4}=\frac{\pi\times 31.28^2}{4}=768.46m^3$$

（2）计算泡沫混合液量

$$Q=Aq_1=768.46\times 0.1=76.846L/s$$

选用液下喷射泡沫产生器(查表5-27)PCY1800G型3个。

（3）设计氟蛋白泡沫混合液量

$$30(L/s)\times 3=90L/s$$

（4）氟蛋白泡沫液量

$$90(L/s)\times 0.06=5.4L/s$$

一次灭火泡沫液储备量(泡沫混合液的连续供给时间为30min)：

$$\frac{5.4\times 30\times 60}{1000}=9.72m^2$$

（5）配制泡沫用水量

$$90(L/s)\times 0.94=84.6L/s$$

一次灭火配制泡沫用水量

$$\frac{84.6\times 30\times 60}{1000}=152.28m^3$$

（6）油罐泡沫管径及泡沫喷射口的选择

计算泡沫混合液量：90L/s

泡沫量：90×3=270L/s

选用3个泡沫喷射口进入油罐，每个泡沫喷射口泡沫量为90L/s，根据附录5中附图1

查得泡沫管径为200mm，泡沫喷射口与管选用同一口径，其泡沫流速低于3m/s，合乎国标规定。

三、油罐半液下喷射灭火系统设计

1. 组成

油罐半液下喷射泡沫灭火装置由一根垂直安装在油罐底部的带盖密封储存软管的立管及立管旁的一根小口径旁通管组成。软管是耐油的无孔的合成尼龙管，管长根据灭火油罐高度而定。将尼龙软管折叠压紧后置于立管之内，立管上安装一个密封盖，以防止油品进入立管。在立管旁的一根小口径旁通管用于排气，当泡沫被压入软管时，首先管内空气被压缩，空气通过旁通管将立管顶部的密封盖冲开，带压泡沫将软管弹射出液面上，浮于油面之上将泡沫喷射于燃烧油面上，进行灭火，适用于低于60℃的油品。

半液下喷射泡沫灭火系统见图5-16及半液下喷射泡沫灭火装置示意图见图5-17。

半液下喷灭火装置，规格见表5-28。

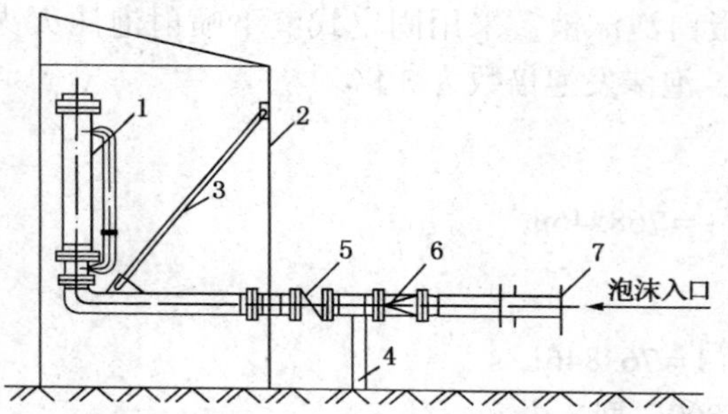

图5-16　半液下喷射泡沫灭火系统图

1—半液下喷射泡沫灭火装置；2—油罐；3—拉筋；4—支架；5—单向阀；6—控制阀门；7—供液接口

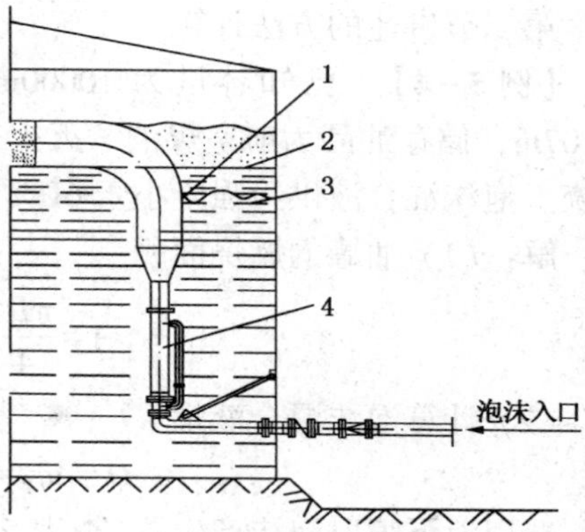

图5-17　半液下喷射泡沫灭火装置示意图

1—耐油软管；2—泡沫层；3—油层；4—半液下喷射泡沫灭火装置

表5-28　半液下喷射泡沫灭火装置规格

半液下喷射泡沫灭火装置规格/mm	油罐面积/m^2	最大泡沫量/(L/min)	法兰直径/mm	半液下喷射泡沫灭火装置规格/mm	油罐面积/m^2	最大泡沫量/(L/min)	法兰直径/mm
75×100	75	2000	80	150×200	500	13000	150
100×150	250	6500	100				

2. 半液下喷射灭火系统特点

(1) 半液下喷射泡沫灭火系统采用低倍数泡沫液，泡沫性质不受限制，各种泡沫也均可使用。

(2) 当着火油罐发生爆裂变形时，半液下喷射泡沫灭火系统仍能正常使用，而且灭火时间短。

(3) 灭火泡沫是通过软管泡沫喷射到燃烧的油面上，泡沫通过油层时不与油品直接接触，以减少对油品的污染和泡沫的损失。

四、用抗溶性空气泡沫灭火时所需消防力量的计算

抗溶性空气泡沫适用于扑救水溶性易燃、可燃液体储罐火灾。对于甲醇、乙醇、异丙醇、丙酮、乙酸乙酯等水溶性液体储罐，可采用6%型锌胺络合盐——水解蛋白抗溶性空气泡沫。抗容性空气泡沫灭火的设备有消防水泵(消防车)，PHY16 型空气泡沫压力比例混合器、空气泡沫产生器和泡沫钩管、泡沫缓冲(降落)圆槽等。

1. 计算的依据

(1) 抗溶性空气泡沫供给强度。抗溶性空气泡沫供给强度取决于水溶性液体的种类，不应小于表 5-29 要求；

(2) 泡倍数按 6 倍计算；

(3) 灭火延续时间：水溶性有机溶剂对泡沫的破坏性较大，宜在较短时间内扑灭。一次灭火时间按 10min 计算。储备量按 3 倍计算；

(4) 混合比：抗溶性泡沫液与水的比例为 6：94。

表 5-29　抗溶性空气泡沫供给强度表

水溶性液体名称	供给强度($L/s \cdot m^2$)
甲醇、乙醇、丙酮、乙酸乙酯	1.50
异丙醇	1.80
乙醚	3.50

2. 计算步骤和公式

(1) 求储罐液面积计算公式同式(5-15)。

(2) 计算抗溶性空气泡沫量计算公式同式(5-17)。

(3) 计算空气泡沫产生器数量，计算公式同式(5-18)。

(4) 计算混合液量计算公式同式(5-19)。

(5) 计算 PHY16 型空气泡沫压力比例混合器数量。

$$N_{压} = \frac{Q_{混}}{q_3} \tag{5-26}$$

式中 $N_{压}$——压力比例混合器数量，个；

$Q_{混}$——混合液量，L/s；

q_3——PHY16 型空气泡沫压力比例混合器输出混合液量，L/s。

(6) 计算泡沫消防车数量，计算式同式(5-21)。

(7) 计算一次灭火所需泡沫液用量，计算式见式(5-26)。

$$一次灭火用液量 = Q_{混} \times \frac{6}{100} \times 灭火所需时间(s) \tag{5-27}$$

(8) 计算一次灭火所需水量，计算式见式(5-27)。

$$一次灭火用液量 = Q_{混} \times \frac{94}{100} \times 灭火所需时间(s) \tag{5-28}$$

(9) 计算灭火用泡沫液储备量和灭火用水储备量。

$$储备量 = 一次灭火用量 \times 倍数$$

【例 5-5】 有一乙醇储罐，直径 9m。要求采用半固定式抗容性泡沫灭火设备。为了制

定灭火作战计划，要求计算需安装几个空气泡沫产生器，需要几个压力比例混合器，需要几辆泡沫消防车(不包括冷却储罐用)，需要储备多少抗溶性泡沫液和灭火用水。

解：(1) 求乙醇储罐液面积

$$A=\frac{\pi D^2}{4}=\frac{3.14\times 9^2\text{m}^2}{4}=64\text{m}^2$$

(2) 计算抗溶性泡沫量

$$Q=A\times q_1=64\text{m}^2\times 1.5\text{L/s}\cdot\text{m}^2=96\text{L/s}$$

(3) 计算空气泡沫产生器数量

查表 5-17，可用 PC8 型横式空气泡沫产生器，其发泡量 50L/s，所以

$$N=\frac{Q}{q_2}=\frac{96}{50}\approx 2\ \text{个}$$

(4) 计算混合液量

查表 5-17，每个 PC8 型横式空气泡沫产生器混合液量为 8L/s，所以

$$Q_{\text{混}}=N\cdot q_{\text{混}}=2\times 8\text{L/s}=16\text{L/s}$$

(5) 计算 PHY16 型压力比例混合器的数量

查表 5-16，一个 PHY16 型压力比例混合器混合液最大输出量为 16L/s，所以

$$N=\frac{Q_{\text{混}}}{q_3}=\frac{16\text{L/s}}{16\text{L/s}}=1\ \text{个}$$

(6) 计算泡沫消防车数量

消防车供水能力按 20L/s 计算。

$$N_{\text{车}}=\frac{Q_{\text{混}}}{\text{消防车供水能力}}=\frac{16}{20}\approx 1\ \text{辆}$$

(7) 计算一次灭火所需泡沫液用量

$$\text{一次灭火用液量}=Q_{\text{混}}\times\frac{6}{100}\times\text{灭火所需时间(秒)}=16\text{L/s}\times\frac{6}{100}\times 10\times 60\text{s}=576\text{L}$$

(8) 计算一次灭火所需水量

$$\text{一次灭火用液量}=Q_{\text{混}}\times\frac{94}{100}\times\text{灭火所需时间(秒)}=16\text{L/s}\times\frac{94}{100}\times 10\times 60\text{s}=9024\text{L}$$

(9) 计算灭火用泡沫液储备量和灭火用水储备量

$$\text{储备量}=\text{一次灭火用量}\times\text{倍数}$$

$$576\text{L}\times 3=1728\text{L}\ \text{泡沫液}=1.728\text{m}^3$$

$$9024\text{L}\times 3=27072\text{L}\ \text{水}=27.072\text{m}^3$$

第六节　浮顶油罐灭火系统设计

外浮顶油罐是在固定顶油罐内加上一个能随油面高低上下浮动的顶盖。它适用于储存闪点介于 28~45℃之间的甲类油品。

一、浮顶油罐灭火特性

(1) 防火安全性能高：由于浮顶直接与油面接触，不存在油气空间，罐内储存油品产生

的油气量减小，降低了油品损耗，油罐的防火安全性能高。

（2）火势小，易于扑灭：通常浮顶油罐容易着火的地方在浮盘与油罐壁之间的环形密封圈上，着火面积小，火势不大，易于扑灭。

二、浮顶油罐泡沫灭火系统的计算

1. 外浮顶油罐泡沫灭火系统计算

根据浮顶油罐本身所具有的特点，按具体情况可采用固定式、半固定式或移动式泡沫灭火系统。浮顶油罐泡沫灭火系统要在浮顶油罐的浮盘上加一圈泡沫堰板，见图 5-18，浮顶油罐着火大部分发生在浮顶与罐壁之间环形密封圈上的薄弱部位，罐体破裂很少，为了保证灭火，泡沫覆盖厚度不应小于 200mm。

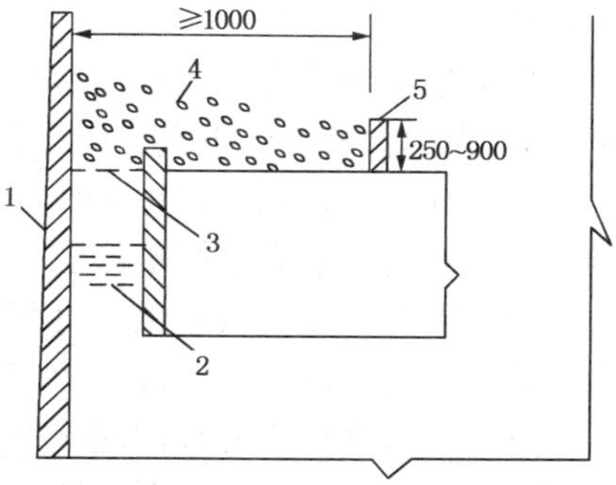

图 5-18 浮顶油罐泡沫堰板示意图

1—罐壁；2—油品；3—密封圈；4—泡沫层；5—泡沫堰板

（1）顶油罐的燃烧面积，应按罐壁与泡沫堰板之间的环行面积计算，泡沫堰板距离罐壁不应小于 1. 0m。当采用机械密封时，泡沫堰板高度不应小于 0. 25m；当采用软密封时，泡沫堰板高度不应小于 0. 9m。在泡沫堰板最下部还应设置排水孔，其开孔面积按 $1m^2$ 环形面积设两个 12mm×8mm 的长方形孔计算。

（2）泡沫灭火系统所需泡沫混合流量，按其燃烧面积计算，其泡沫混合液的最小供给强度，泡沫产生器的最大保护周长和连续供给时间，均按表 5-30 的规定执行。

表 5-30 泡沫混合液供给强度，泡沫产生器保护周长和连续供给时间

泡沫产生器		供给强度/（L/min · m^2）	保护周长/m	连续供给时间/min
型号	混合液流量（L/min）			
PC4	240	12. 5	18	30
PC8	480	12. 5	36	30

（3）国外对浮顶油罐泡沫混合液的计算，根据英国石油协会炼油厂安全法规定，浮顶油罐低倍数泡沫灭火系统泡沫混合液用量按式（5-28）计算，

$$G=0.36A \qquad (5-29)$$

其中 G——泡沫混合液用量，m^3/h；浮顶油罐泡沫挡板高度为 0. 3~0. 6m。

A——浮顶油罐密封圈的环形面积（密封圈宽度按 0. 6m 计算）。

2. 内浮顶油罐泡沫灭火系统计算参数

（1）采用易熔材料制作的浅盘式和浮盘式的内浮顶油罐的燃烧面积应按油罐横截面面积计算。泡沫混合液的供给强度和连续供给时间见表 5-12。

对于水溶性的液体泡沫混合液的供给强度和连续供给时间见表 5-13。

（2）单双盘式内浮顶油罐的燃烧面积、泡沫混合液的供给强度和连续供给时间，均按外浮顶油罐泡沫灭火系统计算。但其泡沫堰板距罐壁不应小于 0. 55m，其高度不应小于 0. 5m。

（3）浅盘式和浮盘采用易熔材料制作的内浮顶油罐的泡沫产生器型号及数量，应根据计算所需的泡沫混合液量确定，其设置的数量不小于表 5-20 所示数据。

（4）单盘式和双盘式内浮顶油罐的泡沫产生器的规格与数量按表 5-20 规定执行。

3. 泡沫输送管道的设计要求

(1) 内浮顶油罐上安装的泡沫产生器应采用独立的泡沫混合液管道引至防火堤外。

(2) 外浮顶油罐上安装的泡沫产生器，可以每两个一组在泡沫混合液立管下端合用一根泡沫管道引至防火堤外。当3个或3个以上泡沫产生器在泡沫混合液立管下端合用一根管道引至防火堤外时，可在每个泡沫混合液立管上安装控制阀门。当采用半固定式泡沫灭火系统时，引出防火堤外的每一根泡沫混合液管道所需要泡沫混合液流量，不应大于一辆消防车的供给量。

(3) 连接油罐上泡沫产生器的泡沫混合液立管要用管卡固定在油罐上，管卡间距不宜大于3m，在混合液立管下端，应设锈渣清扫口，以便及时清除沉渣。

(4) 在外浮顶油罐的梯子平台上，应设置带有闷盖的管牙接口，此接口用管道沿罐壁引至距地面0.7m处或引出防火堤，在引出的泡沫管道上要设置相应的管牙接口。

(5) 在防火堤内设置的泡沫混合液的水平管道，要设置在管墩和管架上，但不应与管墩、管架固定，同时管道应有3‰的坡度，坡向防火堤外，以排出积液。

(6) 设置在放火堤外的泡沫混合液管道的高处应安装排气阀。管道应有2‰的坡度，坡向控制阀和放空阀。泡沫混合液管道的设计流速一般不大于3m/s。

第七节　泡沫液输送流程的选择

一、泡沫液输送流程的选择

为了使泡沫灭火系统有效地进行灭火，关键是对泡沫液输送流程的选择。最常用的泡沫输送流程如下：

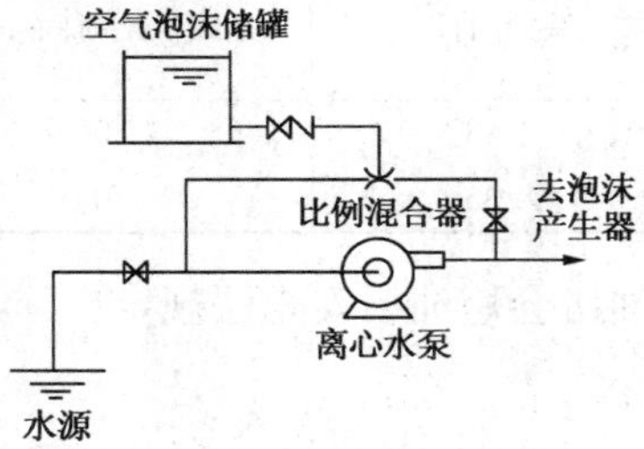

图5-19　环泵式泡沫比例混合流程图

1. 环泵式泡沫比例混合器流程

其流程见图5-19，该流程是将泡沫比例混合器的进口与水泵出口管连接，泡沫比例混合器的吸液口直接与泡沫液储罐连接，采用该方式应符合如下规定：

(1) 水泵的设计流量应为计算流量的1.1倍。

(2) 泡沫比例混合器的出口背压宜为零或负压，当进口压力为0.7~0.9MPa时，其出口背压为0.02~0.03MPa。

(3) 吸液口不应高于泡沫液储罐最低液面1m。

(4) 泡沫比例混合器出口背压大于零时，吸液管上应设有防止水倒流入泡沫液储管的措施，可安装一个逆止阀。

(5) 安装泡沫比例混合器时要设有不少于一个的配用量。

2. 压力式泡沫比例混合器流程

该流程是将泡沫比例混合器安装在水泵出口压力管线上，利用水泵的水压通过泡沫比例混合器将泡沫液吸入后形成泡沫与水的混合液；但进口压力为0.6~1.2MPa之间，压力损失可按0.1MPa计算，见图5-20。该流程是利用水泵将泡沫液经泡沫比例混合器使泡沫吸入泵内，经水泵将泡沫混合液送至泡沫灭火系统。

3. 泵吸入式泡沫比例混合流程

这种流程是利用水泵将泡沫液入经泡沫比例混合使泡沫液吸入泵内，经水泵将泡沫混合液送至泡沫灭火系统，见图 5-21。

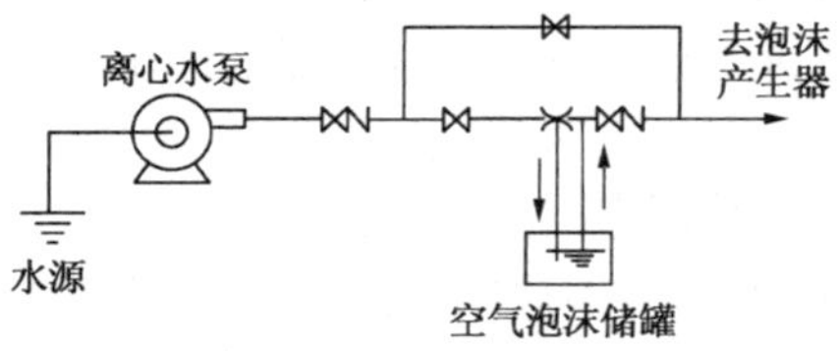

图 5-20 压力式泡沫比例混合流程图

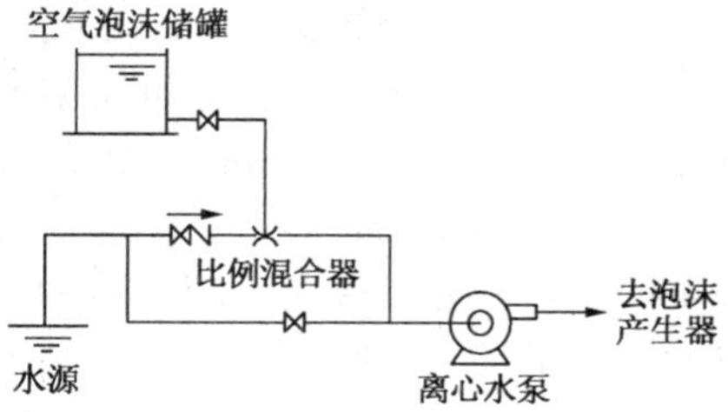

图 5-21 泵吸入式泡沫比例混合流程图

4. 泡沫泵压入式泡沫比例混合流程见图 5-22

泡沫比例混合流程安装在水泵出口的压力水管道上，另外设有专用的泡沫液泵，将泡沫液压入泡沫比例混合器内，使之混合成泡沫混合液，送入泡沫灭火系统。

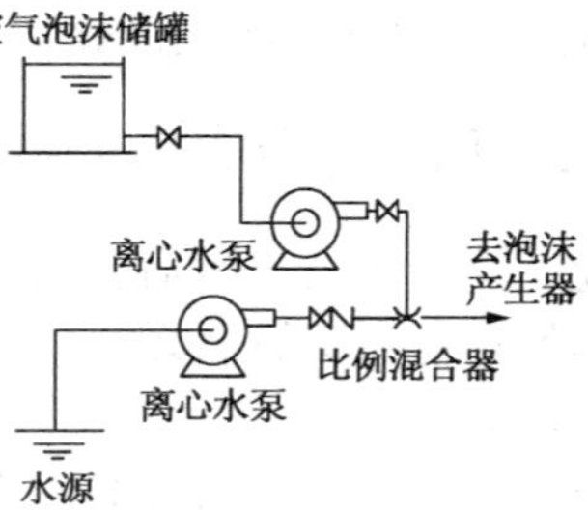

图 5-22 泡沫泵压入式泡沫比例混合流程图

二、泡沫泵站的设计

泡沫泵站是泡沫灭火系统的主要组成部分，设计应严格按照国家标准规定进行。

(1) 泡沫泵站可以与消防水泵房合建在一起或单独建设，当然要视具体情况而定。泡沫泵站距离保护建筑不宜小于 30m，并应满足在泡沫消防泵启动后，将泡沫混合液或泡沫输送到最远的保护对象的时间不宜大于 5min。

(2) 泡沫消防泵可以采用自灌引水方法启动，一组泡沫消防泵的吸水管不应少于两条。每一条流量按 100% 负担，同时应设置备用泵。

(3) 在泡沫泵站内或消防泵站外的泡沫混合液管道上，宜设置消火栓，泡沫泵站内宜配置泡沫枪。

(4) 泡沫泵站应采用双线路，设置备用动力。同时设有与本单位消防站或消防部门联系的通信设备。

第八节 其他企业火灾的扑救

一、液化石油气火灾的扑救

(1) 民用液化石油气瓶发生火灾，如果钢瓶上的角阀没有破坏，带好手套，把角阀关闭，火就会熄灭。如果角阀坏了，应迅速扑灭室内其他同时燃烧的火灾，同时想办法把气瓶转移到安全地带。

(2) 汽车装运民用液化石油气瓶发生火灾时，因为气瓶数量多，瓶与瓶之间产生的静电火花，或与汽车排气管火星相遇，引起燃烧爆炸。首先禁止其他车辆通行，不要围观；同时以路旁的树干、沟坎为掩体，采用大口径直流水枪灭火。灭火时接近前沿阵地的人要卧姿射水，以防阵亡。

(3) 较大液化石油(槽)火灾的扑救

较大液化石油气罐发生火灾，一般是因为罐体焊接不符合设计标准，或碰撞罐体破裂造成气体泄漏，遇明火燃烧爆炸。这类火灾可采用以下方法：

① 冷却降温、防止爆炸：关键是要有充足的冷却水源和高压水枪、水炮。冷却圆柱形着火储罐与以着火罐为中心 30m 之内的邻罐供水强度 29.4L/min·m^2；冷却 30m 以外邻罐的供水强度 9.8L/min·m^2。

② 掩护清场，准备灭火。液化石油气储罐由于爆炸或其他原因造成罐壁塌陷，阀门弯倒使气流分散燃烧，出现向上、向下、向储罐等不同方向的不规则火焰，难于找到真正的破裂口，给火灾带来一定的困难，这要求在灭火之前消除障碍，暴露火点，为清理障碍工作创造条件。同时扫除外围，开辟进攻道路，组织力量，准备灭火。

③ 制止泄漏、控制燃烧、关阀断气、消除火灾。

二、化工企业火灾的扑救

化工企业火灾发生后，火势迅速蔓延，对邻近装置、设备、厂房造成很大的威胁，如不及时控制可能造成设备爆炸、厂房倒塌等严重后果，必须抓住时机快攻近战。

1. 工艺灭火控制

化工企业火灾具有爆炸、燃烧速度快、燃烧温度高、复燃、复爆等特点。这时应采用以下工艺措施：

(1) 利用石油化工生产的连续性，马上关阀断料。

(2) 同时开阀导流，打开出料阀，使着火设备内的物料经过安全水封装置或砾石阻火器导入安全储罐，为灭火创造条件。

(3) 搅拌灭火：设备内高闪点物料着火后，从设备底部输入一定量的相同冷物料或氮气、二氧化碳等，上下搅动，使上层高温液体与下层低温液体进行热交换，使其温度降至闪点以下，使火势减弱，便于灭火。

2. 正确决定冷却方法

消防队到场后，需要对被火焰直接作用的压力设备进行冷却，在化工火场上，燃烧区内的压力设备受火焰的直接作用，发生爆炸的危险性最大。所以首先要了解爆炸物的性质，选择进攻线路。根据受火焰直接作用的压力设备的位置、高度、直径、形状以及危险程度，正确决定冷却方法、水枪数量、水枪阵地，并保持不间断的冷却。同时对邻近的受火势威胁的设备应视情况进行必要的冷却。

3. 围堵防流

化工产品类的火场上，会有大量可燃、易燃物料外泄，造成大面积的流淌液体燃烧。消防人员应对流淌火进行围堵防流，通常的做法是：

(1) 对地面筑堤围堵定向导流，防止燃烧液体向高温高压装置区蔓延；

(2) 对空间管道容器流淌火，采取关阀断料，切断物料来源，防止形成大面积或立体燃烧；

(3) 对地下沟流淌火，若是明沟可用泥土筑堤。若是暗沟，可分段堵截，然后向暗沟喷射高倍数泡沫或采取窒息等方法灭火。

三、油井井喷失控火灾的扑救

钻井时为了平衡地层压力，保证钻井正常进行，要不断地往井内注入泥浆，并随时根据地层压力的变化，调整泥浆相对密度，使井底压力(一般在5~50MPa)始终与地层压力保持平衡，而油井井喷失控则是由于种种原因，使井底压力低于地层压力，井下压力失去平衡而造成的。

当钻井遇到地下油、气、水层时，地下的油、气或水混窜进井内的泥浆里，加快了泥浆流动和循环的速度，地下油、气压力失去控制，造成油、气、水等混合物沿着环空速度喷到地面，井喷失控如不能及时控制，很容易发生火灾，井喷失控一旦发生火灾将会很容易引起火灾。

(一) 井喷失控火灾特点

(1) 成分：井喷失控火灾的着火物主要是石油和天然气，是多种液态烃和轻烃的混合物，其中石油的主要成分是碳(83%~89%)和氢(11%~14%)，自燃点一般在380~530℃之间；1kg原油可产生43.96MJ热值；天然气的主要成分是甲烷(77%~93%)、乙烷(3%~9%)，丙烷(2%~5%)，还有少量的氮、氢、硫，易燃、易爆，其爆炸极限为1.9%~11%之间，遇明火即发生爆炸。

(2) 井喷火灾特点：井喷失控火灾地下压力大，一般在5~50MPa左右，从井口喷出的油、气流能冲出地面几十米高，形成一个高大的油气流柱，发生火灾后，几十米高的油气会变成一个大火炬，高度一般在20~80m左右，火场温度高达1800~2100℃，辐射热强烈，距火焰柱50m处，人员车辆难以接近，燃烧时间越长，热值越大，火焰温度越高。

(3) 危害性：井喷失控着火后，在高温高压作用下，往往出现井口变形、法兰漏气、放喷管破裂，油气的喷射方向会改变，这样造成多方位着火，而且火焰呈多种燃烧形状。同时原油流淌，大火四处蔓延；强烈的辐射热将周围的建筑物或可燃物烤着，火灾再次扩大。井喷散落在地面上的油蒸气和天然气聚集后向低洼处出飘逸，形成爆炸气体，遇到明火源即爆炸成灾。

(二) 井喷失控火灾的扑救

(1) 前期准备工作

① 扑救井喷火灾前必须将井喷周围50m范围内的井架、钻井设备进行清障，笨重的设备要拖走。

② 要有储备足够的消防用水水池，水池周围要有消防车停靠的场地，同时调集大型水罐车组织接力供水线路，保证供水要求的流量与压力。

③ 保证火场通信联络畅通，必须准备信号灯、信号旗，事前规定联络和指挥信号。

④ 距井喷50m范围内均为冷却的范围，因此应在一定的距离架设并固定带架水枪，做好冷却准备。

⑤ 随时检测气体浓度和气体毒性。

(2) 扑救井喷火灾的基本步骤

① 冷却设备、掩护清场。当油气井井喷后尚未起火，到场的消防队应立即组织多支大口径水枪驱散井口周围的可燃气体，掩护清场，并严格控制起火源防止爆燃。设置警戒线，确定境界范围。同时用水冷却井口设备和装置，防止火灾的扩大和蔓延，并组织一定数量的水枪将气流和火焰压向一方，形成严密水幕。待井场清理后，立即灭火。

② 水枪切隔消灭火焰。利用水枪、水炮切隔、消灭火焰是换装井口、制服井喷的前提条件，组织相当数量的水枪，从不同角度采用13层交叉水流，对准火焰根部喷射，将火焰和气源隔断。

③ 内注外喷，抑制燃烧。内注外喷，抑制燃烧的灭火方法就是化学灭火法——抑制法。

④ 内注方法，即利用管线，用高压设备将卤代烷灭火剂注入井内，随着气流从井口喷出达到灭火的目的。

⑤ 外喷方法，是为了加强灭火速度，在内注的同时，用干粉炮以不小于 $20L/min\cdot m^2$ 的喷射强度，喷向井口，达到覆盖包围火焰，终止油气燃烧的目的。

四、加油站储油罐的防火

1. 加油站储油罐的布置

汽车加油站是城市设施不可缺少的组成部分，对于加油站的储油罐采取有效灭火措施是非常必要的，目前加油站油罐容量分为三级：一级加油站总容量不应大于 $150m^3$，单个油罐容量不应大于 $50m^3$；二级加油站总容量不应大于 $60m^3$，单个油罐容量不应大于 $20m^3$；三级加油站总容量不应大于 $15m^3$，单个油罐容量不应大于 $15m^3$。

城市汽车加油站的储油罐采取直接埋入地下的卧式油罐。这样油罐可与外界隔离，不易发生火灾，油罐比较安全。对于储存汽油、柴油直埋地下的油罐，必须安装通气管并符合以下规定：

（1）每个油罐的通气管要单独设置；

（2）通气管的公称直径不应小于 50mm；

（3）通气管的管口，应高出地面至少 4m；

（4）沿建筑物的墙、柱向上敷设的通气管的管口，应高出建筑物的顶面和屋脊 1m，其与门窗的距离不应小于 3.5m；

（5）通气管的管口距加油站围墙距离不应小于 3m；

（6）通气管的管口上必须安装阻火器，不得安装呼吸阀。

2. 加油站储油罐的灭火设计

因为加油站油罐储存油品单一，仅有汽油和柴油两种，有利于火灾扑灭；同时直埋式地下式油罐更有利于灭火，安全性能好，一旦发生火灾也容易扑救。通常利用灭火器就可以扑灭。

加油站灭火器的设置数量应达到以下要求：

（1）每座加油站应设置 8kg 手提式干粉灭火器 2 只。

（2）每台加油机应设置 1 只 8kg 手提式干粉灭火器和 6L 手提式高效化学泡沫灭火器。但加油机总台数超过 6 台，仍按 6 只设置，这些灭火器集中放在站房前。

（3）埋地或地上卧式油罐应设置 70kg 推车式干粉灭火器 1 只和 100L 推车式高效化学泡沫灭火器 1 只，用于较大面积的火灾。干粉灭火器的灭火性能速度快，覆盖面积大，但缺点是容易复燃，因此必要时使用泡沫灭火，以防止复燃发生。

（4）一、二级加油站应备有 5 块灭火毯和沙子 $2m^3$，三级加油站应备有 2 块灭火毯。

对于加油站内为直埋式卧式储油罐，可以不设消防给水；但是地上式卧式油罐，就应该设置消防冷却水，即要求设一座 $50m^3$ 的消防水池或 1h 能供 $50m^3$ 水量的水源。对于缺水地区可以不设消防冷却水，但是要经过当地消防部门的同意。采用移动式水泵(也可是手抬式水泵)，不设固定式水泵和备用泵。

第六章　气体灭火系统

第一节　概　　述

固定喷水灭火系统是世界上最为广泛的灭火系统，但它的使用都有一定的局限性，不适用于扑救可燃气体和电器火灾以及重要的档案库、通信广播机房、微机房等忌水设备或场所的火灾，气体灭火系统就是为扑救上述火灾而相继发展起来的。

一、设置气体灭火系统的场所

(1) 电气设备火灾：可燃油油浸电力变压器室、充装可燃油的高压电容器、多油开关室、发电机房等；

(2) 精密仪器、贵重设备的火灾、通信机房、大中型电子计算机房、电视发射墙的微波室、贵重设备室等；

(3) 图书馆档案室、图书馆、档案馆、文物资料室、图书馆的珍藏室等；

(4) 油槽、油罐、浸渍油池、运油车、油泵间、加油站、油库、危险品库、化学试验室、静电喷漆间等。

二、不适于扑救的火灾

(1) 自己能提供氧气的化学物品火灾，如硝酸纤维、火药等；

(2) 活泼金属及其氧化物的火灾，如锂、钠、钾、镁、铝、锑、钛、镉、铀等；

(3) 能自燃分解的化学物品的火灾，如某些过氧化物、联氨等；

(4) 纤维内部的阴燃火灾。

三、气体灭火系统的种类和机理

1. 种类

气体灭火系统一般包括有 CO_2灭火系统、七氟丙烷(HFC-227ea)灭火系统、三氟甲烷(HFC-23)灭火系统、六氟丙烷(HFC-236fa)灭火系统、水蒸气灭火系统(扑救高温设施和煤气管道火灾)、混合气体(IG541)灭火系统、氮气(IG100)灭火系统(主要用于电力变压器的油箱灭火)及烟雾灭火系统。当前，国内应用较多的是 CO_2灭火系统和七氟丙烷灭火系统。

2. 灭火原理

(1) CO_2

① CO_2灭火原理：CO_2灭火主要是窒息作用，并有少量的冷却降温作用。1kg 的 CO_2液体释放到 15℃大气中，成为 534L CO_2气体，将 CO_2释放到着火空间时，该区间的空气含氧量降低，导致燃烧区缺氧而使火焰熄灭。与此同时，当 CO_2由液态变为气态时，将吸收 577.4J/kg 的热量，使燃烧区温度降低，但由于部分 CO_2变成了固体——干冰，干冰的温度

一般为-78℃，冷却效果不大，主要是窒息作用。

② CO_2作为灭火剂应满足：CO_2的纯度不应少于99.5%；含水量不应大于0.01%(质量计)。

(2) 七氟丙烷

七氟丙烷气体灭火系统是一种洁净气体自动灭火系统，灭火机理是当七氟丙烷灭火气体应用于全淹没式的系统环境时，它能够结合物理的和化学的反应过程(消耗火焰中的自由基，抑制燃烧的链式反应)迅速，有效地消除热能，阻止火灾的发生，其物理特性表现在其分子汽化阶段能迅速冷却火焰温度；并且在化学反应过程中释放游离基，能最终阻止燃烧的连锁反应。

(3) 三氟甲烷

三氟甲烷是一种采用物理和化学方式共同参与灭火的洁净气体灭火剂，能在火焰的高温下分解产生活性游离基，参与物质燃烧过程中的化学反应，清除维持燃烧所必需的活性游离基·OH、·H等，并生成稳定的分子，从而对燃烧反应起抑制作用，使燃烧过程中的连锁反应中断而灭火。同时，还可以提高环境的总热容量使气体达不到助燃的状态，使火没有达到理论热熔值而熄灭，使灭火过程主要依靠化学作用。也就是说，这类灭火剂对物质燃烧的化学反应过程实际上起着负催化剂的作用。

(4) 六氟丙烷

六氟丙烷的灭火原理主要以物理方式和部分化学方式灭火。

(5) 水蒸气

水蒸气的灭火作用主要是冷却和窒息，是一种不燃的惰性气体，一种较好的灭火剂，当燃烧区水蒸气的浓度达到35%以上时，燃烧即停止。水蒸气主要用于扑救高温设备火灾，它不会引起因设备热胀冷缩的应力作用而破坏设备。

(6) 混合气体

混合气体灭火系统的灭火机理是物理方式(窒息)，IG-541气体灭火剂是由氮气、二氧化碳、氩气按照52%、40%、8%的比例混合的混合气体，最早的IG-541气体灭火系统是美国安泰公司生产的烟烙尽。

(7) 氮气灭火系统原理

应用冷却作用灭火，用氮气冷却可燃物质可以减缓油转化为可燃气体，最后终止可燃气体的产生而使火熄灭。该系统主要用于电力变压器灭火，称为“排油搅拌防火系统”。在变压器油箱内，顶层热油温度可达160℃，该油层下面的油温较低。如搅拌所有的油，即能降低其液体表面温度，亦就消除热区域，防止碳氢气体的产生。通常从其底部均匀注入干氮气进行搅拌，使变压器内的油温降到燃点160℃以下，为了避免油喷到油箱的外面，引起火灾蔓延到变压器的外部，注入氮气时，应事先排出一部分油。我国保定变压厂引进了法国SERGI公司的排油注氮搅拌灭火装置的研制技术。

(8) 烟雾灭火系统

烟雾灭火系统是以烟雾灭火剂在烟雾灭火器内进行燃烧反应，产生大量的CO_2、氮气和蒸汽，喷射到被保护的空间或液(油)面上，形成均匀面浓度的灭火气体层，而起到稀释、覆盖和化学抑制等灭火作用，灭火机理类似CO_2。

烟雾灭火系统设备结构简单，也不需要增压气体，灭火速度快，扑灭储罐的初期火灾罐内式烟雾自动灭火系统从喷烟到灭火的时间仅需要20s，罐外式仅需要6s。当罐起火，罐内温度达到110℃时，易熔合金探头自动熔化脱落，火焰直接点燃导火索，通过中心导火索传至导燃装置，将其周围的烟雾灭火剂引燃，使灭火剂冲破密封膜，从喷孔迅速地喷出灭火。

烟雾灭火系统喷射温度较高，且有一定污染，故不适用于计算机房、精密仪器等场所，较适用于化工车间、油泵房、仓库、地下工程及油罐等构筑物。

四、灭火剂的物理性能与灭火效率

1. 灭火剂的物理性能比较

(1) CO_2的物理性质。见表 6-1。

表 6-1 CO_2的物理性质

名　称	CO_2	名　称	CO_2
相对分子质量	44.01	表面张力(液体-52.2)/(N/m)	0.016
熔点(526.9kPa)/℃	-56.6	临界温度/℃	31.35
沸点(101.3kPa)/℃	-78.5(升华)	临界压力/kPa	7395
密度(0℃，液态)/(g/cm^3)	0.914	临界密度/(g/cm^3)	0.46
密度(0℃，气体)/(g/L)	1.977	溶解热(熔点)/(kJ/kg)	189.7
重度(气体，空气=1)	1.529	蒸发热(沸点)/(kJ/kg)	557
折射率(气体，[(N-1)×10^6，D线，0℃，101.3kPa]	488.1	比热容(气体，15℃，恒压)/(kJ/kg)	0.833
黏度(气体，20℃)/Pa·s	1.47×10^{-5}	导热率(气体，0℃)/(J/kg·K)	0.147

(2) 七氟丙烷的物理性质。见本章第四节表 6-22。

2. 灭火剂的灭火效率比较

(1) CO_2灭火效率

CO_2对可燃物的灭火效率是由物质的性质决定的，可以用灭火所需的 CO_2最低浓度作衡量。由于可燃物的性质不同，维持燃烧的极限含氧量也不同，见表 6-2。

表 6-2 CO_2的最低灭火浓度

燃烧物质	最低灭火浓度/%(体积)	燃烧物质	最低灭火浓度/%(体积)
乙　炔	55	二氯乙烯	21
丙　酮	20①	环氧乙烷	44
苯	31	汽　油	28
丁二烯	34	己　烷	29
二硫化碳	55	氢	62
丁　烷	28	异丁烷	30①
天然气	31①	煤　油	28
一氧化碳	53	甲　烷	25
环丙烷	31	戊　烷	29
导热姆换热剂	38①	甲　醇	26
乙　烷	33	丙　烷	30
乙　醚	38①	丙　烯	30
乙　醇	36	润滑油	28
乙　烯	41		

注：此数据是计算值。

(2) 七氟丙烷灭火效率

在正常发挥作用的情况下，通常在 10s 内能完全扑灭火灾。用于组合分配系统时，各防护区位置应相对集中。基于本身特性，不能灭固体深位火灾。

（3）IG-541 灭火效率

混合气体以设计浓度和空气混合后，可以在较长的时间内保持这一灭火浓度，即使保护区没有采取特别的密封措施，系统也能在20min后保持灭火所需的浓度。另外，灭火剂价格便宜；输送距离也很长，这对于保护相距较远、相对分散的保护区十分有利；由于灭火气体可充分与空气混合，故能较为有效地防止复燃，但因是被动灭火，其灭火效果略差。

（4）CO_2、七氟丙烷与 IG-541 性能的比较

性能的比较见表 6-3。

表 6-3　CO_2、七氟丙烷与 IG-541 的某些性能对比

主要性能 药剂种类	二氧化碳灭火系统	七氟丙烷灭火系统	IG-541 灭火系统
灭火原理	窒息冷却	化学抑制冷却	物理稀释
灭火浓度/%（体积）	20	5.8	28.1
最小设计浓度/%（体积）	34	8	36.5
碰放时间/s	60	8	60
	0	0	0
大气中存活寿命/a	120	31~42	0
无毒性反应的最高浓度/%（体积）	CO_2 浓度过高（超过 10%）会影响人的正常呼吸，产生危险，浓度超过 25%，会很快引起中毒反应，造成缺氧窒息	9	43
有毒性反应的最低浓度/%（体积）	>	>10.5	52
近似致死浓度/%（体积）		>80	—
残留物	无	无	无
腐蚀性	微酸性	火场含 HF	无
洁净程度	良	良	良
药剂价格	最低	高	低

第二节　气体灭火系统的类型、组成与工作原理

一、气体灭火系统的类型

气体灭火系统均是一种固定装置，其类型较多，习惯上按灭火系统的结构特点可分为管网灭火系统和无管网灭火系统；按灭火方式可分为全淹没系统、局部应用系统；按一套灭火剂储存装置所保护的防护区的多少，可分为单元独立系统和组合分配系统；按管网的布置形式可分为均衡系统和非均衡系统；按增压方式不同可分为储压式灭火系统和储气容积式灭火系统，其系统的内容互相包含。

二、各系统的组成与工作原理

（一）管网灭火系统和无管网灭火系统

1. 管网灭火系统

管网灭火系统由灭火剂储存装置、管道和喷头等组成，储存装置安装在储存容器间里，

喷头安装在防护区内，互相间通过管道连接起来。通常管网灭火系统保护较大的防护区，多设计为全淹没系统，见图 6-1。

管网灭火系统需要经过系统计算，确定其储存压力、充装密度、管径、喷头孔口面积等参数。管网灭火系统可由单个或多个储存容器组成，后者需要用连接软管和集流管将各个储存容器连接起来，并在连接软管上安装止回阀。

2. 无管网灭火装置

亦称预制系统，当某些被保护的区域较小，无须设置固定的管网或瓶站时，可使用这种系统和喷头等预先组合，可独立应用的一种灭火装置。无管网灭火装置是将灭火剂储存容器控制阀门和喷头等组合在一起的一种灭火装置。它是一种定型产品，不需要进行流体计算。分为：悬挂式与壁装式(见图 6-2)，通常直接安装在防护区内，其的保护对象大多为狭小的空间或重要设备，前者为全淹没系统，后者为局部应用系统，由于它的一次性投资较小，设计安装较容易，因而受到用户欢迎，但它的维护费用却比较高。

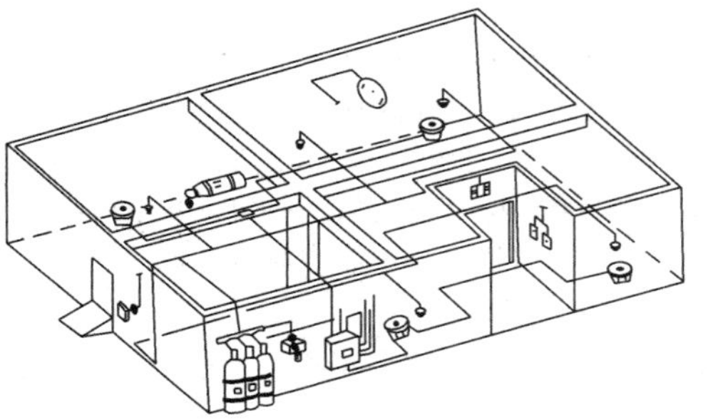

图 6-1　管网灭火系统

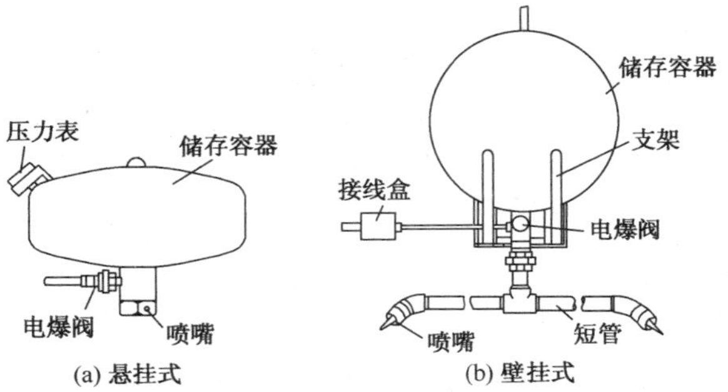

图 6-2　储存容器

一个防护区内的无管网灭火装置，最好由单个储存装置组成，最多不得超过 8 个储存装置，超过两个的应将其设计成能同时释放的灭火剂。

全淹没系统是针对固定的封闭空间，由灭火剂储存装置在规定的时间内向防护区喷射灭火剂，使防护区内达到设计所需求的灭火浓度，并能保持一定的浸渍时间，以达到扑灭火灾，而不再复燃的灭火系统。这种灭火系统特点是防护区内任何位置均能形成足够均匀的灭火剂浓度，其由灭火剂储存容器、容器阀、管道、喷头、操作系统及附属装置等组成。其特点为：全淹没系统针对固定的封闭空间、足够的灭火剂用于设计灭火、流失补偿、管网内剩余量和储存容器内剩余量的总和。并能维持灭火浓度和浸渍时间。

3. 分类

灭火系统按保护范围分为单元独立系统及组合分配系统：

(1) 单元独立系统：是用一个或一组灭火剂储存容器保护一个防护区的系统，由灭火剂储存容器、管网和喷头等组成，见图 6-3。

(2) 组合分配系统：用一组灭火剂储存装置保护多个防护区的灭火系统，这些防护区均需要保护，但是同时发生火灾的概率很小，在灭火剂总管上可分出若干路支管，并分别设置选择阀，可按照灭火需要，将灭火剂输送到着火区，见图 6-4，当防护区发生火灾时，其信息按发生火灾⟶探测器⟶消防控制中心⟶报警火灾传递，此时消防值班人员视火灾情况进行适当处理。若人可以扑灭，将灭火系统切断；若防护区无人或人工不能将火扑灭，人员赶快撤离防护区。在火灾报警延时 30s 后，自动打开启动气瓶，瓶中高压氮气或 CO_2 气体将储存容器及相应的人工阀打开，灭火剂释放到着火防护区实施灭火。消防控制中心，在发出灭火报警的同时，使联动装置运作，关闭开口，停止空调，保证灭火，见图 6-5。

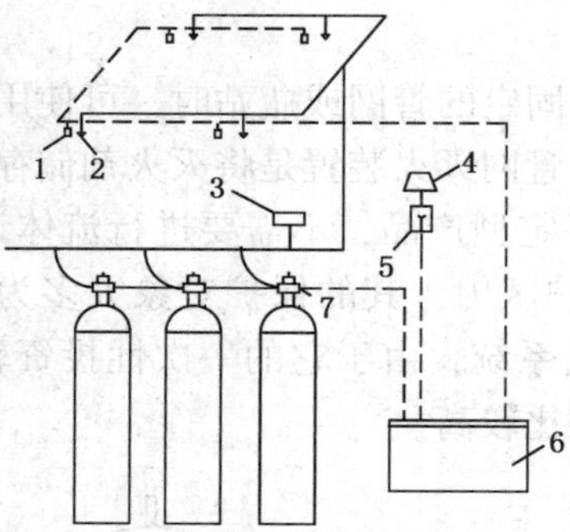

图 6-3　单元独立系统原理示意图

1—探测器；2—喷头；3—压力继电器；
4—报警器；5—手动按钮启动装置；
6—控制盘；7—电动启动头

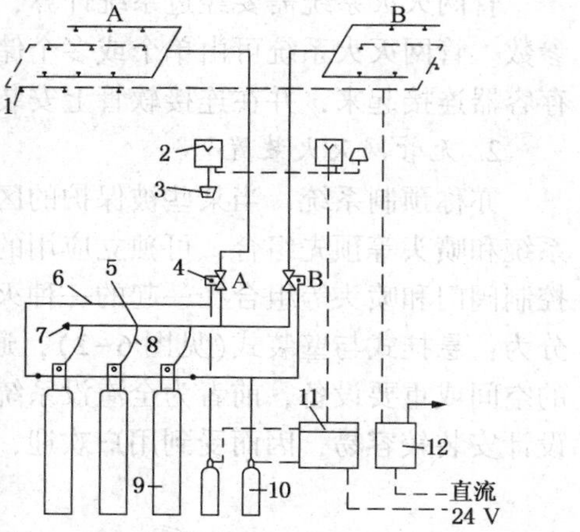

图 6-4　组合分配系统

1—探测器；2—手动按钮启动装仪；3—报警器；
4—选择阀；5—集流管；6—操作管；7—安全阀；
8—连接管；9—储存容器；10—启动用气容器；
11—报警控制装置；12—检测盘

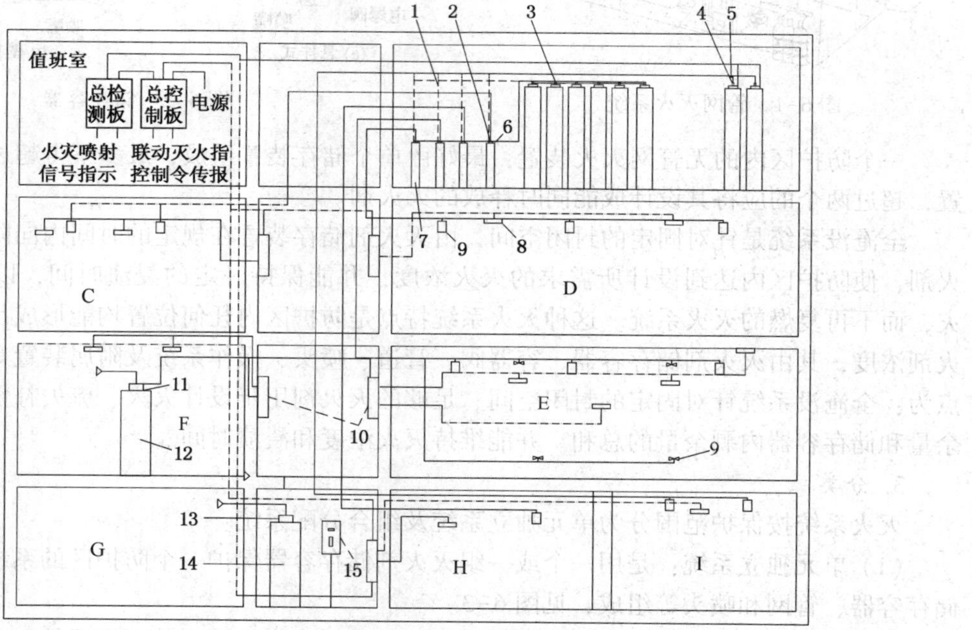

图 6-5　气体灭火系统的综合布置示意图

1—止回阀；2—选择阀；3—气动容器阀；4—电磁容器阀；5—压力信号阀；
6—启动电磁阀；7—CO_2 钢瓶；8—火灾探测器；9—喷嘴；10—分区检控板；
11—电磁容器阀（或电爆阀）；12—无管系灭火装置（置于被保护区内）；
13—电磁容器阀（或电爆阀）；14—无管系灭火装置（置于被保护区外）；15—分区检控板

组合分配系统由灭火剂储存装置、选择阀、管网和喷头等组成。通过选择阀使灭火剂储存装置沿着指定的管网喷向需要灭火的防护区。这种灭火系统的最大优点是可以大幅度地减少灭火剂的设计用量，有较高的应用价值。同一组合分配系统中，每个防护区的容积大小所需灭火设计浓度、开口情况等各不相同。设计时一定要按设计用量最大者考虑。因此组合分配系统灭火剂的储存量不应少于需要灭火剂量最多的一个防护区的设计用量。对于重点保护对象，还应设置备用储存容器且能与主储存容器切换使用。

（二）局部应用系统

局部应用系统是由一套灭火剂储存装置，在规定的时间里直接向燃烧着的可燃物质表面喷射一定量的灭火剂的灭火系统，适用于没有固定封闭的防护区，或大型封闭空间中局部的危险区，主要用于保护液体油罐或用油冷却或润滑的设备、淬火油槽、雾化室、蒸气通风口等危险部位。

1. 局部应用系统的具体要求

（1）采用与保护对象相适应的专用喷头；

（2）喷放出来的灭火剂能直接集中地施放到正在燃烧的物体上或其周围；

（3）燃烧物表面的灭火剂要达到一定的供给强度，并延续一定的时间使燃烧熄灭。

2. 灭火方式的要求

局部应用系统和全淹没式灭火系统有很大的差别，局部应用系统要求灭火剂具有较低的挥发性、较高的密度（CO_2）更宜作为局部应用系统的灭火剂。这是由于它们可以像液体喷雾那样喷向火区，且可以较长时间包围火区，有利于灭火。CO_2的局部应用系统比全淹没系统应用更广泛。

3. 适用范围

只能用于扑救表面火灾，不能用于扑救深度火灾。

图 6-5 是气体灭火系统的综合布置示意图。图中包括形成有单元独立系统（I）组合分配系统（C、D、E、H）和无管网系统（G、F）。

（三）均衡系统与非均衡系统

CO_2灭火系统，按管网布置要求又分为均衡系统与非均衡系统，均衡系统应符合下列规定：

（1）从储存器到每个喷头的管道长度应大于最长管道长度的 90%。

（2）从储存容器到每个喷头的管道等效长度（指管道的长度与各管件当量长度之和）应大于最长管道等效程度的 90%。

（3）每个喷头的平均设计质量流量均应相等。均衡系统有利于防护区各部分空间迅速达到浓度要求，而且简化管道水力计算。对于管网布置不符合上述均衡系统中任何一条的系统称为非均衡系统。实际上选用的 CO_2灭火系统多为非均衡系统，见图 6-6。

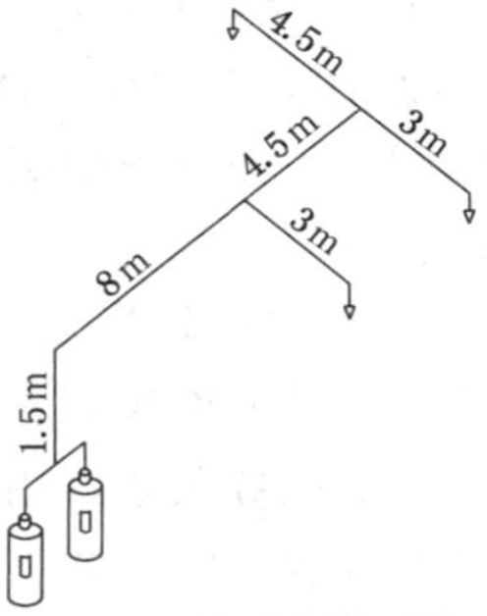

图 6-6　管线均衡系统与非均衡系统示意图

（四）储压式灭火系统与储气式灭火系统

储压式灭火系统是指将增压用的氮气储存在同一容器中的装置，增压用的氮气和灭火剂饱和蒸汽压混为一体，两者压力之和称为储存压力。

储气式灭火系统则是将增压气体与灭火剂分开储存。当施放灭火剂时，增压气体通过减压阀进入灭火剂储存容器中给灭火剂增压。该灭火系统相比储压式具有以下优点：

(1) 在整个灭火剂喷射期间，可保持恒定的喷射压力，系统设计计算比较简单；

(2) 可以提高灭火剂的储存量和充装比。

第三节　系统配置及其防护区设置

一、系统配置

无论哪种系统互相包含，了解它们的组成是很重要的。

(一) 储存容器间的设置

无管网灭火装置一般设在防护区内火灾不能蔓延到的地方，对于箱式灭火装置，如条件许可，应将储存容器设在防护区外，管网灭火系统的储存装置要设在专用的储瓶间内。

1. 储瓶间

(1) 储瓶间要尽量靠近防护区，灭火剂从容器阀流出到充满管网的时间不宜大于 10s；

(2) 储瓶间的耐火等级不应低于二级，出口应直接通向室外或疏散走道。储瓶间内的室温应为-10~50℃之间；

(3) 设在地下的储瓶间应设机械排风装置，排风口应直接通向室外。

2. 储存容器

储存容器一般设置在防护区以外的专用站内，站室的位置应尽量靠近防护区，必须用耐火极限不低于 3h 的墙与其他房间隔开，房间须有单独的安全门出口，直接通向室外或疏散通道。

(1) 储存容器的种类与规格

储存容器按压力不同分为高、低两种规格，CO_2高压系统的储存容器规格有：32、40、45 及 50L 四种，其相应的最大充装量见表 6-4。

表 6-4　CO_2高压系统储存容器规格

钢瓶容积/L	CO_2高压系统最大充装量/kg	钢瓶容积/L	CO_2高压系统最大充装量/kg
32	20	45	28
40	25	50	31

(2) 储存容器选择应注意的事项

① 储存容器的选择应尽量避免减少系统的“非均衡”；

② 在多个储存容器系统中，应按满足防护区灭火剂用量的最优组合来选择储存容器，使用同一集流管分配灭火剂的储存容器，其规格型号、充装压力、灭火剂充装量都必须完全相同；

③ 在管网较为复杂、管道过长时，充装密度也是选择储存容器的因素之一，因为储存容器的充装密度越大，开启压力降也越大，这时可以利用开启压力与管道内容积及灭火剂充装密度的函数关系，用调整管道内容积和减少充装密度的方法来解决。不过减少充装密度会增加储存容器的个数，致使成本提高。所以设计人员应做出优化选择；

④ 单个储存容器可以采用软管连接也可以用管道直接连在容器上，但多个容器就必须用软管连接到集流管上；

⑤ 为防止灭火剂在集流管产生回流到空瓶或从卸下的储瓶口处泄漏，在软管和集流管接口处安装单向止回阀。

（3）储存容器的选择与计算

储存容器必须经过选择与计算，确定总容积和个数。

① 储存容器的总容积应先设定充装密度 ρ_0，然后按公式计算

$$V_n = \frac{M_0}{\rho_0} \tag{6-1}$$

式中 V_n——储存容器的总容积，m^3；

M_0——灭火剂设计用量，kg；

ρ_0——充装密度，（kg/m^3）。

② 储存容器的个数，应选定储存容器的型号、规格，然后计算储存容器的个数：

$$n = V_n / V_i \tag{6-2}$$

式中 V_i——单个储存容器的容积，m^3。

在设计计算前，应确定产品的生产厂家，并根据该厂家的产品系列的型号、规格。对于同一个防护区，选择适当的储存容器应选用同样型号、规格的储存容器，并具有相同的储存压力和充装密度。同一防护区的灭火剂充装量不应小于设计充装量，灭火剂的储存压力根据环境温度变化而变化。

（二）容器阀

安装在储存容器上的阀门，用来封闭或释放气体灭火剂。按其结构形式可分为差动式和膜片式，差动式容器阀的规格按与其配套的储存容器来分，有直径 25mm、50mm、80mm 三种。启动方式有手动启动、拉索启动、气启动、电磁启动、电爆启动器等，在此不再详细叙述。

（三）选择阀与集流管

在多防护区的组合分配系统中，每个防护区在集流管上的排出支管上，均应设置与该防护区相对应的选择阀，集流管一般与储存容器用支架固定在一起。阀门平时处于关闭状态，当该防护区发生火灾时，由控制盘启动控制气源来开启选择阀，以便气体灭火剂从排出支管，通过选择阀进入火灾区，扑灭火灾。选择阀一般设在储瓶间内，尽量靠近集流管，并应便于应急手动操作，阀上应设有标明防护区的金属牌作为永久性标志。

（1）种类：按启动方式分为电动式和气动式。电动式采用电磁容器阀或直接采用电机开启；气动式则利用气体的压力，推动气体中的活塞，将阀门打开。该启动气源可以是专用气体或本罐气体灭火剂。

（2）选择阀规格：选择阀的规格有通径 *DN*32mm、40mm、50mm、65mm、80mm、100mm、125mm、150mm 等，选择时应与配管同径，一般采用法兰连接。

（四）气体绝缘器

在组合分配系统组或备用储存容器组共用同一根集流管时，在各个主动储存容器的容器阀上都必须安装一个气体绝缘器，见图 6-7，以防止当其他主动储存容器或另一组储存容器启动喷射灭火剂时，由于排放软管上的单向阀密封不严，压力气体通过主动储存容器的容器阀上的从动储存容器气启动管道进口，传到从动储存容器的气启动器上，从而引起从动储存容器的意外喷射。气体绝缘器应安装在容器阀上的压力取出口上。

（五）排放软管组

排放软管组是连接容器阀与集合管的重要部件。它允许储存容器与集合管之间的安装间

距存在一定的误差。另外，它上部带有单向阀，见图6-8。在组合分配系统中，当储存容器在释放灭火剂时，可防止无关的储存容器误喷射。排放软管组的规格有：接口口径为25mm，50mm(长度有680mm、380mm两种)，80mm共四种。

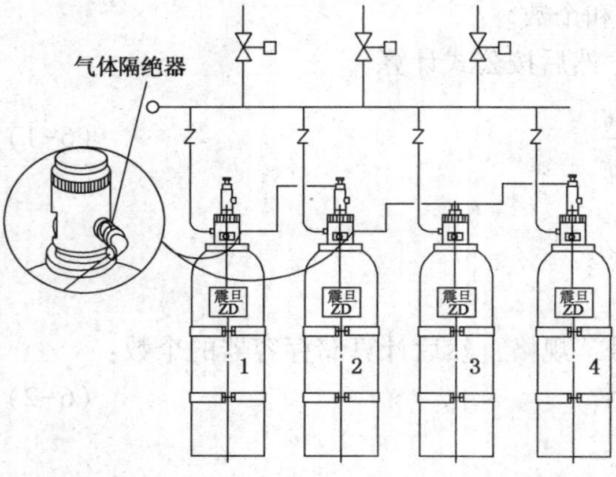

图6-7 气体隔绝器的安装位置

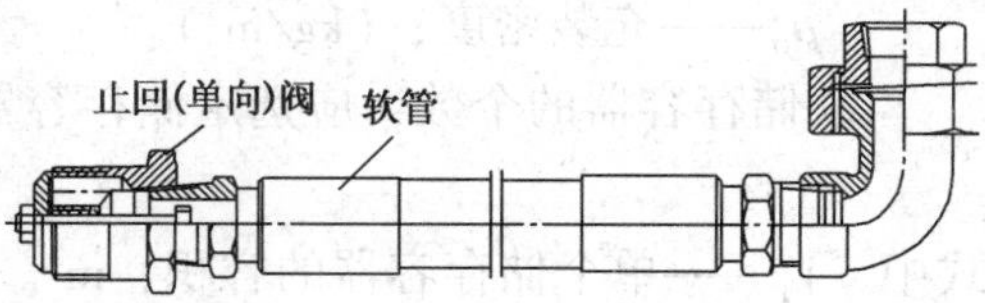

图6-8 排防软管

安全阀一般设置在储存容器的容器阀上，以及组合分配系统中的集流管上，在组合分配系统的集流管部分中，由于选择阀平时处于关闭状态，所以从容器阀的出口处到选择阀的进口端形成一个封闭的空间(虚线框内)。为防止储存容器发生误喷射而在此形成一个危险的高压压力，在集流管末端设置一个安全阀或泄压装置，当压力值超过规定值时，安全阀自动开启泄压，以保证管网系统的安全，安全阀或泄压装置一般只用于配管系统耐压等级较低的场所，见图6-9。对1.05MPa的系统，泄压压力为(1.8±0.18)MPa；对2.5MPa的系统，泄压压力为(3.7±0.37)MPa。泄压时不应造成人身伤害，尽量用管道将泄出物排送到安全的地方。

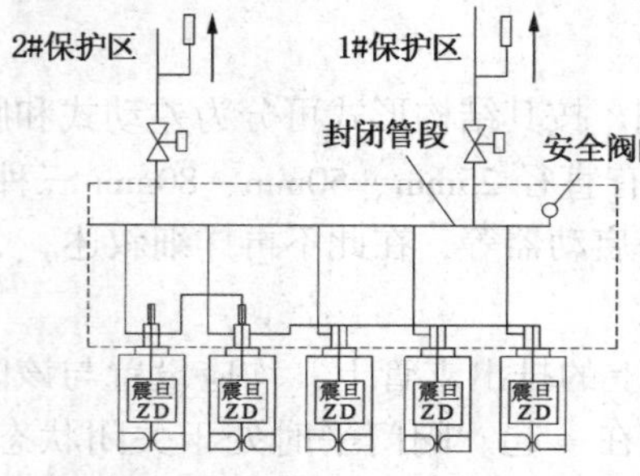

图6-9 安全阀的设置示意图

每个防护区的干管上应设压力讯号器或流量讯号器，以送出信号表明灭火剂施放，讯号器应设在选择阀的下游。

(六) 喷头

1. 功能

喷头在气体灭火系统中的作用

(1) 主要控制灭火剂的喷射速率，并使灭火剂迅速汽化；

(2) 把灭火剂均匀喷射到防护区的封闭空间。

2. 分类

(1) 喷头按系统的防护方式分为全淹没式喷头和局部保护式喷头，全淹没式喷头可以均匀喷射到防护区内的封闭空间，局部保护式喷头将灭火剂成扇形喷射或成锥形喷射到特定的被保护物的局部范围里。

(2) 喷头按其结构形式分为径射型、扇型、雾化型、螺旋型、槽边型等。

① 在卤代烷全淹没式灭火系统中，最常用的喷头形式为径射型和扇型，径射型喷头的规格有公称直径8mm、15mm、20mm、25mm、32mm、40mm、50mm、65mm、80mm九个系

列，每种系列的喷头又根据孔径的不同，可分为单孔、双孔和四孔三种，喷嘴形式及覆盖面积见图 6-10。

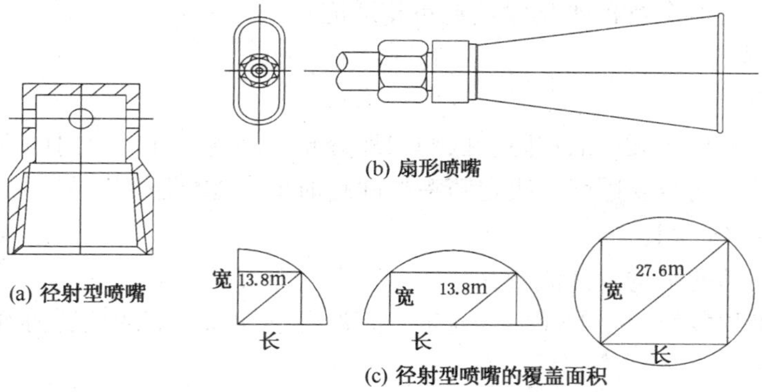

图 6-10　喷嘴形式及覆盖面积

每种系列喷头的孔径范围见表 6-5。

② 在局部防护式灭火系统中，通常采用扩散角度 45°、60°、90°三种喷头系列见图 6-11(a)。

③ 在 CO_2 灭火系统中的喷头采用全淹没式和局部保护式喷头。全淹没式喷头孔数有 2、3、4 孔三种，喷头孔径从 3.5~7.3mm，有 10 种规格见图 6-11(b) 中与图 6-11(c)；CO_2 局部保护式喷头有两孔，孔径有 3.5mm、4.2mm 及 5mm 三种。各生产厂的喷嘴都有多种类型，选择时要受到下列条件约束：

表 6-5　喷头孔径范围

喷头直径/mm	喷孔个数/个		
	1	2	4
	孔径数值 X/mm		
8	2.38~8.334	1.588~6.350	1.191~4.765
15	3.572~14.287	2.788~10.726	1.984~7.938
20	5.556~19.050	3.572~13.097	2.778~10.319
25	6.350~24.209	4.762~18.256	3.175~13.097
32	8.334~31.750	5.953~23.814	4.366~17.462
40	9.922~36.512	5.953~27.781	5.159~20.241
50	12.303~47.23	8.731~35.719	6.350~25.797
65	15.081~56.36	10.716~42.47	7.541~30.956
80	19.844~46.43	13.891~52.78	9.922~38.497

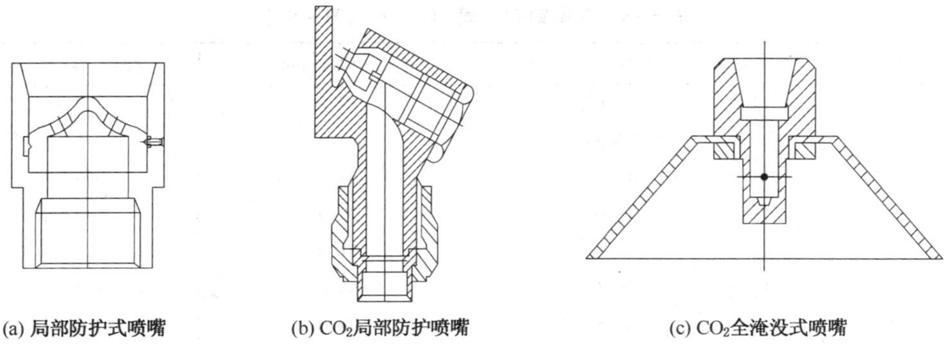

图 6-11　CO_2 全淹没式和局部防护式喷嘴

a. 应用高度与封闭空间的高度相适应；

b. 宜满足保护面积的要求；

c. 喷嘴流量特性与分配的平均设计流量相适应；

d. 雾化性能尽量好。

3. 喷嘴的布置

布置喷嘴的原则是使灭火剂在防护区均匀地分布。因此，在一个封闭空间内，喷嘴应均匀布置，并且喷嘴的间距要适度。决定喷嘴的间距时要考虑到下列因素：

(1) 喷嘴的保护面积；

(2) 分配给喷嘴的平均设计流量；

(3) 与建筑吊顶装修、空调风口、光带、感温、感烟探头等的位置协调。

4. 喷嘴的安装

喷嘴一般向下安装，当封闭空间的高度很小时，可侧向安装或向上安装，如活动地板下及吊顶内，喷嘴应有表示其型号规格的永久性标志，安装在有粉尘的防护区内的喷嘴，为防止被堵塞，应装设防尘罩，防尘罩应在喷射灭火剂时能被吹掉或吹碎。

(七) 管道系统

管道系统的设计要从管网布置、管材安装方面考虑。

1. 管网的布置

管网尽量布置成均衡系统。均衡系统必须同时满足下列三个条件，否则，为非均衡系统。

(1) 从储存容器到每个喷嘴的管道长度都大于最长管道(从容器到最远点喷嘴)或最长管道当量长度的90%；

(2) 每个喷嘴的平均设计质量流量均相等，均衡管网系统的计算可以大大简化，只需针对最不利点一个喷嘴进行计算，均衡系统的管网剩余灭火剂量也可不予考虑；

(3) 实际工程中，特别是较大的防护区，要设计成均衡系统是很困难的，因此多为非均衡系统，非均衡系统的管网要尽量对称布置，以增加喷射的均匀性，并减少管网剩余量。

2. 管材及其安装

(1) 管材

管道及其附件应能承受最高环境温度下灭火剂的储存压力。储存压力为1.05MPa及1.6MPa时，采用GB/T 3091—93《低压流体输送用镀锌钢管》中的加厚管，见表6-6。储存压力为2.5MPa时，采用YB 231—70《无缝钢管》，见表6-7。

表6-6 加厚镀锌钢管(GB/T 3091—93)

公称直径/mm	外径/mm	实际内径/mm	管道内容积/(m^3/m)
20	26.8	19.8	0.31×10^{-8}
25	33.5	25.5	0.51×10^{-8}
32	42.3	34.3	0.92×10^{-8}
40	48.0	39.5	1.23×10^{-8}
50	60.0	51.0	2.04×10^{-8}
65	75.5	66.5	3.47×10^{-8}
80	88.5	79.0	4.90×10^{-8}
100	114.0	104.0	8.50×10^{-8}

表 6-7　无缝钢管(YB 231—70)

公称直径/mm	外径/mm	壁厚/mm	管道内容积/(m^3/m)
20	27	3.5	0.31×10^{-8}
25	34	4.5	0.49×10^{-8}
32	42	5.0	0.80×10^{-8}
40	48	4.0	1.26×10^{-8}
50	60	5.0	1.96×10^{-8}
65	76	5.5	3.32×10^{-8}
80	89	4.0	5.03×10^{-8}
100	114	7.0	7.55×10^{-8}

输送启动气体的管道宜采用 GB 1527—87《拉制铜管》和 GB 1528—87《挤制铜管》标准中的紫铜管，对镀锌层有腐蚀的环境，管道可采用不锈钢管、铜管或其他抗腐蚀的材料，挠性连接的软管必须能承受系统的工作压力，宜采用符合现行国家标准《不锈钢软管》中规定的不锈钢软管。

(2) 连接

管段的连接配件主要包括直通、弯头、三通和变径接头，多数厂家的三通一般为等三通，管道变径时需用三通和变径接头结合起来使用。管径等于或小于 80mm 者采用螺纹连接，管径大于 80mm 者采用法兰连接。

(3) 管道支架

固定管网的支吊架可按《给水排水》图 S161 制作及安装，支吊架应进行镀锌处理，支吊架间的最大距离见表 6-8，在有电气火灾危险的防护区，卤代烷系统的组件与带部件之间的距离不应小于表 6-9 中规定的最小间距。

表 6-8　管道支吊架间距

公称直径/mm	20	25	32	40	50	80	100	150
间距/m	3.0	3.5	4.0	4.5	5.0	6.0	6.5	8.0

表 6-9　系统组件与带电部件之间的最小间距

标称线路电压/kV	≤10	35	110	220	330	400
最小间距/m	0.18	0.34	0.94	1.90	2.90	3.40

二、防护区的设置

(一) 全淹没式防护区的设置

1. 防护区的确定

防护区的划分应根据封闭空间的结构特点、数量和位置来确定。

(1) 当一个防护区包括两个或两个以上封闭空间时，要使设计的系统，能恰好按各自所需的灭火剂量，同时施放给这些封闭空间是比较困难的。故当一个封闭空间的围护结构是难燃体或非燃体，且在该空间内能建立扑灭被保护物火灾所需的灭火剂设计浓度和保持一定的浸渍时间时，宜将这个封闭空间划为一个防护区。若相邻的两个或两个以上封闭空间之间的隔断，不能阻止灭火剂流失而影响灭火效果或不能阻止火灾蔓延，则应将这些封闭空间划分为一个防护区，如典型的计算机房，室内净空分为3个空间，上层是吊顶至楼板，中间是吊顶至活动地台，下层是活动地台到地面，由于它们之间用难燃和非燃材料间隔，存在3个封闭空间，但它们是一个防护区。一个单独的封闭房间就是一个防护区；两个里外间相通的封闭的计算机房是一个防护区。

（2）一个防护区都应设置一个并尽量只设一个管网系统进行保护，有时也可把防护区内各封闭空间分别用一个单元独立系统保护，但这些系统必须设计成可以联合同时作用。

（3）当一个防护区内含有两个或两个以上的封闭空间时，设计喷嘴及管网时，可以设计使每个封闭空间成各自独立的系统来保护，这些系统必须能同时动作，也可以设计一套系统来保护，但各个空间内布置的喷头，应能确保每个封闭空间灭火剂浓度以及保持该浓度的浸渍时间均能达到设计要求。一般在管网灭火系统设计中采用后一种方式，当存在多个防护区时，各防护区的管网系统应尽量设计成组合分配系统，以节省灭火剂和储存容器，并减少储瓶间面积。

防护区一旦确定，就可以求出防护区的容积，按照图纸上建筑轴线和标高计算，也可以实际丈量，计算时要注意多个封闭空间的容积相加。

2. 防护区的环境温度

（1）CO_2灭火系统对防护区未做限制，在20~100℃之间不必考虑，但是当环境温度上限超过100℃时，对其超过的部分应按每5℃增加2%的CO_2用量，当环境温度下限低于-20℃时，其低于的部分应按每1℃需增加2%的CO_2用量，如当环境温度为-24℃时，需要增加8%的CO_2用量。

（2）对土建、电气、通风专业的要求：防护区内应设有能在30s内使该区人员疏散完毕的通道与出口，防护区的门应能自行关闭，并应保证在任何情况下均能从防护区内打开，并应设置火灾和灭火剂施放的声控报警器，在防护区的每个入口处应设置光报警器和采用灭火系统防护的标志。在喷射灭火剂前，防护区的通风机和通风管道的防火阀应自动关阀，对该防护区形成闭合回路的通风系统可不关闭，有可能会增加室内可燃物、产生点火源、能造成灭火剂流失的一类生产操作（如补充燃料、喷涂油漆、电加热等）应停止进行。无窗或固定窗扇的地上防护区和地下防护区，应设置机械排风装置，以使灭火后的防护区通风换气。

3. 防护区的大小

在一个防护区内所需要的灭火剂量与防护区的容积成正比；一个大的防护区内同时发生火灾的可能性不大，不如采用非燃烧体将其分隔成几个较小的防护区，采用组合分配系统来保护更为经济。同时为保证人员安全，施放灭火剂前30s内人员能疏散完毕，防护区过大，人员疏散很难迅速撤离，还有管网太长造成的灭火剂量增加等因素，鉴于以上因素，每个防护区必须是一个固定的封闭空间。

（1）该防护区的尺寸不宜大于表6-10数据。

表6-10　防护区的最大尺寸

防护区尺寸	灭火方式	
	管网灭火系统	无管网灭火系统
面积/m^2	500	100
容积/m^3	2000	300

（2）封闭空间的围护边壁（包括门、窗）应同时满足下列要求：

① 耐火极限≥0.60h(吊顶作边壁时可≥0.25h)；

② 允许压强≥1200Pa；

③ 具有较好的封闭性能，有效地防止灭火剂流失，满足浸渍时间要求，见表6-11。

表6-11　灭火剂的浸渍时间

可燃固体表面火灾	≥10min
可燃气体火灾，甲、乙、丙类液体火灾，电气火灾	≥1min

4. 防护区的开口

全淹没系统应是一个封闭良好的空间，才能达到将灭火剂均匀分布并保持一定的浸渍时间。防护区存在开口是非常不利的，因为火灾会蔓延到邻近建筑物，而且要达到规定的浓度和一定的浸渍时间，需要增加大量灭火剂，所以尽可能不设开口或开口要设自动关闭的装置(防火阀或防火卷帘)。对于不能关闭的开口面积，应做如下限制：

(1) 对CO_2灭火系统防护区的开口限制

在CO_2灭火系统过程中，对于表面火灾，不能自行关闭的开口面积，不应大于防护区总内表面积的3%，且不应设在底面；对固体深位火灾，除泄压口外，不允许存在任何开口。

(2) 防护区内应有泄压口，设于外墙上，其位置应在距地面2/3以上的室内净高处。

泄压口面积按(6-3)式计算：

$$S=7.65\times10^{-2}\frac{q_{avg}}{\sqrt{p}} \tag{6-3}$$

式中　S——泄压口面积，m^2；

p——防护区围护构件(包括门窗)的允许压强，Pa；

q_{avg}——灭灭剂的平均设计流量，(kg/s)。

当防护区设有防爆泄压孔或门窗缝隙没设密封条的，可不设泄压口。

(二) 局部应用系统防护区的设置

1. 防护区的设置

局部应用系统可用于设有固定封闭空间的防护区，也可用于防护大型封闭空间中的局部危险区，因此设置划分局部应用系统防护区的首要原则，必须避免防护区内外的可燃物在发生火灾时相互传播导致火灾蔓延。一个局部应用系统的防护区范围，应将火灾发生时可能蔓延到的地方包括进去，或将该防护区同临近的可燃物用非燃烧体或难燃烧体隔开。

当一组互相连接具有火灾危险的场所划分成若干个较小的防护区，用局部应用系统分别保护时，每个局部应用系统必须对相邻的场所加以保护，以防止火灾蔓延。

采用CO_2局部应用系统，保护对象周围的空气流动速度，不宜大于3m/s，超过时要设挡风措施或扩大防护范围。

2. 防护区的大小

采用卤代烷局部应用系统的防护区不宜太大，因为局部应用系统所需的灭火剂要比全淹没式高出许多倍。从我国经济水平及消防设施，一般认为：对于平面火灾的防护区，其防护面积不宜大于25m^2，最多不得超过50m^2；对于立体火灾的防护区，其防护体积不宜大于50m^3，最多不得超过100m^3。

CO_2局部应用系统防护区的大小，可以与全淹没式系统防护区相当，即一个封闭空间开口为总面积3%的保护对象。

第四节　CO_2灭火系统设计与计算

一、全淹没系统设计计算

CO_2全淹没系统包括三个部分：储存容器、管道及喷头。系统计算的任务，是确定储存容器个数、储存压力和充装比、各管段管径、喷头的孔口面积等几个参数。

管网计算必须要达到的目标是，管网系统应在规定的时间内，将需要的灭火剂用量施放到防护区，并使之在防护区内均匀分布。

管网计算的总原则是，管道直径应满足输送设计流量的要求，同时，管道最终压力也应满足喷头入口压力不低于喷头最低工作压力要求。

对于高压储压系统喷头的入口压力，一般不宜低于2.0MPa，最小不应小于1.4MPa，对低压储压系统喷头入口不低于压力不应低于1.0MPa。

（一）系统设计计算步骤

（1）根据灭火剂总用量和单个储存容器的容积，及其在某个压力等级下的充装比，求出储存容器个数；

（2）根据管路布置，确定计算管段长度。计算管段长度为管段直长和管道附件当量长度之和，管道附件当量长度参见表6-12；

表6-12　管道附件的当量长度(参考件)

项目	螺纹连接			焊接		
管道公称直径/mm	90°弯头/m	三通的直通部分/m	三通的侧通部分/m	90°弯头/m	三通的直通部分/m	三通的侧通部分/m
15	0.52	0.3	1.04	0.24	0.21	0.64
20	0.67	0.43	1.37	0.33	0.27	0.85
25	0.85	0.55	1.74	0.43	0.34	1.07
32	1.13	0.70	2.29	0.55	0.46	1.40
40	1.31	0.82	2.65	0.64	0.52	1.65
50	1.68	1.07	3.42	0.85	0.67	2.10
65	2.01	1.25	4.09	1.01	0.82	2.50
80	2.50	1.56	5.06	1.25	1.01	3.11
100	—	—	—	1.65	1.34	4.09
125	—	—	—	2.04	1.86	5.12
150	—	—	—	2.47	2.01	6.16

（3）初定管径；

（4）计算输送干管平均质量流量；

（5）计算管路终端压力；

（6）根据每个喷头流量和入口压力，算出喷头等效孔口面积，根据等效孔口面积，选定喷头产品的规格。

（二）系统设计浓度、喷放时间、物质系数

CO_2设计浓度不应小于灭火浓度的1.7倍，并不得低于34%(体积比)，各种可燃物的CO_2设计浓度见附表6-1。对表面火灾，CO_2喷放时间为1min；对深位火灾，CO_2喷放时间为

7min，但是必须在 2min 内使防护区达到 30%的浓度。

CO_2的设计浓度按极限氧含量计算理论 CO_2灭火浓度值，按下式(6-4)计算

$$C=\frac{21-[O_2]}{21}\times 100 \tag{6-4}$$

式中　C——CO_2的灭火浓度(临界值),%(体积比)；

$[O_2]$——在 CO_2—空气混合气中，某物质维持燃烧的极限含氧量,%(体积比)，见附录表 6-2；

21——一般空气中的氧含量,%(体积比)。

为了灭火的可靠性，CO_2的灭火设计浓度，应取测定灭火浓度(临界值)的 1.7 倍，并且规定 34%是最小的灭火设计浓度。

(三) CO_2的用量计算

CO_2全淹没系统设计总用量一般包括：设计灭火剂用量、流失补偿量(剩余量)和储存量。

1. CO_2设计用量

CO_2设计灭火用量按以下三个计算公式计算

$$M=K_b(0.2A+0.7V) \tag{6-5}$$

$$A=A_vV+30A_k \tag{6-6}$$

$$V=V_g+V_n \tag{6-7}$$

式中　M——CO_2设计用量，kg；

K_b——物质系数，见附录附表 6-2；

A_v——防护区的总表面积，m^2；

A_k——防护区开口的总面积，m^2；

0.2——考虑流失影响的系数；

V_g——防护区的净容积，m^3；

0.7——系作为 CO_2基本用量的系数；

30——开口补偿系数；

V_n——通风带来的附加体积，m^3，指 CO_2在喷放时间和灭火必须保持的抑制时间内，通过机械通风送到防护区或从防护区抽出去的空气量，m^3。若灭火前，风机与报警联锁停转，则 $V_n=0$。

当防护区环境温度高于 100℃时，每高出 5℃应增加 2%；低于-20℃，每降低 1℃应增加 2%。

2. 剩余量

剩余量 W_3是指系统灭火后剩余在管网内和储存容器内的灭火剂量。

当管网布置成均衡系统时，管网内剩余量可以不必考虑。储存容器内的剩余量，工程设计中，CO_2储存容器的剩余量可按设计用量的 8%计算，管网内的剩余量忽略不计。

3. 储存量

CO_2灭火系统的储存量应为设计用量和剩余量之和，可按式(6-8)计算

$$M_C=1.08M \tag{6-8}$$

式中　M_C——CO_2灭火系统的储存量，kg；

M——CO_2设计用量，kg。

（四）CO_2局部应用系统设计灭火剂用量

1. CO_2设计用量

当着火部位为比较平直的表面时，采用公式6-9面积法计算

$$M=NQ_jt \tag{6-9}$$

式中 N——喷头个数；

Q_j——单个喷头的设计流量，kg/min；

t——喷射时间，min。

2. CO_2设计用量

当采用体积法进行计算时，设计用量应按式6-10

$$M=V_1q_vt \tag{6-10}$$

式中 V_1——计算体积，m^3；

q_v——喷射强度，kg/min·m^3；

t——喷射时间，min。

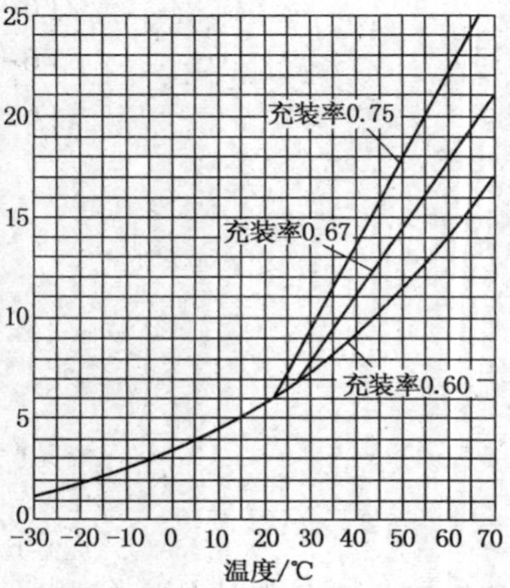

图6-12 不同充装率的CO_2的温度、压力曲线

（五）储存容器个数估算

储存容器数量是根据CO_2储存量确定的，同时要考虑CO_2的充装率按式(6-11)初步估算，

$$n_p=1.1\frac{M_C}{\alpha}\cdot V_0 \tag{6-11}$$

式中 n_p——储存容器个数(个)；

M_C——CO_2灭火剂储存用量，kg；

V_0——单个储存容器的容积，L；

α——储存容器中CO_2的充装率，kg/L。

充装率又称充装密度，系指储存容器内CO_2的质量与储存容器的容积之比，即表示CO_2的平均储存密度。充装率不能太大，否则对储存容器的安全会造成威胁，图6-12为不同充装率时储存容器内压力随温度变化情况，CO_2的充装率为0.6~0.67kg/L，当储存容器内工作压力不小于20MPa时，其充装率为0.75kg/L。

（六）管网计算

1. 管径确定

如前所述，CO_2系统的管道内径应根据管道设计流量和喷头入口压力通过计算确定。初选管径公式为

$$D=(1.5\sim2.5)\sqrt{Q} \tag{6-12}$$

式中 D——管道内径，mm；

Q——管道的设计量流量，kg/min；

管网干管的设计流量，按式(6-13)计算，即

$$Q=M/t(\text{kg/min}) \tag{6-13}$$

管网支管的设计流量，按式(6-14)计算，即

$$Q = \sum_{i=1}^{n} Q_i \tag{6-14}$$

式中　n——安装在计算支管流程下游的喷头数量；

Q_i——单个喷头的设计流量，kg/min。

设计用量所要求的管径如表 6-13。

表 6-13　初定管径

CO_2设计用量/kg	管道内径/mm	喷头截面总和/$\sum A$（mm^2）	CO_2设计用量/kg	管道内径/mm	喷头截面总和/$\sum A$（mm^2）
30	15	170	300~360	40	1240
60~90	20	300	390~600	50	2040
120~150	25	510	630~990	70	3470
180~270	32	920	1020~1380	80	4870

2. CO_2管道压力降计算

CO_2管道压力降的求解有两种方法：一是公式计算法；二是图解法。相比较而言，图解法使用方便，但精度比计算法差些。

（1）公式计算法

CO_2 在管道中流动呈气液两相流，规范给出按照两相流特性推导而得的管道压力损失计算公式为 6-15。

$$Q^2 = \frac{0.8725 \times 10^{-4} D^{5.25} Y}{0.04319 D^{1.25} Z + L} \tag{6-15}$$

或

$$Y_2 = Y_1 + ALQ^2 + B(Z_2 - Z_1)Q^2 \tag{6-16}$$

式中　Y——压力系数（$MPa \cdot kg/m^3$）；

Z——密度系数；

L——管段计算长度，m；

Q——计算管段平均质量流量，kg/min；

D——管段内径，m；

Y_1——计算管段的始端 Y 值；

Y_2——计算管段的终端 Y 值；

Z_1——计算管段的始端 Z 值；

Z_2——计算管段的终端 Z 值；

A，B——系数。

$$A = \frac{1}{0.8725 \times 10^{-5} D^{5.25}} \tag{6-17}$$

$$B = \frac{4950}{D^4} \tag{6-18}$$

管道的压力系数 Y 及密度系数 Z 由表 6-14 查得。

（2）图解法

将公式计算法中式（6-15）变换成下式（6-19）。

$$\frac{L}{D^{1.25}}=\frac{0.8725\times10^{-5}Y}{(Q/D^2)^2}-0.04319Z \tag{6-19}$$

表 6-14　高压储存系统(5.17MPa)与低压储存系统(2.07MPa)的 Y 值和 Z 值

高压系统			高压系统		
MPa	$Y/(MPa\cdot kg/m^3)$	Z	MPa	$Y/(MPa\cdot kg/m^3)$	Z
5.17	0	0	3.5	927.7	0.830
5.10	55.4	0.0035	3.25	1005.0	0.950
5.05	97.2	0.0600	3.0	1082.3	1.086
5.0	132.5	0.0825	2.75	1150.7	1.240
4.75	303.7	0.210	2.5	1219.3	1.430
4.5	461.6	0.330	2.25	1250.2	1.620
4.25	612.9	0.427	2.0	1285.5	1.840
4.0	725.6	0.570	1.75	1318.7	2.140
3.75	828.3	0.700	1.4	1340.8	2.590
低压系统			低压系统		
MPa	$Y/(MPa\cdot kg/m^3)$	Z	MPa	$Y/(MPa\cdot kg/m^3)$	Z
2.07	0	0	1.5	369.6	0.994
2.0	66.5	0.12	1.4	404.5	1.169
1.9	150.0	0.295	1.3	433.8	1.344
1.8	220.1	0.470	1.2	458.4	1.519
1.7	279.0	0.645	1.1	478.9	1.693
1.6	328.5	0.820	1.0	496.2	1.868

以比管长 $L/D^{1.25}$ 为横坐标，压力 $p(10^{-1})$ 为纵坐标，依照公式(6-19)，在该坐标系中取不同的的比流量 Q/D^2 的值，可得到一组曲线族，如图 6-13 和图 6-14，依据此图就可以求出管道的压力降值。

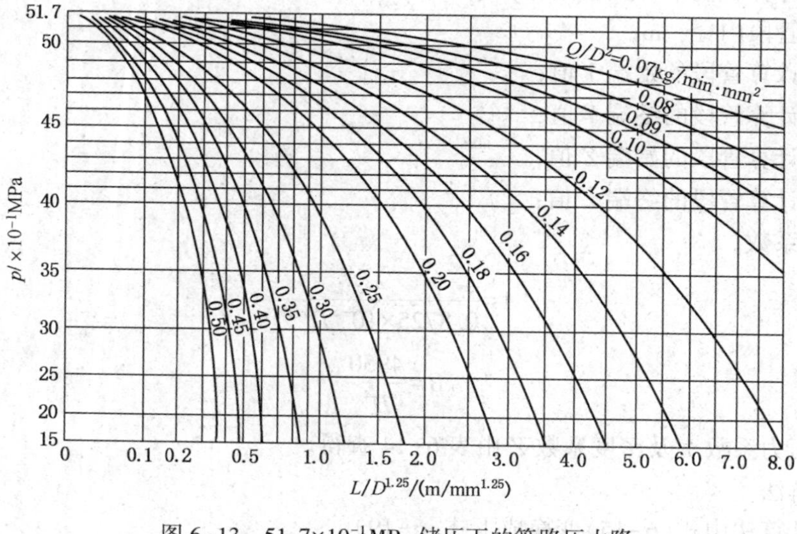

图 6-13　51.7×10^{-1}MPa 储压下的管路压力降

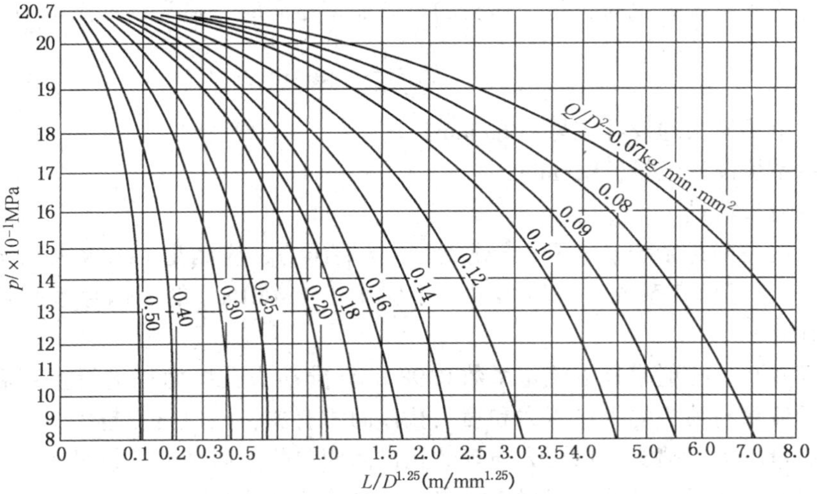

图 6-14 20.7×10^{-1}MPa 储压下的管路压力降

使用图解法时，先计算各计算管段的比管长 $L/D^{1.25}$ 和比流量 Q/D^2 值，取管网的的起点压力为储压的储存压力，以第二计算管段的始端压力等于第一计算管段的终端压力，又可找出第二计算管段的终端的压力，如此类推直至求得系统最末端的压力。

3. 高程压力校正

在 CO_2 系统计算中，对管段高程差所引起的势能水头差应进行高程压力校正，并计入已计算管段的终端压力，水头差是重力作用的结果，方向永远向下，所以，当 CO_2 向上流动时取负值，当 CO_2 向下流动时取正值，高程压力校正值等于高程与校正系数之乘积，高程校正系数表 6-15。

表 6-15 储存系统高程校正系数

储存压力	平均管线压力/MPa	高程校正值/MPa	储存压力	平均管线压力/MPa	高程校正值/MPa
低压	2.07	0.0100	高压	5.17	0.0080
	1.93	0.0078		4.83	0.0068
	1.79	0.0060		4.48	0.0058
	1.65	0.0047		4.14	0.0049
	1.52	0.0038		3.79	0.0040
	1.38	0.0030		3.45	0.0036
	1.24	0.0024		3.10	0.0028
	1.10	0.0019		2.76	0.0024
	1.00	0.0016		2.41	0.0019
				2.07	0.0016
				1.72	0.0012
				1.2	0.0010

（七）喷头

喷头的数量可以根据防护区的面积和每个喷头的保护面积（保护半径）来确定，喷头的布置要均匀分布，以保证释放出的 CO_2 在防护区压力均匀分布。

喷头设计流量应符合式（6-20）：

$$\sum_{i=1}^{n} Q_i = Q \tag{6-20}$$

当管网为均衡系统布置时，每个喷头的设计流量相同时，喷头设计流量为

$$Q_i=\frac{Q}{n} \tag{6-21}$$

式中 Q_i——单个喷头的设计流量，kg/min；

Q——系统设计流量，kg/min；

n——喷头数量。

喷头入口压力即是系统最末管段(或支管)终端压力，应满足 CO_2 灭火系统喷放性能的技术要求(对于高压储存系统喷头压力最小不应小于 1.4MPa；低压储存系统喷头压力最小不应小于 1.0MPa)。

喷头的等效孔口喷射率是以流量系数 0.98 的标准喷头孔口面积进行换算后的喷头孔口面积。喷头的流量与喷头的入口压力和喷头孔口面积有关，入口压力越大，喷头孔口面积越大，喷头的流量越大，喷头入口压力与等效孔口面积单位喷射率的关系见表 6-16。

喷头孔口尺寸通过等效孔口喷射率求出，计算公式见式(6-22)。

$$F=\frac{Q_i}{q} \tag{6-22}$$

式中 F——等效孔口面积，mm^2；

Q_i——喷头流量，kg/min；

q——等效孔口喷射率，$kg/min\cdot mm^2$。

表 6-16 低压(2.07MPa)与高压(5.17MPa)储存系统等效孔口的喷射率

储存压力	喷头入口压力/MPa	喷射率/($kg/min\cdot mm^2$)	储存压力	喷头入口压力/MPa	喷射率/($kg/min\cdot mm^2$)
低压	2.07	2.967	高压	5.17	3.255
	2.0	2.039		5.00	2.703
	1.93	1.670		4.83	2.401
	1.86	1.441		4.65	2.172
	1.79	1.283		4.48	1.993
	1.65	1.164		4.31	1.839
	1.59	1.072		4.14	1.705
	1.52	0.9913		3.96	1.589
	1.52	0.9175		3.79	1.487
	1.45	0.8507		3.62	1.396
	1.38	0.7910		3.45	1.308
	1.31	0.7368		3.28	1.223
	1.24	0.6869		3.10	1.139
	1.17	0.6412		2.93	1.062
	1.10	0.5990		2.76	0.9843
	1.00	0.5400		2.59	0.9070
				2.41	0.8296
				2.24	0.7593
				2.07	0.6890
				1.72	0.5484
				1.40	0.4333

求得等效孔口面积后可从产品手册中选取与等效孔口面积等值、喷射性能符合设计规格

的喷头，注意选择所需的喷头种类要与系统一致(全淹没式喷头或局部淹没式喷头)表6-17是ISO标准提供的喷头标准号。

表6-17　喷头标准号

喷头型号	等效孔口直径/mm	等效单口面积/mm^2	喷头型号	等效孔口直径/mm	等效单口面积/mm^2
2	1.59	1.98	12	9.53	71.29
3	2.38	4.45	13	10.3	83.61
4	3.18	7.94	14	11.1	96.97
5	3.97	12.39	15	11.9	111.3
6	4.75	17.81	16	12.7	126.7
7	5.56	24.26	18	14.6	160.3
8	6.35	31.68	20	15.9	197.9
9	7.14	40.06	22	17.5	239.5
10	7.94	49.48	24	19.1	285
11	8.73	59.87			

【例6-1】　一个CO_2全淹没灭火系统，其管网系统如图6-15，已知管网参数见表6-18，试用图解法计算CO_2管道压力降。

表6-18　管网参数

节点	管径/mm	管长/m	当量长/m	管段流量/(kg/min)
1、2	32	1.5	三通分支=2.4	318.0
2、3	32	1.0	弯头=2.0	318.0
3、4	32	2.0	三通直路2个+弯头=3.4	318.0
4、5	32	3.0	阀+弯头=7.0	318.0
5、6	32	23	弯头=2.0	318.0
6、7	25	4.0	三通分支+变径+弯头=4.3	159.0
7、8	20	2.0	三通分支+变径+弯头=3.8	79.5

解：起点1的计算压力为5.17MPa，计算时使用图6-15的局部放大图6-16，比管长($L/D^{1.25}$)和比流量(Q/D^2)值求解。

管段1-2(节点2、3，立管向下)：

$$Q/D^2=318/32^{1.25}=0.3105\text{kg/min}\cdot\text{mm}^2$$

查图6-16得节点2的压力，即$p_2=5.1$MPa

管段2-3(节点1、2)：

$$L/D^{1.25}=(1.0+2.0)/32^{1.25}=0.0394\text{m/mm}^{1.25}$$

$$Q/D^2=0.3105\text{kg/min}\cdot\text{mm}^2$$

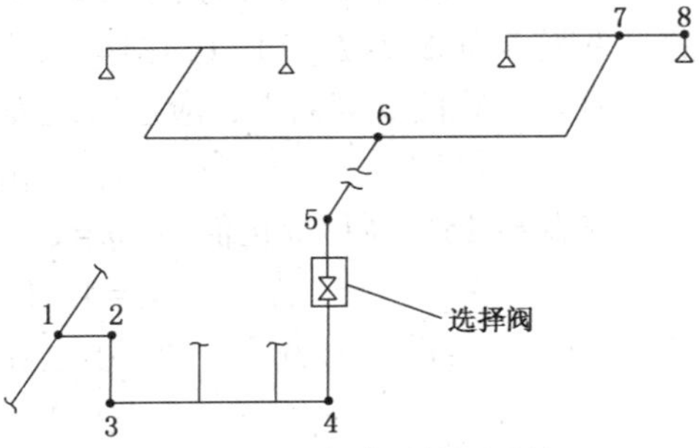

图6-15　CO_2全淹没管网系统

查图6-16，从$p=5.1$MPa开始沿$Q/D^2=0.3105$的曲线向下至节点3，使节点2与节点3的水平距离为：$\Delta(L/D^{1.25})=0.0394$，得即$p_3=5.042$MPa。

因管段2-3为向下立管，应进行高程值校正，管段平均压力为

$$p=(p_2+p_3)/2=5.071\text{MPa}$$

查表6-15，得高程校正值为$\Delta p=0.007$MPa，因立管向下，故p_3压力增加。校正后得

$$p_3=5.042+0.007\times1=5.049\text{MPa}$$

管段3-4(节点3、4)：

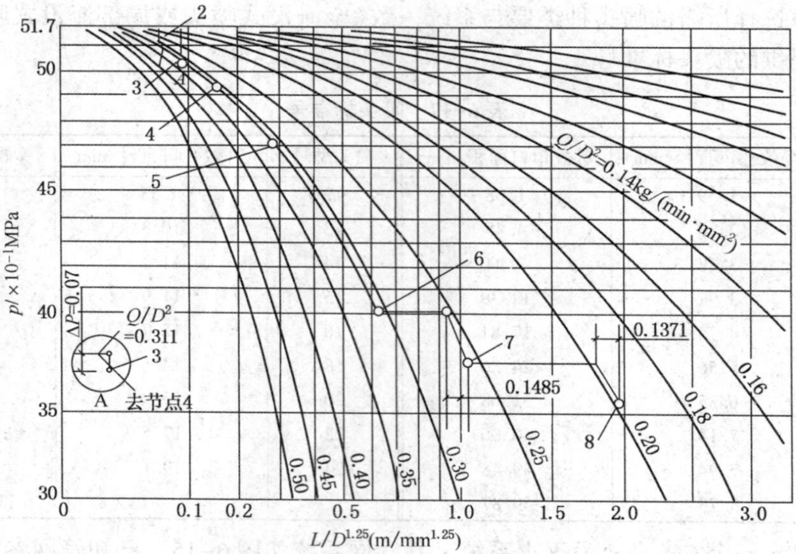

图 6-16 高压储存系统管路压力降

$$L/D^{1.25}=(2+3.4)/(32)^{1.25}=0.071\text{m/mm}^{1.25}$$

$$Q/D^2=0.3105\text{kg/min}\cdot\text{mm}^2$$

图 6-16 中，从 $p=5.042$ 垂直向上至 $p=5.049$，沿 $Q/D^2=0.3105$ 的曲线位置向下至节点 4，使节点 3 与节点 4 的水平距离为 $\Delta(L/D^{1.25})=0.071$，得

$$p_4=4.934\text{MPa}$$

管段 4-5(节点 4、5，立管向上)：

$$L/D^{1.25}=(3+7)/(32)^{1.25}=0.1314\text{m/mm}^{1.25}$$

$$Q/D^2=0.3105\text{kg/min}\cdot\text{mm}^2$$

查图 6-16 中，$p=4.934$ 沿 $Q/D^2=0.3105$ 的曲线位置向下至节点 5，使节点 4 与节点 5 的水平距离为 $\Delta(L/D^{1.25})=0.1314$，$p_5=4.711$MPa。

因 4-5 管段立管向上，应进行高程压力校正。管段平均压力为

$$p=(p_4+p_5)/2=4.823\text{MPa}$$

查表 6-15，高程校正值为 $\Delta p=0.0068$MPa，因立管向上，p_5压力应降低，校正后得

$$p_5=4.711-0.0068\times3=4.691\text{MPa}$$

管段 5(5-6)：$L/D^{1.25}=(23.0+2.0)/(32)^{1.25}=0.3285\text{m/mm}^{1.25}$

$$Q/D^2=0.3105\text{kg/min}\cdot\text{mm}^2$$

查图 6-16 中，从 $p=4.711$ 垂直向下至 $p=4.691$ 沿 $Q/D^2=0.3105$ 的曲线位置向下至节点 6，使节点 5 与节点 6 的水平距离为 $\Delta(L/D^{1.25})=0.3285$，得

$$p_6=4.01\text{MPa}$$

管段 6-7(节点 6、7)：$L/D=(4.0+4.3)/(25)^{1.25}=0.1485\text{m/mm}^{1.25}$

$$Q/D^2=159/(25)^2=0.2544\text{kg/min}\cdot\text{mm}^2$$

查图 6-16 中，从 $p=4.01$ 水平向右至 $Q/D^2=0.2544$ 位置，再沿着 $Q/D^2=0.2544$ 的曲线位置向下至节点 7，使节点 6 与节点 7 的水平距离为 $\Delta(L/D^{1.25})=0.1485$，得 $p_7=3.731$MPa，管段 6-8(节点 7、8)：

$$I/D^{1.25}=(2.0+3.8)/(20)^{1.25}=0.1371\text{m/mm}^{1.25}$$
$$Q/D^2=79.5/(20)^2=0.1988\text{kg/min}\cdot\text{mm}^2$$

查图 6-16 中，从 $p=3.731$ 水平向右至 $Q/D^2=0.1988$ 位置，再沿着 $Q/D^2=0.1988$ 的曲线位置向下至节点 8，使节点 7 与节点 8 的水平距离为 $\Delta(L/D^{1.25})$，得 $p_8=3.579$MPa，由于末端喷头压力为 35.79×10^{-1}MPa>14×10^{-1}MPa，故管网不必再做调整。

二、局部应用系统管网设计与计算

局部应用系统设计分为面积法和体积法，当着火部位是比较平直的表面时，宜采用面积法；当着火对象是不规则物体时，宜采用体积法。

CO_2 局部应用系统的喷射时间不应小于 0.5min，对于燃点温度低于沸点温度的可燃液体和可熔固体其喷射时间不应小于 1.5min。

（一）面积法设计计算

用面积法设计时，首先应确定所需保护面积，计算保护面积应按整体保护表面垂直投影面积考虑。设计中选用的喷头，应具有以试验为依据的技术参数。选些参数是以物质参数 $K_b=1$ 提供出的喷头在不同安装高度（系指喷头与被保护物表面的距离）的额定保护面积和喷射速率。设计者可根据被保护的面积、喷头可能安装的高度，以及尽可能减少喷头数量的原则，来选用适当的喷头。喷头有两种型式：

（1）架空型喷头：架空型喷头应根据喷头到保护对象表面的距离，来确定喷头的设计流量和相应的保护面积。

架空型喷头宜垂直于保护对象的表面布置，当需要采用非垂直位置布置时，以与保护对象表面的夹角不应小于 45°，在 45°~90°度范围内形成任一角度 φ 时，喷头的瞄准点（图 6-17 中 E_1，E_2 点）至保护对象表面边缘的距离（图 6-17 中的 L_1），应取等于喷头正方形保护面积的边长（图 6-17 中的 L）乘以表 6-19 中的瞄准系数 K_m。

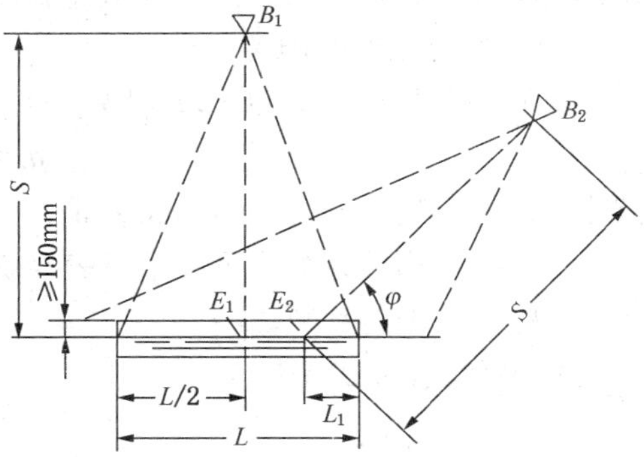

图 6-17 架空型喷嘴位置示意图

B_1、B_2—喷头布置位置；E_1、E_2—喷头瞄准点；S—喷头至瞄准点距离

表 6-19 架空型喷头的瞄准系数

安装角度 θ	瞄准系数 K_m
45°~60°	0.25
60°~75°	0.25~1.25
75°~90°	0.125~0

（2）槽边型喷头：槽边型喷头的保护面积，由喷头的设计喷射速率来确定，这是由于槽边型喷头的保护面积是其喷射宽度和射程的函数，喷射宽度和射程又是喷射速率的函数，且设计喷射速率计入一定的安全系数后，就可以作为确定喷头保护面积的设计依据。

喷头宜纵横等距布置，以正方形保护面积组合排列，并应完全覆盖保护对象。喷头的数量可按式（6-23）计算：

$$N\geq K_b\frac{S_L}{S_i} \tag{6-23}$$

式中 N——喷头数量，个；

K_b——物质系数，按附录表 6-1 的规定选用；

S_L——保护面积，m^2；

S_i——单个喷头的保护面积，m^2。

(3) CO_2设计用量的确定有二种方法

依据喷头的保护面积及其相应的设计流量和喷射时间来确定 CO_2灭火剂设计用量，可按式(6-24)计算：

$$M=t\sum Q_i t \tag{6-24}$$

式中 M——CO_2灭火剂设计用量，kg；

t——喷射时间，min；

Q_i——各个喷头的设计流量，(kg/min)。

当所用喷头规格型号相同时，则按式(6-25)计算：

$$M=n_i Q_i t \tag{6-25}$$

式中 n_i——喷头数量(个)。

(二) 体积法设计计算

用体积法设计时，首先要围绕保护对象设定一个假想的封闭罩。假想封闭罩应有实际的底面(如地板)，其周围和顶部如没有实际的围护结构(如墙等)，则假想罩的每个"侧面"和"顶盖"都应保持离被保护物不小于 0.6m 的距离。这个假想封闭罩的容积，即为"体积法"设计计算的体积(封闭罩内具体保护对象所占的体积不应扣除)。试验得知，体积法中所采用的 CO_2灭火设计喷射强度，与假想封闭罩侧面的实际围封程度有关。

(1) 喷射强度的确定。

其喷射强度可按式(6-26)计算

$$q_v=K_b(16-12K_w) \tag{6-26}$$

式中 q_v——喷射强度，$kg/min \cdot m^3$；

K_b——物质系数，可按附录表 6-2 采用。

K_w——围封系数。

K_w可用式(6-27)表达：

$$K_w=\frac{A_p}{A} \tag{6-27}$$

式中 A_p——设定封闭罩侧面围封结构中存在的实际围封面积，m^2；

A——设定封闭罩侧面围封结构中存在的实际围封面积与假定围封面积之和，m^2。

当设定的封闭罩侧面只有部分实际围封结构时，则喷射强度介于上述二者之间，其喷射强度可通过围封系数来进行确定，围封系数系指实际围护结构的侧面积与假想封闭罩总侧面积的比值。

(2) CO_2设计用量应按式(6-28)计算。

$$M=V_L q_v t \tag{6-28}$$

式中 M——CO_2设计用量，kg；

V_L——计算体积，m^3；

q_v——喷射强度，$kg/min \cdot m^3$；

T——喷射时间，min。

用体积法设计时，喷头的数量与布置应使喷射的CO_2分布均匀，并满足喷射强度和设计用量的要求。

（三）CO_2储存量的计算

局部应用灭火系统采用局部施放系统，经喷头把CO_2以液态形式直接喷到被保护对象表面灭火。为保证基本设计用量全部呈液态形式喷出，必须增加灭火剂储存量，以补偿汽化部分。我国《气体灭火系统设计规范》（GB 50370—2005）及英、美、日和 ISO 等标准，对局部应用灭火系统储存量计算，都作了同样规定：高压储存系统的储存量为基本设计用量的 1.4 倍；低压储存系统的储存量为基本设计用量的 1.1 倍。

1. 局部应用系统面积法

【例 6-2】 一个淬火油槽长 4.2m，宽 1.2m，采用CO_2局部应用系统面积法进行设计。根据工艺要求，喷头安装高度离油面不能低于 2.5m。

（1）面积法设计中喷头的选择与计算：参照喷头的试验资料（由生产厂家提供）：8#～14#七种喷头，安装高度为 2.5m 时，每个喷头的保护面积为 2.89m^2，系 1.7m×1.7m 的矩形面积。在宽度方向设单个喷头完全可以覆盖，而在长度方向即使布置 2 个喷头仍不能覆盖，必须布置 3 个喷头。取喷头的间距为 1.5m，见图 6-18。

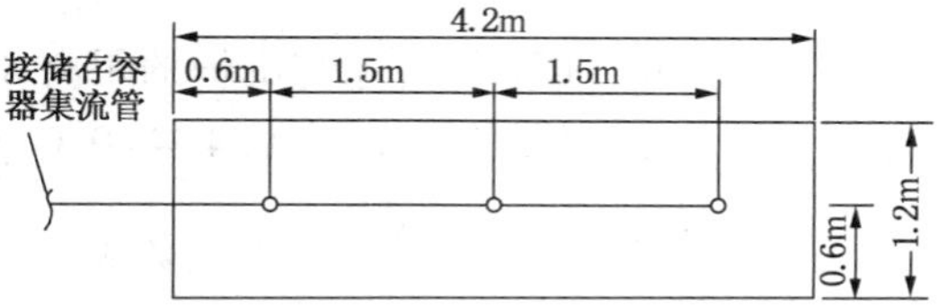

图 6-18　矩形淬火油槽喷嘴布置

根据喷头试验资料，8#喷头设计流量（在安装高度 2.5m 时）为 45.31kg/min，等效孔口面积为 31.68m^2，喷头的喷射率 $q=45.31/31.68=1.43$kg/min · mm^2（详见表 6-20）。

查表 6-20，喷头的入口压力应为 $P=3.68$MPa。8#～14#喷头在安装高度为 2.5m 时的设计流量和喷头入口压力，见表 6-20。

表 6-20　8#～14#喷头在安装高度为 2.5m 时的设计流量与喷头入口压力

喷头号	等效孔口面积/mm	设计流量/(kg/min)	喷射率/(kg/min · mm^2)	喷头入口压力/MPa
8#	31.68	45.31	1.43	3.68
9#	40.06	45.79	1.14	3.12
10#	49.48	47.09	0.95	2.69
11#	59.87	48.98	0.82	2.37
12#	71.29	46.82	0.66	1.99
13#	83.61	48.98	0.59	1.81
14#	96.97	45.36	0.47	1.50

（2）CO_2设计用量的确定：根据附录表 6-2，即可确定CO_2灭火剂设计用量。当 8#喷头设计流量 $Q_i=45.31$kg/min；灭火剂喷射时间为 0.5min 时，则灭火剂基本设计用量为 $M=n_iQ_it=3\times45.31\times0.5=68$kg。

（3）CO_2灭火剂储存量：由于管路较短，故不计管道蒸发量，CO_2高压储压系统灭火剂储存量为基本设计用量的 1.4 倍，则 $M'=1.4\times68=96$kg。

（4）选用 40LCO_2储存容器 4 个，每个储存容器灭火剂存余量为 1.5kg，总灭火剂剩余量为 6kg，则每个储存容器CO_2灭火剂实际充装量为$(96+6)/4=25.5$kg，储存容器的充装率为 $\alpha=0.64$。

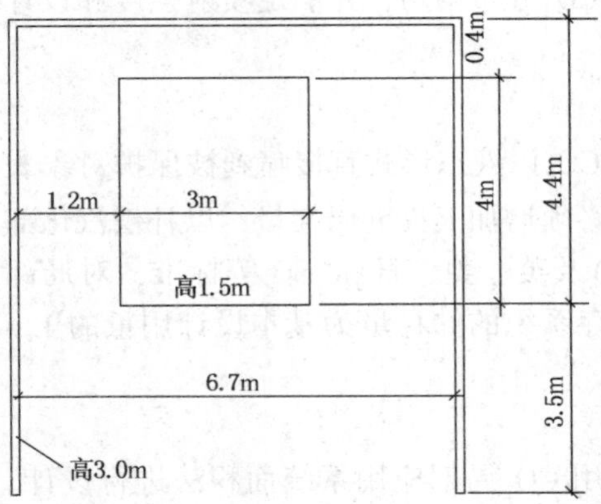

图 6-19　维护结构示意图

(5) 系统计算中其余参数的计算与全淹没系统相同，计算结果只要确认管道末端压力大于喷头入口压 3.68MPa，该系统即符合设计要求，否则还需进一步调整管径等。

2. 局部应用系统采取体积法设计封闭罩的计算示例

【例 6-3】 有一个保护对象的外形尺寸：高度 1.5m，宽度为 3m。放置在一个有顶的钢板围护隔间内，其中围护的一面(南)是敞开的，具体尺寸见图 6-19，物质系数 $K_b=1$。

解：计算封闭罩可按三种不同的情况进行计算。北面的墙与保护对象距离为 0.4m，按有围封考虑，其余方向有三种情况：

(1) 东西两面保护对象与围护的距离大于 0.6m，且均不考虑有围封。按此计算得：

$$封闭罩体积\ V_1=(0.4+4+0.6)\times(0.6+3+0.6)\times(1.5+0.6)=44.1m^3$$

$$封围系数\ K_{w1}=\frac{A_p}{A_t}=\frac{4.2}{2(5+4.2)}=0.228$$

$$喷射强度\ q_{v1}=K_b(16-12K_w)=1\times(16-12\times0.228)$$

$$=13.26kg/min\cdot m^3$$

$$设计用量\ M=V_Lq_v=44.1\times13.26=584.8kg/min$$

(2) 西面按有围封考虑，计算得

$$封围罩体积\ V_3=5\times(1.2+3+2.5)\times2.1=50.4m^3$$

$$封围系数\ K_{w3}=\frac{5+4.8}{2(5+4.8)}=0.5$$

$$喷射强度\ q_{v2}=1\times(16-12\times0.5)=10.0kg/min\cdot m^3$$

$$设计用量\ M=50.4\times10.0=504.0kg/min$$

(3) 东西两侧均按有围封考虑，计算得

$$封围罩体积\ V_3=5\times(1.2+3+2.5)\times2.1=70.35m^3$$

$$封围系数\ K_{w3}=\frac{2\times5+6.7}{2(5+6.7)}=0.714$$

$$喷射强度\ q_{v3}=1\times(16-12\times0.714)=7.43kg/min\cdot m^3$$

$$设计用量\ M=70.35\times7.43=522.7kg/min$$

从三种情况的计算结果分析，应按第二种计算为准，则考虑西、北两侧的围护墙为封围罩的实际围封，东西的围护离开保护对象太远，不能作为实际围封。

第五节　七氟丙烷灭火系统

随着社会经济的不断发展，各种功能的建筑物相继涌现在各大城市中，与此同时，人们对消防技术也有了更高的要求，一些可燃物、电气火灾、文物档案等是无法采用喷水灭火系统进行扑灭的，七氟丙烷灭火系统不仅灭火效果好，且在环保方面也有着很大的优势，消防系统中对其的应用也日益广泛。在此基础上，本节就七氟丙烷灭火系统做简要介绍。

一、七氟丙烷灭火系统概述

七氟丙烷是无色无味的气体，是由美国大湖化学公司开发的洁净气态化学灭火剂。它不含溴和氯元素，因而对大气中臭氧层无破坏作用，即 $ODP=0$。

1. 七氟丙烷的优点

（1）高效，低毒。毒性测试表明，其毒性比 1301 还要低，适用于经常有人工作的防护区。但仍须注意，在灭火过程中，七氟丙烷会分解产生对人体有伤害的气体，主要有一氧化碳（CO）、氟氢酸（HF）以及烟气。对人员暴露于七氟丙烷中的时间限制为：

① 9%体积浓度以下，无限制；

② 9%~10.5%，限制为 1min；

③ 10.5%以上，避免暴露。

（2）不导电，不含水性物质，不会对电器设备、磁带、资料等造成损害，并能提供有效防护。

（3）不含固体粉尘、油渍。它是液态储存，气态释放；喷后可自然排出或由通风系统迅速排除；现场无残留物，不受污染，善后处理方便。

2. 七氟丙烷的性能

七氟丙烷环境数据和物理特性分别见如表 6-21、表 6-22 所示。

表 6-21　七氟丙烷环境数据

杯式法灭火浓度		5.8%
设计灭火浓度		7.0%
惰化（抑爆）浓度	甲烷环境	8.0%
	丙烷环境	11.6%
急性中毒（4h，rat）LC_{50}		$>800000\times10^{-6}$
对心脏产生的敏感度	无可观察不良影响（无副作用的最高浓度 noael）	9.0%
	最低可观察不良影响（有副作用的最低浓度 loael）	10.5%
臭氧层损耗能力（ODP）		0
全球温室效应潜能值（GWP）	CFC11=1.00	0.3~0.5
	100（vsCO_2）	2050
大气中存留时间		31~42 年

注：1. 设计浓度比杯式灭火浓度高 20%。

2. LC_{50}是半数致死浓度，即导致半数试验动物死亡的浓度值。

表 6-22　七氟丙烷物理特性

分子式	CF_3CHFCF_3
化学结构	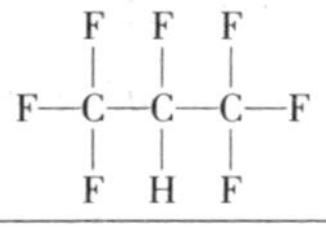
俗名	七氟丙烷
相对分子质量	170.03
冰点	-204°F（-131℃）

续表

沸点(1atm)		2.6°F(-16.36℃)
蒸气压	40°F(4.4℃)	32.9Lb/in^2(2.36×10^{5}Pa)
	70°F(21℃)	56.3Lb/in^2(4.04×10^{5}Pa)
	77°F(25℃)	66.4Lb/in^2(4.76×10^{5}Pa)
	130°F(54℃)	148.2Lb/in^2(10.63×10^{5}Pa)
蒸气密度 70°F(21℃)		2.01Lb/ft^3(32.2kg/m^3)
液体密度 70°F(21℃)		87.40Lb/ft^3(1400kg/m^3)
临界温度		215.1°F(101.72℃)
临界密度		38.76Lb/ft^3(1400kg/m^3)
临界压力		422Lb/in^2(30.26×10^{5}Pa)
临界体积		0.0258in^3/Lb(1.61L/kg)
饱和气体(1atm)比热容 77°F(25℃)		0.1734BTU/Lb·F [0.7248kJ/(kg·℃)]
饱和气体比热容 77°F(25℃)		0.1856BTU/Lb·F [0.7733kJ/(kg·℃)]
饱和液体比热容 77°F(25℃)		0.2633BTU/Lb·F [1.1kJ/(kg·℃)]
沸点汽化热		57.0BTU/Lb(132.5kJ/kg)
气体导热率 77°F(25℃)		0.0068BTU/h·ft·F[0.012W/(m·K)]
液体导热率 77°F(25℃)		0.040BTU/h·ft·F[0.069W/(m·K)]
液体黏度 77°F(25℃)		0226cP(0.226×10^{-3}Pa·s)

3. 应用范围

(1) 适用范围

① 电气火灾；

② 液体火灾或可熔化的固体火灾；

③ 固体表面火灾；

④ 灭火前能切断气源的气体火灾。

(2) 适用的火灾区域

① 防护的设施含贵重物品、无价珍宝，或公司赖以生存发展及维持正常运行所需资料档案及软、硬件设施等；

② 无自动喷水灭火系统或使用水系统会造成损失的设施；

③ 人员常住的区域；

④ 药剂喷放后清洗残留物有困难的区域；

⑤ 药剂钢瓶存放空间有限，少量灭火药剂即能达到灭火效能的区域；

⑥ 防护对象为电气设施，须使用非导电性的灭火药剂的区域。

(3) 典型的防护设施

数据处理中心，电信通信设施、过程控制中心，昂贵的医疗设施，贵重的工业设备，图书馆、博物馆及艺术馆，机械人，洁净室，消声室，应急电力设施，易燃液体储存区等。

(4) 不得用于扑救含有下列物质的火灾

① 含氧化剂的化学制品及混合物，如硝化纤维、硝酸钠等；

② 活泼金属，如钾、钠、镁、钛、铅、铀等；
③ 金属氢化物，如氢化钾、氢化钠等；
④ 能自行分解的化学物质，如过氧化氢、联胺等。

二、七氟丙烷灭火系统设计计算

1. 主要技术参数

主要技术参数如表 6-23 所示。

表 6-23 主要技术参数

灭火技术方式	全淹没	灭火技术方式	全淹没
系统设计工作压力	2.5MPa，4.2MPa	防护区最低环境温度	≥-10℃
系统最大使用工作压力	3.5MPa，5.42MPa	防护区面积	≤500m²
喷头工作压力	一般≥0.8MPa，最小≥0.5MPa	防护区容积	≤2000m³
单只喷头的保护半径	5.0m	系统启动方式	自动，手动，应急启动
喷头的保护高度	5.0m	系统启动电源	DC 24V，1A
喷放时间	≤10s	N_2启动瓶容积	4L、40L
储存容器充装率	≤1150kg/m³	N_2启动瓶充装压力	7.0MPa±1.0MPa
储存容器容积	100L	4.0LN_2启动瓶开启灭火剂瓶数	≤30 瓶
系统运行/储存温度范围	-10～50℃	40.0LN_2启动瓶开启灭火剂瓶数	≤200 瓶

2. 一般规定

一般在喷头数量、气瓶位置确定后，即可进行管道布置。管网宜布置成均衡系统，否则为不均衡系统。均衡系统的好处是：其一便于系统设计计算；其二可减少管网内灭火剂的剩余量，从而节省投资。

国外对于 2 或 4 个喷头的系统，要求布置为对称的（即均衡系统）。此系统每个喷头彼此对称地喷射同样质量的灭火剂。为达到这一目的，从气瓶阀门到喷头的管道口径必须相同，从气瓶阀门到喷头的管道系统必须对称，最短的管道长度不能少于最长的管道长度的 90%。此外，气瓶应尽可能靠近防护区域，以减少压力衰减因数。

（1）单元独立系统要预先设定管径、最大管长、最大管道配件数及喷头直径。其优点是：安装简单，不需经过冗长的计算，一般安装在比较小的房间内。选用方法：首先计算防护区净容积，确定环境最低温度及要求的设计浓度，然后查表并计算灭火剂用量，继之选定气瓶后，根据表 6-24，将其配置在防护区内。

表 6-24 预制灭火装置选用表

钢瓶容量/L	最小充装量/L	最大充装量/L	管径/mm	最大长度/m	最大管道配件数/个	喷头直径/mm
6.5	4	6	25	9	1① 5△②	25
13.0	7	12	256	9	1① 5△②	25
25.5	13	25	25	9	1① 5△②	25
52.0	26	56	40	12	1① 5△②	40
105.0	53	100	50	12	1① 5△②	50

注：① 活接头；
② 弯头。

（2）组合分配管网系统设计计算时，一般应考虑：

① 防护区应以固定的封闭空间划分，分别计算各保护空间的净容积；

② 每一保护空间的喷头处压力及灭火剂喷射时间应基本一致；

③ 管网管径、管长、T形接头、弯头、瓶头阀、选择阀及压力开关等均应进行严格的设计计算，使灭火剂喷射时间控制在10s以内；

④ 视现场情况制定方案，使每一保护空间的灭火剂浓度控制在允许的设计浓度之内；

⑤ 根据现场情况制定控制方案；

⑥ 对保护空间大、保护区多的系统，应设计备用量。

（三）设计用量(包括门、窗等缝隙高压喷射时漏失流量)

设计药剂用量按国家《七氟丙烷(HFC-227ea)洁净气体灭火系统设计规范》(以下简称《规范》确定，即式(6-29)

$$W=K\frac{V}{S}\cdot\frac{C}{100-C} \tag{6-29}$$

式中 W——设计药剂用量，kg；

V——防护区净容积(建筑构件除外)，m^3；

S——过热蒸气比容，m^3。用式 $S=0.1269+0.000513t$ 计算，式中 t 为防护区内的最低环境温度,℃；

C——七氟丙烷灭火(或惰化)设计浓度,%；

K——海拔高度修正系数，按表6-28取值。

无爆炸危险的气体、液体类火灾和固体类火灾的防护区，应采用灭火设计浓度；有爆炸危险的气体、液体类火灾的防护区，应采用惰化设计浓度。灭火设计浓度不应小于灭火浓度的1.2倍；惰化设计浓度不应小于惰化浓度的1∶1倍；几种可燃物共存或混合时，其设计浓度应按其最大的确定。固体表面火灾灭火浓度为5.8%；气体、液体类火灾灭火浓度如表6-55所示；气体、液体类火灾惰化浓度如表6-26所示；固体及气体、液体类火灾灭火设计浓度和浸渍时间如表6-27所示；K为海拔高度修正系数，如表6-28所示。

表6-25 气体、液体类火灾灭火浓度

可燃物	灭火浓度/%	可燃物	灭火浓度/%
丙酮	6.8	喷气4(JP-4)	6.6
乙腈	3.7	喷气5(JP-5)	6.6
AV汽油	6.7	甲烷	6.2
丁醇	7.1	甲醇	10.2
丁基醋酸酯	6.6	甲乙酮	6.7
环戊酮	6.7	甲基异丁酮	6.6
2号柴油	6.7	吗啉	7.3
乙烷	7.5	硝基甲烷	10.1
乙醇	8.1	丙烷	6.3
乙基乙酸酯	5.6	吡咯烷(Pyrollidine)	7.0
乙二醇	7.8	四氢呋喃	7.2
汽油(无铅，7.8%乙醇)	6.5	甲苯	5.8
庚烷	5.8	变压器油	6.9
1号水力流体	5.8	涡轮液压油23	5.1
异丙醇	7.3	二甲苯	5.3

表 6-26　可燃物的惰化浓度

可燃物	惰化浓度/%	可燃物	惰化浓度/%
1-丁烷	11.3	乙烯氧化物	13.6
1-氯-1，1-二氟乙烷	2.6	甲烷	8.0
1，1-二氯乙烷	8.6	戊烷	11.6
二氯甲烷	3.5	丙烷	11.6

表 6-27　灭火设计浓度和浸渍时间

火 灾 类 型	灭火设计浓度/%	浸渍时间/min	火 灾 类 型	灭火设计浓度/%	浸渍时间/min
图书库	≥10	≥20	带油开关的配电室	≥8.3	≥10
档案库	≥10	≥20	自备发电机房	≥8.3	≥10
票据库(包括金库)	≥10	≥20	通信机房	≥8	≥3
文物资料库	≥10	≥20	电子计算机房	≥8	≥3
油浸变压器室	≥8.3	≥20	气体和液体		≥1

表 6-28　海拔高度修正系数

海拔高度/m	修正系数(K)	海拔高度/m	修正系数(K)
-1000	1.130	2500	0.735
0	1.000	3000	0.690
1000	0.885	3500	0.650
1500	0.830	4000	0.610
2000	0.785	4500	0.565

（四）管网计算

1. 主干管平均设计流量

$$Q_W = \frac{W}{t} \tag{6-30}$$

式中　Q_W——主干管平均设计流量，kg/s；

W——药剂灭火设计用量，kg；

t——为药剂喷射时间，s。

2. 支管平均设计流量

$$Q_g = \sum_{i}^{N_g} Q_c \tag{6-31}$$

式中　Q_g——支管平均设计流量，kg/s；

N_g——安装在计算支管下游的喷头数量，个；

Q_c——单个喷头的设计流量，kg/s。

3. 喷放“过程中点”储存容器内压力

$$p_m = \frac{p_0 V_0}{V_0 + \dfrac{W}{2\rho} + V_p} \tag{6-32}$$

式中　p_m——喷放“过程中点”储存容器内压力，MPa；

p_0——储存容器额定增压压力，MPa，一级(2.5±0.125)MPa，二级(4.2±0.125)MPa；

W——药剂灭火设计用量，kg；

ρ——液体密度，kg/mL；20℃时为 1407kg/m³；

V_p——管道内容积 m³；

V_o——喷放前全部储存容器内的气相总容积，m³。

即

$$V_0 = n \cdot V_b\left(1 - \frac{\eta}{\rho}\right) \qquad (6-33)$$

其中 n——储存容器数量，个；

V_b——储存容器容量，m³；

η——充装率，kg/m³，即

$$\eta = \frac{W_S}{nV_b} \qquad (6-34)$$

式中 W_S——系统药剂设置用量，kg。

4. 按图 6-36 初定管径

可按平均设计流量及管道阻力损失为 0.003~0.02MPa/m 进行计算。

5. 计算管段阻力损失

(1) 按下式计算：

$$\Delta p = \frac{5.75 \times 10^5 Q_p^2}{\left(1.74 + 2\lg\frac{D}{0.12}\right)^2 D^5} L \qquad (6-35)$$

式中 Δp——计算管段阻力损失，MPa；

L——计算管段的计算长度，m；

Q_p——管道流量，kg/s；

D——管道内径，mm。

(2) 按图 6-20 确定。

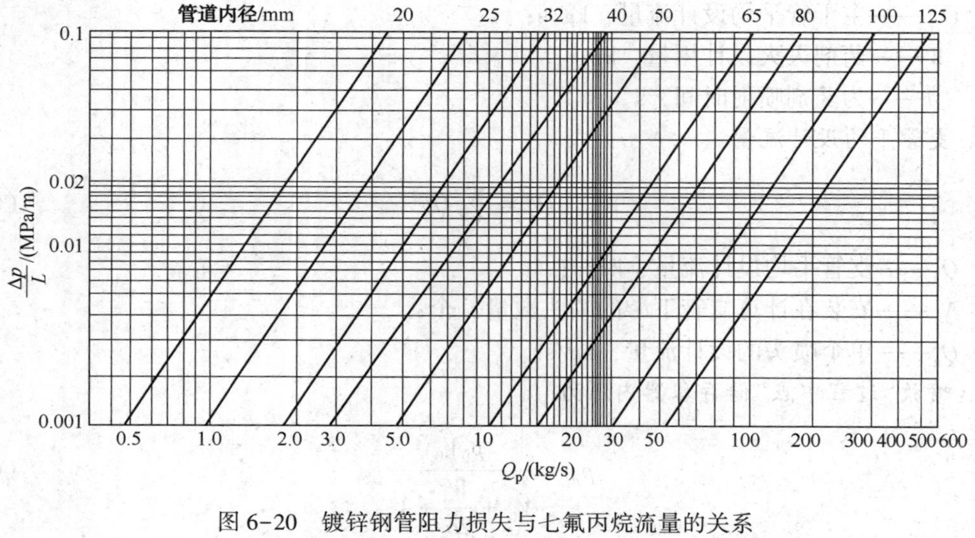

图 6-20 镀锌钢管阻力损失与七氟丙烷流量的关系

6. 高程压头

$$p_h = 10^{-6} \cdot \rho \cdot H \cdot g \tag{6-36}$$

式中 p_h——高程压头，MPa；

H——喷头高度相对“过程中点”时储存容器液面的位差，m；

ρ——液体密度，kg/m^3，20℃时为 $1407kg/m^3$；

g——重力加速度，$9.81m/s^2$。

7. 喷头工作压力

$$p_c = p_m - \sum_1^{N_d} \Delta p \pm p_h \tag{6-37}$$

式中 p_c——喷头工作压力，MPa；

p_m——喷放“过程中心”储存容器内压力，MPa；

Δp——系统流程总阻力损失，MPa；

N_d——计算管段的数量；

p_h——高程压头，MPa。向上取正值，向下取负值。

8. 喷头孔口面积

$$F_c = \frac{10Q_c}{\mu\sqrt{2\rho p_c}} = \frac{Q_c}{q_c} \tag{6-38}$$

式中 F_c——喷头孔口面积，cm^2；

Q_c——单个喷头的设计流量，kg/s；

p_c——喷头工作压力，MPa；

ρ——液体密度 kg/m^3；20℃时为 $1407kg/m^2$；

μ_c——喷头流量系数；

q_c——喷头计算单位面积流量，$kg/(s \cdot cm^2)$。

喷头规格的实际孔口面积，由储存容器的增压压力与喷头孔口结构等因素决定，并经试验确定，喷头规格应符合附录附表 6-3 的规定。

【例 6-4】 有一通信机房，房高 3.2m，长 14m，宽 7m，设七氟丙烷灭火系统保护。分下列步骤进行设计计算：

1. 确定灭火设计浓度

依据《气体灭火系统设计规范》GB 50370—2005 中规定，取 $c=8\%$

2. 计算保护空间实际容积

$$V=3.2\times14\times7=313.6m^3$$

3. 计算灭火剂设计用量

按式(6-29)确定，其中

$$K = 1$$
$$S = 0.1269 + 0.000513 \times 20 = 0.13716m^3/kg$$
$$W = (313.6/0.13716) \times [8/(100 - 8)] = 198.8kg$$

4. 设计灭火剂喷放时间

依据《气体灭火系统设计规范》中规定，取 $t=7s$。

5. 设定喷头布置与数量

选用 JP 型喷头，其保护半径 $R=7.5\text{m}$。故设定喷头为 2 只(即 $N_g=2$)，按保护区平面均匀喷洒布置喷头。

6. 选定灭火剂储瓶规格及数量

根据 $W=198.8\text{kg}$，选用 100L 的 JR-100/54 储瓶 3 只(即 $n=3$)。

7. 绘出系统管网计算图(图 6-21)

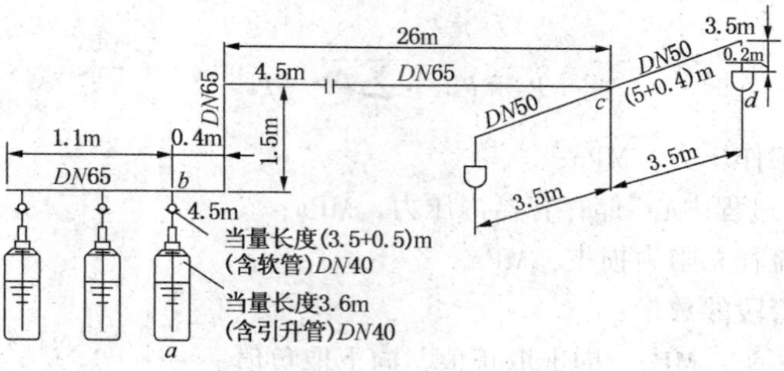

图 6-21　管网计算图

8. 计算管道平均设计流量

(1) 主干管

按式(6-30)计算，即

$$Q_w=\frac{W}{t}=198.8/7=28.4\text{kg/s}$$

(2) 支管

$$Q_w/N=Q_w/2=14.2\text{kg/s}$$

(3) 储瓶出流管

$$Q_p=W/n/t=198.8/3\times 7=9.47\text{kg/s}$$

9. 选择管网管道通径

以管道平均设计流量，按图 6-20 确定管径，其计算结果标在管网计算图上.

10. 计算充装率

系统设置用量

$$W_s=W+\Delta W_1+\Delta W_2$$

管网内剩余量 $\Delta W_2=0$

储瓶内剩余量 $\Delta W_1=n\times 3.5=3\times 3.5=10.5\text{kg}$

充装率 $\eta=\dfrac{W_s}{nV_b}=(198.8+10.5)/(3\times 0.1)=697.7\text{kg/m}^3$

11. 计算管网管道内容积

依据管网计算图及选取的管道内径进行计算，即

$$V_p=29\times 3.42+7.4\times 1.96=113.7\text{dm}^3$$

12. 选用储瓶增压压力

依据《气体灭火系统设计规范》中规定，选用 $p_0=4.3\text{MPa(a)}$。

13. 计算全部储瓶气相总容积 V_o

按下式计算：

$$V_0 = n \cdot V_b(1 - \frac{\eta}{\rho}) = 3 \times 0.1(1 - 697.7/1407) = 0.1512\text{m}^3$$

14. 计算“过程中点”储瓶压力 p_m

按式(6-32)计算，即

$$p_m = \frac{p_0 V_0}{V_0 + \frac{W}{2\rho} + V_P} = \frac{4.3 \times 0.1512}{0.1512 + \frac{198.8}{2 \times 1407} + 0.1137} = 1.938\text{MPa(a)}$$

15. 计算管路阻力损失

(1) $a-b$ 段

以 Q_p=9.47kg/s 及 DN=40mm，查图 6-20 得

$$(\Delta p/L)_{ab} = 0.0103\text{MPa/m}$$

式中，Δp 为系统流程点阻力损失，MPa；L 为计算管段的计算长度，m。

计算长度

$$L_{ab} = 3.6 + 3.5 + 0.5 = 7.6\text{m}$$

$$\Delta p_{ab} = (\Delta p/L)_{ab} \times L_{ab} = 0.0103 \times 7.6 = 0.0786\text{MPa}$$

(2) $b-b'$段

以 0.55Q_w=15.6kg/s 及 DN=65mm，查图 6-20 得：

$$(\Delta p/L)_{bb'} = 0.0022\text{MPa/m}$$

计算长度

$$L_{bb'} = 0.8\text{m}$$

$$\Delta p_{bb'} = (\Delta p/L)_{bb'} \times L_{bb'} = 0.0022 \times 0.8 = 0.00176\text{MPa}$$

(3) $b'-c$ 段

以 Q_p=28.4kg/s 及 DN=65mm，查图 6-20 得：

$$(\Delta p/L)_{b'c} = 0.008\text{MPa/m}$$

计算长度

$$L_{b'c} = 0.4 + 4.5 + 1.5 + 4.5 + 26 = 36.9\text{m}$$

$$\Delta p_{b'c} = (\Delta p/L)_{b'c} \times L_{b'c} = 0.008 \times 36.9 = 0.2952\text{MPa}$$

(4) $c-d$ 段

以 Q_g=14.2kg/s 及 DN=50mm，查图 6-20 得：

$$(\Delta p/L)_{cd} = 0.009\text{MPa/m}$$

计算长度

$$L_{cd} = 5 + 0.4 + 3.5 + 3.5 + 0.20 = 12.6\text{m}$$

$$\Delta p_{cd} = (\Delta p/L)_{cd} \times L_{cd} = 0.009 \times 12.6 = 0.1134\text{MPa}$$

求得管路总损失为

$$\sum \Delta p = \Delta p_{ab} + \Delta P_{bb'} + \Delta p_{b'c} + \Delta p_{cd} = 0.4887\text{MPa}$$

16. 计算高程压力

按式(6-36)计算

$$p_h = 10^{-6} \cdot \rho \cdot H \cdot g$$

其中，$H=2.8\text{m}$(喷头高度相对“过程中点”储瓶液面的位差)，所以

$$p_h = 10^{-6} \times 1407 \times 2.8 \times 9.81 = 0.0386\text{MPa}$$

17. 计算喷头工作压力 p_c

按式(6-37)计算

$$p_c = p_m - \sum_{1}^{N_d} \Delta p \pm p_h = 1.938 - 0.4887 - 0.0386 = 1.411\text{MPa(a)}$$

18. 验算设计计算结果

依据《气体灭火系统设计规范》的规定，应满足下列条件：

(1) $p_c \geqslant 0.5\text{MPa}$(绝压)。

(2) $p_c \geqslant p_m/1.938/2 = 0.969\text{MPa(a)}$。

皆满足要求，合格。

19. 计算喷头等效孔口面积及确定喷头规格

以 $p_c = 1.411\text{MPa}$，从查附录附表6-4中查得，喷头等效孔口单位面积喷射率：$q_c = 3.1$ [(kg/s)/cm²]，又喷头平均设计流量 $Q_c = W/2 = 14.2\text{kg/s}$，故求得喷头计算面积 F_c 为：

$$F_c = Q_c/q_c = 14.2/3.1 = 4.58\text{cm}^2$$

查附录附表6-5，可选用JP-34喷头。

第七章　城市火灾对环境的影响

城市火灾除了直接威胁人们的生命与健康，烧毁人类的财富之外，同时也污染环境，间接地对我们的生命与健康产生影响。城市火灾对环境的破坏主要体现在以下方面：火灾扑救时对环境资源的消耗、火灾产物对空气、水体、火灾土壤的影响及火灾的高热影响等。

火灾过程中一定会有燃烧产物，城市火灾产物一般是指燃烧反应中产生的烟气及热量等，其数量及成分会因燃烧物质的化学成分、温度及氧气等条件的不同而发生变化。火灾的有害产物会被灭火所用的水携带，汇入城市的排水系统，改变土壤的机质，更给污水处理增加负担。尤其在扑救化工产业等有毒有害物质的火灾时产生的废水，及灭火时所用灭火剂会加重对土壤和水体的污染。

第一节　城市火灾对环境资源的消耗

水是火灾中最常用，也最廉价的灭火剂，灭火所用的水主要是生活饮用水，城市的消防供水管网是属于和生活给水管网中的一部分的。英国的消防队每年灭火所消耗的水达 50×10^8L，在布拉德福特扑某一灭化学仓库的一次灭火过程中消耗了 1800×10^4L 水，消防用水是对水资源的很大浪费。

除了水之外，还有许多的灭火剂被应用于城市火灾，城市火灾时不仅会浪费水，也会使用大量的灭火剂，如伦敦某油库引发火灾，此次火灾中着火的油罐多达 20 个，600 多名消防员奋力扑救了 60 个多小时，才将大火扑灭，这次大火总共消耗了 $1.5\times10^4m^3$ 的水及 $250m^3$ 泡沫灭火剂。吉林中石油分厂火灾，此次火灾中，百余台消防车，约 300 人持续进行了 6 个多小时，才最终扑灭大火，这次总共消耗 $5000m^3$ 的水以及约 $28m^3$ 的泡沫灭火剂。

除了在灭火时消耗大量灭火剂外，灭火剂还必须要定期进行更换，以确保实效。目前，我国城市的各个消防机构配备的主要是蛋白泡沫灭火剂，普通的类型价格比较低(3000 元/m^3 左右)，不过可储存期限较短，仅有 2 年，而轻水泡沫灭火剂可存放较久，5~8 年，可价格却高(约 15000 元/m^3)。因此，灭火与更新会消耗大量的灭火剂。

第二节　城市火灾对空气的影响分析

一、火灾烟气的影响

火灾发生时会产生浓烈的烟气，可以使能见度非常低，影响视物，引起呼吸困难，造成人们情绪不安，严重时会使人们中毒，阻碍人们逃生，是火灾中的“杀手”。火灾生成的烟是可见的固体及液体颗粒，它们在空气中悬浮着，它们是伴随着火灾中燃烧作用而生成的，通常其直径是处于 0.01~10μm 之间，对人体以及动植物的危害极大，它与火灾中燃烧反应产生的气体合称作烟气。城市火灾中的烟粒直径大多在 0.01~10μm 之间，如果它们被散播到空气中，形成的细颗粒物质具有毒性，烟气会经过人们的呼吸系统进入体内而对人体健康形成威胁，同时烟气会对灾现场地面光照质量和数量产生影响，因而影响附近植物的生长，还会成为大气中污染物的载体和反应床，并因气流作用被扩散到几百千米，严重时甚至传播至近千米距离的地方，导致环境受到污染影响的范围很广，对大气污染物质的迁移转化有显著影响。其中污染最严重物质 PM2. 5，烟气中细小颗粒物质中直径在 2. 5μm 以下的那部分，也被叫作入肺颗粒物质，其中的物质大多都有害，而且在空气中会长久停留，传播广而远，所以会产生更严重的危害。火灾现场时会产生大量的 PM2. 5，浙江嘉兴平湖的火灾，当时火灾现场黑烟弥漫，浓烟笼罩了半个城市，根据当地的检测数据，在浓烟弥漫时，空气中的 PM2. 5 浓度超标近 3 倍。2013 年 11 月 1 日，与深圳直线距离约 1. 5km 处的香港粉岭一个垃圾场引发火灾，然后废气扩散，经测定，广州很多地区 PM2. 5 爆发异常峰值，最高地区竟高达 $169\mu g/m^3$，严重威胁人们的身体健康及环境质量。

烟气中的有机颗粒种类多种多样，结构也极其复杂。全球由火灾引起的苯并[a]芘排放量所占的比例如表 7-1 所示。

表 7-1　全球每年向大气中排放的苯并[a]芘

来　源		排放苯并[a]芘/(t/a)	所占比例/%
工业锅炉以及日常炉灶	烧煤	2376	
	油	5	
	气	3	
	木柴	220	
	小计	2604	51. 6
工业方面	生产焦炭	1033	
	石油进行裂解	12	20. 7
	小计	1045	
焚化垃圾和火灾	商业性和工业性垃圾	69	
	其他类型垃圾	33	
	煤堆火灾	680	13. 48
	森林火灾和烧荒	520	10. 31
	其他火灾	148	2. 93
	小计	1350	26. 8
车辆尾气	货车和公共汽车	29	
	轿车和其他类型的车	16	
	小计	45	0. 9
	总计	5044	100

由表 7-1 可以看出，火灾事故所排放的苯并[a]芘占的比例约为 26. 72%，这些都在危害着人们的生命健康及环境质量。

二、有毒有害气体的影响

对火灾中主要的有害气体的分析见表 7-2。

表 7-2　一些有害气体的来源与危害

名称	来　源	主要的危害性	估计致死浓度/ppm
HCN	木材、纺织品、聚丙烯腈尼龙、聚氨酯及纸张等物质燃烧时分解出不等量 HCN，本身可燃，难以准确分析	一种迅速致死、窒息性的毒物；在涉及装潢和织物的新近火灾中怀疑有此种毒物，但尚无确切的数据	350
NO_2 及 NO_x	纺织物燃烧时产生少量的氮氧化物、硝化纤维素和赛璐珞（由硝化纤维素和樟脑制得，现在用量减少）产生大量的氮氧化物	肺的刺激剂，能引起即刻死亡及滞后性伤害	>200
NH_3 气体	木材、丝织品、尼龙及三聚氰胺的燃烧产生；在一般的建筑中氨气的浓度通常不高；无机物燃烧产物	刺激性、难以忍受的气味，对眼、鼻有强烈的刺激作用	>1000
HCl	PVC 电绝缘材料、其他含氯高分子材料及阻燃处理物	呼吸道刺激剂吸附于微粒上的 HCl 的潜在危险性比等量的 HCl 气体要大	>500，气体或微粒存在时
SO_2	含硫物质在火灾条件下的氧化物	一种强刺激剂，在远低于致死浓度下即难以忍受	>500

① $1ppm=10^{-6}$。

火灾现场的烟气中包含许多气体都是有害的，甚至很多具有毒性，它们会在不同方面对人体产生威胁，还会严重污染环境，下面是几种主要气体对人及环境的影响：

（1）CO 与 CO_2

烟气富含的 CO 致死性最强，火灾烟气中被确定能引起较大死亡人数的有害气体仅有 CO，吸入 CO 后，CO 会阻碍血气中 O_2 与 CO_2 进行交换，最后造成肌体严重缺氧，如脑等重要器官，如果不能在 10 min 内及时有效地解除缺氧状况，将形成无法逆转的损害，肌体的各个器官也会相继衰竭死亡。CO_2 是燃烧反应的主要生产的气体之一，许多火灾现场的含量高达 15%，属于低毒气体，但可以影响氧气的吸入，引起人窒息死亡。CO_2 和 CO 可以协同作用，火灾现场的 CO_2 的浓度通常约 5%，但 CO_2 会将 CO 的毒性提高约 50%。CO_2 是主要的温室气体，会引起温室效应，对环境造成重大影响。

（2）SO_2

SO_2 是主要强刺激剂，其浓度特别低低的情况下人们就很不舒服。火灾释放的 SO_2，是含硫物质燃烧后生成氧化物。而对于城市，尤其是工业区域，因生成较多的 SO_2，对大气形成影响，引发酸雨，严重时会引发硫酸烟雾的发生。SO_2 是我国酸雨产生的主要原因，所降雨水中的 SO_4^{2-} 浓度较高，岩石等矿物质风化会产生 SO_4^{2-}，土壤中的有机物、动植物尸体及垃圾废弃物的分解也会产生 SO_4^{2-}，但 SO_4^{2-} 主要是来自燃料的燃烧反应，燃烧时会生成颗粒物质及 SO_2，因此在城市尤其是其中的工业区会导致降水中含有较高浓度的 SO_4^{2-}，而且冬季会比夏季含量更高。由此可知，SO_2 过多释放引起的酸雨等会给环境带来极大危害。

（3）NO_x

火灾产生的氮氧化物不仅危害人身健康，对大气环境产生很大影响。它们一般包含 NO_2 与 NO_x，以 NO_x 表示。火灾发生时，纺织物等含氮物品在完全燃烧时会生成 NO_x。NO_2 可和水进行反应，会产生硝酸及亚硝酸，从而导致肺损伤。NO_x 是空气中较严重的气体污染物，燃烧过程中，所释放出的 NO_x 可对环境造成严重污染。此外，NO_x 和其他的污染物一起时，在阳光的照射下会引起光化学烟雾，对环境的污染非常严重。

（4）HCN 和 HCl

HCN 是火灾气体产物之一，具有剧毒，在含氮有机物干馏及不完全燃烧的过程中都会生产大量的 HCN 气体，HCN 是火灾现场吸入人体引起中毒死亡的危害之一。HCN 的毒性很强，约是是 CO 毒性的 25 倍以上，且其毒作用非常迅速。HCN 大部分是经过呼吸道被吸入人体，然后快速分离出 CN^-，并扩散到全身，引起细胞内窒息，在高浓度吸入时会引起骤死。在 PVC 塑料的分解反应时会生成 HCl，HCl 不仅是强烈的感官刺激剂，还属于强烈的肺刺激剂，在 75~100ppm 的情况下就可剧烈刺激到眼及上呼吸道。

除了这些有毒气体，火灾中还会产生包含其他有毒气体的烟气，尤其是有机物质燃烧时，产物更复杂，毒性也更强。

三、灭火剂的使用对大气的影响

许多灭火剂在灭火过程中会产生一些污染物质，对大气造成污染影响，简单分析灭火剂对大气的影响：

（1）二氧化碳灭火剂

CO_2可以稀释可燃物周围的氧气，因氧气不足，导致燃烧终止。但 CO_2属于温室性气体，会增强温室效应，从而带来很大环境影响。

（2）七氟丙烷灭火剂

无色、无味、无二次污染的气体，设计灭火浓度低，正常情况下对人体不会产生不良影响，可用于经常有人活动的场所。不破坏大气臭氧层，在大气中的存留期为 31~42 年。系统功能完善、工作准确可靠，长期储存不泄漏。

（3）烟烙尽（IG541）灭火剂

绿色环保型灭火剂，是一种无色、无味天然混合气体，而非人工合成的化学产品。灭火时烟烙尽的释放只是将这些气体放回大自然，不会影响臭氧层，不会产生温室效应（GWP 温室效应潜能值相对于 CO_2为 0，数据源于 IPCC 编撰的科学评估报告），在灭火时不会发生任何化学反应，不污染环境，无腐蚀。

四、城市火灾的耗氧影响

城市火灾中产可以引发对人们及环境的巨大危害，在前面部分将城市火灾中的烟气、有毒有害气体及热量对人体及环境造成的影响及危害进行了介绍，接下来分析一下城市火灾在耗氧方面对人们及环境的危害。

燃烧反应的发生和持续需要氧气，会引起氧气的消耗，耗氧必然对人体及动物等造成影响。氧气占空气的比例约为 21%，人们在此浓度下可以正常呼吸，身体机能正常运行。氧气含量发生改变时，即使有轻微的降低，都可能引起人们的生理反应。氧气消耗对人体的一些影响见表 7-3。

表 7-3　耗氧对人体的影响

O_2的百分含量/%	持续时间	耗氧对人体产生的影响
17~21		没有影响
14~17	2h	脉搏跳动快、头昏
11~14	30min	恶心、呕吐、全身无力
9	5min	失去知觉
6	1~2min	死亡

由表 7-3 可以看出，火灾的耗氧对人们生命的影响非常严重。而且耗氧同时也会影响动物等生物的正常呼吸，造成生物的死亡。尤其是在灭火过程中产生的需氧污染物，需氧污染物会在微生物的作用下被分解，这会消耗更多的氧气。

第三节　城市火灾的高热影响

一、高热传播对城市火灾发展的影响

室内火灾从起火持续到造成灾害是一个过程，可以利用温度对它进行表示，依据温度的不同，将这个过程大致分为 5 个阶段：初起、发展、剧烈燃烧、下降以及熄灭等各个阶段。

（1）初起阶段

这时，火势被局限在起火部位，产生的热量很少，温度缓慢升高。在这个阶段里，火势缓慢蔓延，在小范围内燃烧，室内各区域温度有差异，生成的烟气量小，且烟气散播较慢，持续时间跟燃烧物质的性质有关。此时热量传播较小，这时灭火和逃生都相对容易，若及时发现火灾，极易扑灭火灾。

（2）发展阶段

这个阶段处于火势初起和火势迅猛蔓延之间，火势由此时开始加速蔓延。此时火势从某一点或某一处迅速向四周传播，继续增大燃烧面积，耗氧量增大，附近的物品受热开始产生可燃气体，因此火势会更严重，热传播增强，热流强度也不断增加。室内温度开始快速升高，为其他物质创造条件，使之分解速度加快，从而引发轰燃现象。持续时间跟很多因素相关，如可燃物质的特性、数量和室内的自然通风条件，在发展阶段中，燃烧产生的烟气温度可达 500℃，而且会促进火势的继续蔓延，轰燃现象出现后即进入猛烈阶段。

（3）剧烈燃烧阶段

这个阶段由发生轰燃现象开始，所有的可燃物质都开始燃烧，室内即开始全面燃烧，产生的热量达到最大量，室内温度升高到最大值，火焰及高热烟气向外或其他空间流动。此时，会降低建筑物整体结构的机械强度，严重时会引起建筑物坍塌。因为由轰燃开始，所有燃烧很快立体化发展和蔓延，产生的高热烟气会通过各种孔洞蔓延出去，增大热气流的交换，室内温度会随之有小幅度的降低，新鲜空气的流入会使燃烧更充分进行，也会加快燃烧速度及热量的传播，也会增大燃烧产生的总热量，室内温度会再度上升，有时会高达 800～900℃，持续时间由整个建筑的状况及室内可燃物质的量决定。

（4）下降阶段

此时火势依旧猛烈，不过慢慢被控制，室内的可燃物品减少，室内温度逐渐降低，很多时候会长时间燃烧，可能会导致建筑物变形，甚至坍塌。

（5）熄灭阶段

这个阶段就是下降阶段的后期，室内温度继续快速降低，由数据统计分析可知，随着持续时间的不同，室内温度的下降速度也有变化，在 8～12℃/min 不等。

根据以上介绍，可以知道每个阶段都有不同特点，深入研究城市火灾的各个阶段，可以更好的掌握每个阶段产生的烟气、热量及其他火灾产物的特点与数量，对减少火灾及降低火灾的污染影响有很大意义。

二、高热传播对人体及环境的影响

（1）火灾现场的高温对人的影响

在火灾的发生及发展的过程中一直都伴随着热量的传播，热量会对人体产生严重的物理危害，其表现形式用热通量和温升，因为现场中很多物品都易着火，火势会快速的蔓延，现场的烟气可在很短时间内升到数百摄氏度，高温烟气，对人们的呼吸道有严重危害。火灾现场温度对人体的影响见表7-4。

表7-4　温度对人体的影响

气体温度/℃	人体影响或容忍时间/min
49~50	使人的血压迅速下降，使循环系统衰竭
70	使气管、支气管内黏膜充血起水泡，引起肺水肿
100	使人虚脱，丧失逃生能力，容易丧生，且开始有容忍时间的限制
104	25
116	25
120	15
127	鼻呼吸困难
149	口呼吸困难、疏散的极限温度
160	皮肤干裂、快速的难以忍受的疼痛

火灾后，死亡人员的体表很多都是没有损伤的，他们的死因大多是体内过量吸入高热烟气。而城市火灾的现场温度通常很高，且发生城市火灾的地方容易有人口聚集，因此很容易造成大量人员烧伤。

（2）火灾现场的高温对植物的影响。

火灾现场附近温度的升高，会为其他未燃的物质创造燃烧条件，使火势迅速蔓延，热量传播到现场附近时，会升高周围的环境温度，从而会影响附近植物的正常生长。

通常环境温度达到35~40℃时，高温会打破植物的光合与呼吸作用之间的平衡，使植物的呼吸增强，而其光合作用减弱，甚至造成光合作用终止，则引起植物的营养物质的利用多于积累，植物会处于“饥饿”状态，因此植物不再生长。而温度升高到45℃以上，会发生热害，即环境高温会危害到植物，使其体内的蛋白质变性，或使有毒物质在其体内积累，引起植物的局部伤害，严重时会导致全株枯萎、死亡。此外，高温会增大植物的蒸腾作用，使植物体内的水分平衡被破坏，造成植物枯萎，而且高温会灼伤叶片，使其不能进行光合作用，同时加快根系木质化，使其吸收能力降低，从而影响植物的正常生长。

（3）火灾的高温对水体的影响。

高温会升高水体的温度，容易引起水质各方面的变化。水体温度的升高，会迫使其中的溶解氧逸出，因而其含量降低，同时还会提高其中生物的代谢能力，加快溶解氧的消耗，最后水体会呈现缺氧状态，从而造成水体中大量的鱼、虾类等水生动植物死亡，而厌氧环境却适合厌氧菌和某些藻类生存和大量的繁殖，结果将导致水质恶臭，水域的自然生态平衡也会遭到破坏。另外，城市火灾产生的高热量也可对正常气候造成影响，使部分区域变得炎热、少雨，严重时会引发其他灾害。

第四节　城市火灾对水体的影响

一、消防用水对水体的影响

水是在灭火救灾中最常用的灭火剂，每次火灾用水量不同，从几吨到上千吨不等，在扑灭火灾的过程中，为了更好地灭火和冷却现场温度，消防员会大量使用水，造成许多不必要的浪费。

同时，灭火过程中火灾产生的有害物质会被消防用水带走，或排入城市排水系统，给城市污水处理系统增加负担；或随之渗入地下，不受控制地流入各种水系中，引发水体污染。尤其是在化学危险物质、石油产品、具有放射性的物质及其他危害性物质火灾的灭火救灾过程中，排泄的水中的物质毒性、腐蚀性更强，或水中物质经辐射后具有较强的毒害性，这些物质随水流入河流后，会严重污染地表水和地下水等水体。一些火灾案例对水环境的污染影响分析见表 7-5。

表 7-5　火灾案例的分析

火灾案例	影　响
瑞士某化学品仓库爆炸火灾	携带高量的化工原料及产品的废水直接排入了莱茵河，引发大量鱼类及多种水生动植物的死亡
黄岛油库雷击火灾	$60m^3$原油泄漏，形成胶州湾海面有数条长数十海里，宽数百米的污染带，引发严重的海洋污染
吉林中石油某分厂爆炸火灾	$5000m^3$灭火用水，$28m^3$灭火泡沫液，还有约 $100m^3$的苯类污染物流入松花江，水质检测出苯含量超标达 2.5 倍，而硝基苯含量超标高达 103.6 倍，导致哈尔滨长时间停水，给数百万人的正常生活造成影响
青岛中石化一输油管道爆炸火灾	原油泄漏入海，造成海面油污污染，经过全力清除后造成 $3 \sim 5km^2$ 的油污面积，严重污染环境

由这些案例分析可知，火灾中的产物尤其是有毒有害物质的泄漏，这些物质与消防用水混合，排入水体后引起严重的污染。对水体产生危害的物质大致可分为以下六类：

（1）无机盐类物质，火灾过程中会产生酸、碱或其他的无机盐类，这些物质会改变水的 pH，妨害水体的自净能力；

（2）有毒的无机物质，火灾中会产生有毒无机物质，包括重金属及非金属等可长期存在且具有污染影响物质。例如汞、镉、铅、砷、硫等元素；

（3）有毒有机物质，火灾中产生的 HCN 以及灭火时被水携带走的各类农药、多环芳烃及卤代烃等有机物质，这些大都具毒性，会对水体造成污染影响。这些物质大部分是人工合成的，有着稳定的化学性质，几乎很难被自然降解；

（4）需氧污染物质，火灾中用过的废水会携带走一些碳水化合物，如蛋白质、脂肪及酚等物质，这些有机物质可以被微生物分解。在分解时会消耗许多氧气；

（5）植物营养物质，火灾中用过的水携带的含氮、磷等物质，这些物质属于植物营养素；

（6）油类污染物质，火灾中的石油以及石油产品随水进入对水体，并引发污染。

二、泡沫灭火剂对环境的影响

泡沫灭火剂常常被用来扑灭化工火灾，尤其是原油火灾，它可溶于水，并在机械外力的作用下产生泡沫，因其密度比一般的燃烧液体小得多，在灭火时可以在液体表面漂浮，覆盖住燃烧液体以达到灭火的目的。但是由于灭火泡沫会发泡，在水体中会耗氧，具有生物降解性，有毒性而且还会使油乳化。灭火泡沫液随消防废水排入水体时，污染性表现在三个方面：对地表水造成污染，影响动植物的正常生长；对地下水的污染，给地下水的处理使用增加负担；被输送到污水处理厂时，会干扰其处理系统，影响其处理效果。在吉林中石油分厂的火灾中，虽然主要污染源是苯类污染物，可是灭火泡沫液也对水体有很大污染影响。瑞士发生的轮胎仓库火灾，扑灭火灾时，使用了25m^3的泡沫灭火剂，泡沫供给强度高达15m^3/min，扑灭了大火，但是灭火泡沫液排入水体后，却导致附近一条河流中的鱼全部死亡，由此可知灭火泡沫液的任意排放会严重污染环境。

第五节　城市火灾对土壤的影响分析

火灾生成的物质如卤素化合物、硫及氮的化合物等都可以引发酸雨，以自然降水的方式进入土壤的酸雨，会导致土壤酸化。火灾产生的SO_2及NO_x等气体在空气中进行反应而生成金属氧化物粉尘，以降尘的方式进入土壤，可形成以工业区为中心、约2~3 km范围为半径的点污染。由于土壤中的污染物具有不同的类型及性质会有不同的去向，主要包括固定或降解到在土壤中，挥发至空气中，流散及淋溶的方式，进入土壤的重金属，是指能够让土壤中的无机以及有机胶体较稳定的进行吸附的金属离子，这些物质大多被固定在土壤中，很难对其排除，尽管其中进行的某些化学反应可以稍微降低其毒害作用，可它们对土壤仍具有严重的潜在威胁。

火灾现场会产生很多固体垃圾，建筑物构造被烧坏，会导致各类建筑坍塌，形成大量的灰色垃圾，而很多的化工产业原料和产品、石油类产品及各种有机化合物在燃烧时，也会产生固体垃圾，且这些固体垃圾大多都具有毒性，污染土壤，会减少土壤中含水量，而使土壤的硬度及容重增大，破坏土壤的涵养水源性能。而且火灾的持续进行也会对土壤的某些物理性质有所影响，火烧对土壤的影响如表7-6所示。

表7-6　火烧对土壤物理性质的影响

火烧强度 \ 指标	容重	孔隙度	饱和持水率	毛持水率	田间持水率
经过火烧土壤	0.88655	0.665453	0.478948	0.427838	0.211456
未经火烧土壤	1.04145	0.607	0.591246	0.308066	0.081204

由表7-6可知火灾的燃烧会改变土壤的某些物理性质，此外，城市火灾产物还会改变其中的碳氮比，使之变小，这些改变会对植物的正常生长产生阻碍作用。其中的挥发物质，尤其是有毒物质，会污染大气，直接影响城市的空气质量，导致空气中含有越来越复杂的有机物成分，严重污染城市的环境。

火灾会烧坏储存罐，导致有毒有害物质液体及混合"污水"沿地表渗漏，大量有毒有害物质被土壤"过滤"而留在其中，或是有毒烟云的颗粒自然沉降在土壤表面，这些物质难以进行二次降解或被带走，长时间地污染土壤，不仅导致土壤中的植物难以生长，且在雨季时地下水体产生污染。

附　　录

附录 1

《建筑灭火器配置设置规范》中关于灭火器配置场所的危险等级和灭火器的灭火级别规定如下：

一、工业建筑灭火器配置场所的危险等级，应根据其生产、使用、储存物品的火灾危险性、可燃物数量、火灾蔓延速度以及扑救难易程度等因素，划分为以下三级：

1. 严重危险级：火灾危险性大、可燃物多、起火后蔓延迅速或容易造成重大火灾损失的场所；

2. 中危险级：火灾危险性较大、可燃物较多、起火后蔓延较迅速的场所；

3. 轻危险级：火灾危险性较小、可燃物较少、起火后蔓延较缓慢的场所。

二、民用建筑灭火器配置场所的危险等级，应根据其使用性质、火灾危险性、可燃物数量、火灾蔓延速度以及扑救难易程度等因素，划分为以下三级：

1. 严重危险级：功能复杂、用电用火多、设备贵重、火灾危险性大、可燃物多、起火后蔓延迅速或容易造成重大火灾损失的场所；

2. 中危险级：用电用火较多、火灾危险性较大、可燃物较多、起火后蔓延较迅速的场所；

3. 轻危险级：用电用火较少、火灾危险性较小、可燃物较少、起火后蔓延较缓慢的场所。

附录 2　相关数据表

一、泡沫灭火剂的主要技术性能指标

序号	泡沫灭火剂名称	灭火时间/s	抗烧时间/min	序号	泡沫灭火剂名称	灭火时间/s	抗烧时间/min
1	蛋白泡沫灭火剂	>120	>12	3	抗溶性泡沫灭火剂	≤120	≥3
2	氟蛋白泡沫灭火剂	<90	>12				

二、干粉灭火器的主要技术性能指标

序号	干粉灭火剂型号	喷射时间/s	喷射滞后时间/s	有效喷射距离/m
1	MF8 型	≥9	≤5	≥5
2	MFT50 型	≥25	≤10	≥9

三、消防水枪、炮的主要技术性能指标

序号	水枪、炮名称及型号	最大射程/m	冷却油罐能力/m	一般流量/(L/s)
1	ϕ19mm 水枪	36	8~10	7.5
2	ϕ25mm 带架水枪	40	22	16
3	ϕ28mm 带架水枪	42	28	20
4	ϕ32mm 带架水枪	45	35	26
5	车载水炮(PP48A)	65	80	50
6	PPY 32 型移动炮	50	45	32

四、消防泡沫枪、炮的主要技术性能指标

序号	泡沫枪、炮名称	工作压力/MPa	最大泡沫量/(L/s)	最大射程/m	最大灭油面积/m^2
1	PQ81 泡沫枪	0.7	50	28	50
2	PQ16 泡沫枪	0.7	100	32	100
3	PP48A 型车载泡沫炮	≥1.0	300	55	300
4	PPY32 型移动炮	1.0	200	45	200
5	PG16 型泡沫钩管	0.5	100		100

五、消防水线供水能力

序号	水线管径/mm	最大供水能力/(L/s)	序号	水线管径/mm	最大供水能力/(L/s)
1	100	12	6	350	143
2	150	27	7	400	186
3	200	47	8	500	291
4	250	73	9	1000	1163
5	300	105			

六、火场供水

序号	供水方式	最大距离/(条 65mm 水带)
1	黄河车接力供水	10
2	黄河车最大供水高度 ϕ19mm 水枪	60
3	黄河车供移动炮	4
4	黄河车供带架水枪	12

七、火场供泡沫

序　号	火场供泡沫形式	供泡沫距离/(条 65mm 水带)
1	黄河车供泡沫枪(100L/s)	6
2	黄河车供移动炮	4
3	黄河车供泡沫钩管	6
4	黄河车供抗溶性泡沫	10
5	黄河车供半固定灭火设施	5

八、油罐容量的规格

序号	油罐容量/m^3	直径/m	面积/m^2	罐高/m	周长/m
1	500	9.04	78	9	28
2	1000	12.4	121	10	39
3	2000	17.3	254	10	54
4	3000	18.7	283	12.3	59
5	5000	23	410	14	71
6	10000	33.44	878	16	105
7	20000	50	1960	16	156

九、重质油的喷溅时间(参考值)

序号	油层厚度/m	最快喷溅时间/h	序号	油层厚度/m	最快喷溅时间/h
1	1~3	0.71~2.13	4	10~12	7.1~8.52
2	4~6	2.84~4.26	5	13~16	9.23~11.36
3	7~9	4.97~6.39			

十、民用建筑与工业建筑灭火器配置场所的危险等级

附表 2-1

危险等级	危险因素			
	使用性质	可燃物数量	火灾危险性	扑救难度
严重危险级	重要	多	大	大
中危险级	较重要	较多	较大	较大
轻危险级	普通	较少	较小	较小

附表 2-2

危险等级	民用建筑场所	工业建筑场所
严重危险级	1. 县级及以上文物保护单位、档案馆、博物馆库房、展览室、阅览室 2. 设备贵重或可燃物多的实验室 3. 广播电台、电视的演播室、道具间和发射塔楼 4. 专用电子计算机房及数据库 5. 城镇及以上的邮政信函和包裹分检房、邮袋库、通信枢纽及其电信机房 6. 客房数在 50 间以上的旅馆、饭店的公共活动用房、多功能厅、厨房 7. 体育场(馆)、电影院、剧院、会堂、礼堂的舞台及后台部位 8. 住院床位在 50 张及以上的医院的手术室、疗理室、透视室、心电图室、药房、住院部、门诊部、病历室 9. 建筑面积在 $2000m^2$ 及以上的图书馆、展览馆的珍藏室、阅览室、书库展览厅 10. 民用机场的候机厅、安检厅及空管中心、雷达机房 11. 超高层建筑和一类高层建筑的写字楼、公寓楼 12. 电影、电视摄影棚 13. 建筑面积在 $1000m^2$ 及以上的经营易燃易爆化学物品的商场、商店的库房及铺面 14. 建筑面积在 $200m^2$ 及以上的公共娱乐场所 15. 老人住宿床位在 50 张及以上的养老院 16. 幼儿住宿床位在 50 张及以上的托儿所、幼儿园 17. 学生住宿床位在 100 张及以上的学校集体宿舍 18. 县级及以上的党政机关办公大楼的会议室 19. 建筑面积在 $500m^2$ 及以上的车站和码头的候车(船)室、行李房 20. 城市地下铁道、地下观光隧道 21. 汽车加油站、加气站 22. 机动车交易市场(包括旧机动车交易市场)及其展销厅 23. 民用液化气、天然气灌装站、换瓶站、调压站	厂房和露天、半露天生产装置区 1. 闪点<60℃的油品和有机溶剂的提炼、回收、洗涤部位及其泵房、灌桶间 2. 橡胶制品的涂胶和胶浆部位 3. 二硫化碳的粗馏精馏工段及其应用部位 4. 甲醇、乙醇、丙酮、丁酮、异丙醇、乙酸乙酯、苯等的合成、精炼厂房 5. 植物油加工厂的浸出厂房 6. 洗涤剂厂房石蜡裂解部位、冰醋酸裂解厂房 7. 环氧氢丙烷、苯乙烯厂房及装置区 8. 液化石油气灌瓶间 9. 天然气、石油伴生气、水煤气及焦炉煤气的净化(如脱硫)厂房压缩机室及鼓风机室 10. 乙炔站、氢气站、煤气站、氧气站 11. 硝化棉、赛璐珞厂房及其应用部位 12. 黄磷、赤磷制备厂房及其应用部位 13. 樟脑或松香提炼厂，焦化厂精萘厂房 14. 煤粉厂房和面粉厂房的碾磨部位 15. 谷物筒仓工作塔、亚麻厂的除尘器和过滤器室 16. 氯酸甲厂房及其应用部位 17. 发烟硫酸或发烟硝酸浓缩部位 18. 高锰酸钾、重铬酸钠厂房 19. 过氧化钠、过氧化钾、次氯酸钙厂房 20. 各工厂的总控制室、分控制室 21. 国家和省级重点工程的施工现场 22. 发电厂(站)和电网经营企业的控制室、设备间 库房和露天、半露天堆场 1. 化学危险品库房 2. 装卸原油或化学危险品的车站、码头 3. 甲、乙类液体贮罐桶装堆场 4. 液化石油气贮罐区、桶装堆场 5. 散装棉花堆场 6. 稻草、芦苇、麦秸等堆场 7. 赛璐珞及其制品、漆布、油布、油纸及其制品，油绸及其制品库房 8. 酒精度为 60℃以上的白酒库房

续表

危险等级	民用建筑场所	工业建筑场所
中危险级	1. 县级以下的文物保护单位、档案馆、博物馆的库房、展览厅、阅览室 2. 一般实验室 3. 广播电台、电视的会议室、资料室 4. 设有集中空调、电子计算机、复印机等设备的办公室 5. 城镇以下的邮政信函和包裹分检房、邮袋库通信枢纽及其电信机房 6. 客房数在50间以下的宾馆、饭店的公共活动用房、多功能厅和厨房 7. 体育场(馆)、电影院、剧场、会堂、礼堂的观众厅 8. 住院床位在50张以下的医院的手术室、理疗室、透视室、心电图室、药房、住院部、门诊部、病历室 9. 建筑面积在2000m^2以下的图书馆、展览馆的珍藏室、阅览室、书库、展览厅 10. 民用机场的检票厅、行李厅 11. 二类高层建筑的写字楼、公寓楼 12. 高级住宅、别墅 13. 建筑面积在1000m^2以下的经营易燃易爆化学物品的商场、商店的库房及铺面 14. 建筑面积在200m^2以下的公共娱乐场所 15. 老人住宿床位在50张以下的养老院 16. 幼儿住宿床位在50张以下的托儿所、幼儿园 17. 学生住宿床位在100张以下的学校集体宿舍 18. 县级以下的党政机关办公大楼的会议室 19. 学校教室、教研室 20. 建筑面积在500m^2以下的车站和码头的候车(船)室、行李房 21. 百货楼、超市、综合商场的库房、铺面 22. 民用燃油、燃气锅炉房 23. 民用的油浸变压器室和高、低压配电室	厂房和露天、半露天生产装置区 1. 闪点≥60℃的油品和有机溶剂的提炼、回收工段及其抽送泵房 2. 柴油、机器油或变压器由罐桶间 3. 润滑油再生部位或沥青加工厂房 4. 植物油加工精炼部位 5. 油浸变压器室和高低压配电室 6. 工业用燃油、燃气锅炉房 7. 各种电缆廊道 8. 油淬火处理 9. 橡胶制品压延、成型和硫化厂房 10. 木工厂房竹、藤加工厂房 11. 针织品厂房和纺织、印染、化纤生产的干燥部位 12. 服装加工厂房印染厂成品厂房 13. 麻纺厂粗加工厂房和毛涤厂选毛厂房 14. 谷物加工厂房 15. 卷烟厂的切丝、卷制、包装厂房 16. 印刷厂的印刷厂房 17. 电视机、收录机装配厂房 18. 显像管厂装配工段烧枪间 19. 磁带装配厂房 20. 泡沫塑料厂的发泡、成型、印片、压花部位 21. 饲料加工厂房 22. 汽车加油站 23. 地级市及以下的重点工程的施工现场 库房和露天、半露天堆场 1. 闪点≥60℃的油品和其他丙类液体贮罐、桶装库房或堆场 2. 化学、人造纤维及其制品的库房或堆场 3. 纸张、竹、木及其的库房或堆场 4. 火柴、香烟、糖、茶叶、库房 5. 中药材库房 6. 橡胶、塑料、及其制品的库房 7. 粮食、食品库房及粮食堆场 8. 电视机、收录机等电子产品及其他家用电气产品的库房 9. 汽车、大型拖拉机停车库 10. 酒精度小于60℃的白酒库房 11. 低温冷库

续表

危险等级	民用建筑场所	工业建筑场所
轻危险级	1. 日常用品小卖店及经营难燃烧或非燃烧的建筑装饰材料店 2. 未设置集中空调、电子计算机、复印机等设备的普通办公室 3. 旅馆、饭店的客房 4. 普通住宅 5. 各类建筑物中以难燃烧或非燃烧的建筑构件分隔的并主要贮存难燃烧或非燃烧材料的辅助房间	厂房和露天、半露天生产装置区 1. 金属冶炼、铸造、铆焊、热扎、锻造、热处理厂房 2. 玻璃原料熔化厂房 3. 陶瓷制品的烘干、烧成厂房 4. 酚醛泡沫塑料的加工厂房 5. 印染厂的漂染部位 6. 化纤厂后加工润湿部位 7. 造纸厂或化纤厂的浆粕蒸煮工段 8. 仪表、器械或车辆装配车间 9. 不燃液体的泵房和阀门室 10. 金属(镁合金除外)冷加工车间 11. 氟利昂厂房 库房和露天、半露天堆场 1. 钢材库房及堆场 2. 水泥库房 3. 搪瓷、陶瓷制品库房 4. 难燃烧或非燃烧的建筑装饰材料库房 5. 原木堆场、库房 6. 丁、戊类液体储罐区、桶装库房、堆场

十一、手提式灭火器类型、规格和灭火级别

附表 2-3

灭火器类型	灭火剂充装量(规格)		灭火器类型规格代码(型号)	灭火级别	
	L	kg		A类	B类
水型	3	—	MS/Q3	1A	—
			MS/T3		55B
	6	—	MS/Q6	1A	—
			MS/T6		55B
	9	—	MS/Q9	2A	—
			MS/T9		89B
泡沫	3	—	MP3、MP/AR3	1A	55B
	4	—	MP4、MP/AR4	1A	55B
	6	—	MP6、MP/AR6	1A	55B
	9	—	MP9、MP/AR9	2A	89B
干粉(碳酸氢钠)	—	1	MF1	—	21B
	—	2	MF2	—	21B
	—	3	MF3	—	34B
	—	4	MF4	—	55B
	—	5	MF5	—	89B
	—	6	MF6	—	89B
	—	8	MF8	—	144B
	—	10	MF10	—	144B

续表

灭火器类型	灭火剂充装量(规格)		灭火器类型规格代码(型号)	灭火级别	
	L	kg		A类	B类
干粉(磷酸铵盐)	—	1	MF/ABC1	1A	21B
	—	2	MF/ABC2	1A	21B
	—	3	MF/ABC3	2A	34B
	—	4	MF/ABC4	2A	55B
	—	5	MF/ABC5	3A	89B
	—	6	MF/ABC6	3A	89B
	—	8	MF/ABC8	4A	144B
	—	10	MF/ABC10	6A	144B
卤代烷(1211)	—	1	MY1	—	21B
	—	2	MY2	(0.5A)	21B
	—	3	MY3	(0.5A)	34B
	—	4	MY4	1A	34B
	—	6	MY6	1A	55B
二氧化碳	—	2	MT2	—	21B
	—	3	MT3	—	21B
	—	5	MT5	—	34B
	—	7	MT7	—	55B

十二、推车式灭火器类型、规格和灭火级别

附表 2-4

灭火器类型	灭火剂充装量(规格)		灭火器类型规格代码(型号)	灭火级别	
	L	kg		A类	B类
水型	20	—	MST20	4A	—
	40	—	MST40	4A	—
	60	—	MST60	4A	—
	125	—	MST125	6A	—
泡沫	20	—	MPT20、MPT/AR20	4A	113B
	45	—	MPT40、MPT/AR40	4A	144B
	60	—	MPT60、MPT/AR60	4A	233B
	125	—	MPT125、MPT/AR125	6A	297B
干粉(碳酸氢钠)	—	20	MFT20	—	183B
	—	50	MFT50	—	297B
	—	100	MFT100	—	297B
	—	125	MFT125	—	297B
干粉(磷酸铵盐)	—	20	MFT/ABC20	6A	183B
	—	50	MFT/ABC50	8A	297B
	—	100	MFT/ABC100	10A	297B
	—	125	MFT/ABC125	10A	297B

续表

灭火器类型	灭火剂充装量(规格)		灭火器类型规格代码（型号）	灭火级别	
	L	kg		A 类	B 类
卤代烷（1211）	—	10	MYT10	—	70B
	—	20	MYT20	—	144B
	—	30	MYT30	—	183B
	—	50	MYT50	—	297B
二氧化碳	—	10	MTT10	—	55B
	—	20	MTT20	—	70B
	—	30	MTT30	—	113B
	—	50	MTT50	—	183B

十三、消防车型号及其离心泵的性能

附表 2-5

消防车型号	无限速器时		有限速器时		泡沫量/（L/s）	水罐容量/m^3	吸水高度/m	备 注
	压力/9.8×10^3Pa	流量/（L/s）	压力/9.8×10^3Pa	流量/（L/s）				
CGB、CGBA 型内座水罐泵浦车	100~110	30	70	18		1	<7	
上海外座水罐泵浦车	90	25	65	16.6		8	<7	
北京内座水罐泵浦车	125	24	70	18		18	<7	
CP12A 泡沫消防车	100	30	70	18	150	1.33	<7	
CP18 泡沫消防车	100	30	70	18	300	1.5	<7	泡沫液 0.9t
CF110 干粉消防车	110	30	70	18			<7	泡沫液 3t
CE14 型二氧化碳消防车	110	30	70	18		1.5	<7	干粉 1t
CE13 型二氧化碳消防车	90	25	65	17.5			<7	CO_2 240L
GJ210 型轻便消防车	120	30	70	16.5			<7	
黄河牌水、泡沫两用车	145	48	100	35	300		<7	
交通牌泡沫干粉两用车	145	67	100	35	300	7	<7	
BJ22 牵引泵	90	18	90	18			<6.5	泡沫液 2t
22 马力手抬泵	70	10	70	10			<5	
7 马力手抬泵	50	5	50	5			<5	

附录3　灭火器装备和灭火战术图例

一、消防器材图例

序号	名称	图例	序号	名称	图例
1	三节拉梯	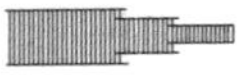	5	照明灯	
2	二节拉梯	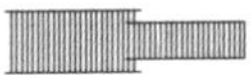	6	排吸器	
3	挂钩梯	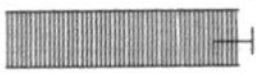	7	直流水枪（大）（小）	
4	单杠梯	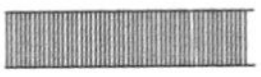			

二、消防车图例

序号	名称	代号	图例	序号	名称	代号	图例
1	泵浦车	BPC	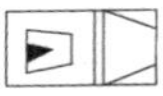	11	干粉车	GFC	
2	水罐泵浦车	SBPC	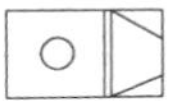	12	救护车	JHC	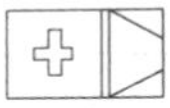
3	通信指挥车	ZHC	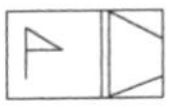	13	干粉、泡沫联用消防车	GFPMC	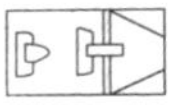
4	照明车	ZMC		14	轻便消防车	TBC	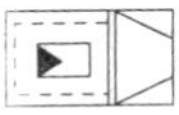
5	云梯车	YTC	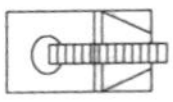	15	供水消防车	GSC	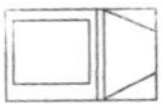
6	手摇梯车	STC	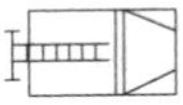	16	登高平台消防车	代 PDGC	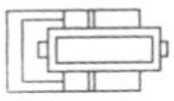
7	曲臂式登高消防车	QDGC	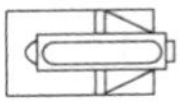	17	消防摩托车	GPC	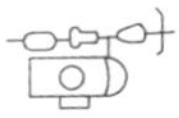
8	解放牌泡沫车	JPMC	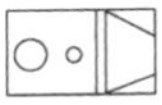	18	消防艇	XfC	
9	二氧化碳车	RDC	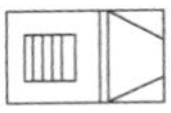	19	拖泵	TB	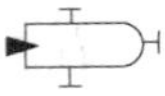
10	黄河泡沫车	HPMC	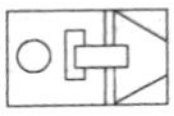	20	手台式动泵	STB	

三、消防水源符号

序号	名　称	图例	序号	名　称	图例
1	室内消火栓		6	地下消火栓	
2	地上消火栓		7	储水池（加注容量：m^3）	
3	污水池		8		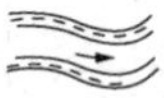
4	井	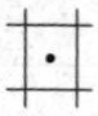	9		
5	雨水井				

四、辅助符号

序号	名　称	符号	序号	名　称	符号
1	水		10	烟	
2	泡沫或泡沫液		11	火焰	
3	无水		12	易爆气体	
4	BC 类干粉		13	手动启动	
5	ABC 类干粉		14	电铃	
6	阀		15	发电器	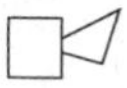
7	出口		16	扬声器	
8	入口		17	电话	
9	热		18	光信号	

五、固定灭火系统符号

序号	名　称	符号	序号	名　称	符号
1	水灭火系统（全淹没）		4	ABC 类干粉灭火系统	

序号	名　　称	符号	序号	名　　称	符号
2	泡沫灭火系统(全淹没)		5	二氧化碳灭火系统	
3	BC类干粉灭火系统		6	手动控制灭火系统	

六、灭火设施安装处符号

序号	名　　称	符号	序号	名　　称	符号
1	二氧化碳瓶站(间)	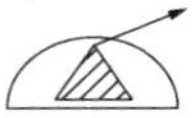	4	消防泵站(间)	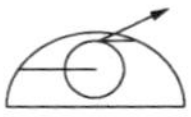
2	BC干粉灭活罐站(间)	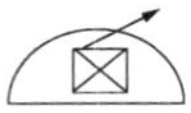	5	泡沫罐站(间)	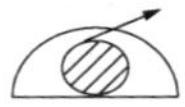
3	ABC干粉罐站(间)	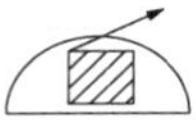	6	卤代烷灭火瓶站(间)	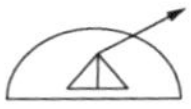

七、消防管路及配件符号

序号	名　　称	符号	序号	名　　称	符号
1	干式立管		11	消防泵	
2	干式立管	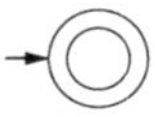	12	泡沫比例混合器	
3	干式立管	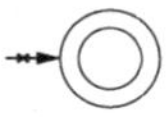	13	泡沫产生器	
4	干式立管	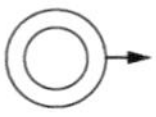	14	泡沫油罐	
5	干式立管	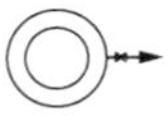	15	消防水罐(泡)	
6	湿式立管		16	报警阀	
7	饱和混合液立管		17	开式喷头	
8	消防水线管	——FS——	18	闭式喷头	
9	饱和混合液管线	——FP——	19	水泵接合器	
10	消火栓				

八、控制和指示设备符合

序号	名　　称	符号	序号	名　　称	符号
1	消防控制中心		2	火灾报警装置	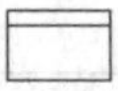

九、报警启动装置符号

序号	名　　称	符号	序号	名　　称	符号
1	感温探测器		4	气体探测器	
2	感温探测器		5	手动报警装置	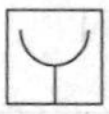
3	感温探测器		6	报警电话	

十、火灾报警装置符号

序号	名　　称	符号	序号	名　　称	符号
1	火灾警铃	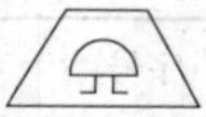	3	火灾警报扬声器	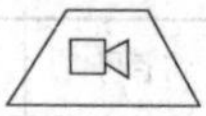
2	火灾警报发生器	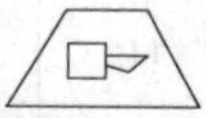	4	火灾光信号装置	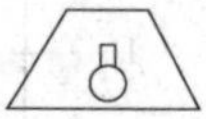

十一、消防泄放(通风)口符号

序号	名　　称	符号	序号	名　　称	符号
1	热启动消防泄放口	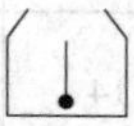	3	爆炸泄压口	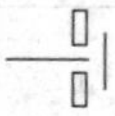
2	手动消防泄放口	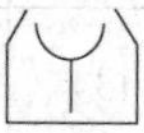			

十二、火灾爆炸危险区符号

序号	名　　称	符号	序号	名　　称	符号
1	有易燃物场所		3	有爆炸材料场所	
2	有氧化剂场所				

十三、各种消防车的满载总质量

附表 3-1

kg

名称	型号	满载质量	名称	型号	满载质量
水罐车	SG65. SGS5A	17286	泡沫车	CPP181	2900
	SHX5350、GXFSG160	35300		Pm35GD	11000
	CG60	17000		PM50ZD	12500
	SG120	26000	供水车	GS140ZP	26325
	SG40	13320		GS150ZP	31500
	SG55	14500		GS150P	14100
	SG60	14100		东风 144	5500
	SG170	31200		GS70	13315
	SG35ZP、SG80	9365、19000	干粉车	GF30	1800
	SG85	18525		GF60	2600
	SG70	13260	干粉-泡沫用消防车	PF45	17286
	SP30	9210		PF110	2600
	EQ144	5000	登高平台车	CDZ53	33000
	SG36	9700		CDZ40	2630
	EQ153A-F	5500		CDZ32	2700
	SG110	26450		CDZ20	9600
	SG35GD	11000		CJQ25	11095
	SH5140、GXFSG55GD	4000	抢险救援车	SHX5110TTXFQ173	14500
泡沫车	PM40ZP	11500	消防通信指挥车	CX10	3230
	PM55	14100		FXZ25	2160
	PM60ZP	1900		FXZ25A	2470
	PM80. PM85	18525		FXZl0	2200
	PM120	26000	火场供应消防车	XXFZMlO	3864
	Pm³5ZP	9210		XXFZMl2	5300
	PM55GD	14500		TQXZ20	5020
	PP30	9410		QXZ16	4095
	EQ140	3000	供水车	GS1802P	31500

附录 4

一、各类非木结构构件的燃烧性能和耐火极限

附表 4-1

序号	构件名称		构件厚度或截面最小尺寸/mm	耐火极限/h	燃烧性能
一	承重墙				
1	普通黏土砖、硅酸盐砖，混凝土、钢筋混凝土实体墙		120	2.50	不燃
			180	3.50	不燃
			240	5.50	不燃
			370	10.50	不燃
2	加气混凝土砌块墙		100	2.00	不燃
3	轻质混凝土砌块、天然石料的墙		120	1.50	不燃
			240	3.50	不燃
			370	5.50	不燃
二	非承重墙				
1	普通黏土砖墙	1. 不包括双面抹灰	60	1.50	不燃
			120	3.00	不燃
		2. 包括双面抹灰（15mm 厚）	150	4.50	不燃
			180	5.00	不燃
			240	8.00	不燃
2	七孔黏土砖墙（不包括墙中空 120mm）	1. 不包括双面抹灰	120	8.00	不燃
		2. 包括双面抹灰	140	9.00	不燃
3	粉煤灰硅酸盐砌块墙		200	4.00	不燃
4	轻质混凝土墙	1. 加气混凝土砌块墙	75	2.50	不燃
			100	6.00	不燃
			200	8.00	不燃
		2. 钢筋加气混凝土垂直墙板墙	150	3.00	不燃
		3. 粉煤灰加气混凝土砌块墙	100	3.40	不燃
		4. 充气混凝土砌块墙	150	7.50	不燃
5	空心条板隔墙	1. 菱苦土珍珠岩圆孔	80	1.30	不燃
		2. 炭化石灰圆孔	90	1.75	不燃
6	钢筋混凝土大板墙		60	1.00	不燃
			120	2.60	不燃

续表

序号	构件名称		构件厚度或截面最小尺寸/mm	耐火极限/h	燃烧性能
7	轻质复合隔墙	1. 菱苦土板夹纸蜂窝隔墙，构造(mm)：2.5+50(纸蜂窝)+25	77.5	0.33	难燃
		2. 水泥刨花复合板隔墙(内空层60mm)	80	0.75	难燃
		3. 水泥刨花板龙骨水泥板隔墙，构造(mm)：12+86(空)+12	110	0.50	难燃
		4. 石棉水泥龙骨石棉水泥板隔墙，构造(mm)：5+80(空)+60	145	0.45	不燃
8	石膏空心条板隔墙	1. 石膏珍珠岩空心条板，膨胀珍珠岩的容重为50~80kg/m³	60	1.50	不燃
		2. 石膏珍珠岩空心条板，膨胀珍珠岩的容重为60~120kg/m³	60	1.20	不燃
		3. 石膏珍珠岩塑料网空心条板，膨胀珍珠岩的容重为60~120kg/m³	60	1.30	不燃
		4. 石膏珍珠岩双层空心条板，构造(mm)： 60+50(空)+60 膨胀珍珠岩的容重为50~80kg/m³ 膨胀珍珠岩的容重为60~120kg/m³	 170 170 60	 3.75 3.75 1.50	 不燃 不燃 不燃
		5. 石膏硅酸盐空心条板	90	2.25	不燃
		6. 石膏粉煤灰空心条板	60	1.28	不燃
		7. 增强石膏空心墙板	90	2.50	不燃
9	石膏龙骨两面钉表右侧材料的隔墙	1. 纤维石膏板，构造(mm)：10+64(空)+10 8.5+103(填矿棉，容重为120kg/m³)+8.5 10+90(填矿棉，容重为100kg/m³)+10	84 120 110	1.35 1.00 1.00	不燃 不燃 不燃
		2. 纸面石膏板，构造(mm)： 11+68(填矿棉，容重为100kg/m³)+11 12+80(空)+12 11+28(空)+11+65(空)+1128(空)+11 9+12+128(空)+12+9 25+134(空)+12+9 12+80(空)+12+12+80(空)+12	 90 104 165 170 180 208	 0.75 0.33 1.50 1.20 1.50 1.00	 不燃 不燃 不燃 不燃 不燃 不燃
10	木骨两面钉表右侧材料的隔墙	1. 石膏板，构造(mm)：12+50(空)+12	74	0.30	难燃
		2. 纸面玻璃纤维石膏板，构造(mm)：10+55(空)+10	75	0.60	难燃
		3. 纸面纤维石膏板，构造(mm)：10+55(空)+10	75	0.60	难燃
		4. 钢丝网(板)抹灰，构造(mm)：15+50(空)+15	80	0.85	难燃
		5. 板条抹灰,构造(mm):15+50(空)+15	80	0.85	难燃
		6. 水泥刨花板,构造(mm):15+50(空)+15	80	0.30	难燃

续表

序号	构件名称		构件厚度或截面最小尺寸/mm	耐火极限/h	燃烧性能
10	木骨两面钉表右侧材料的隔墙	7. 板条抹 1:4 石棉水泥隔热灰浆,构造(mm):15+50(空)+15,构造(mm):20+50(空)+20	90	1.25	难燃
		8. 苇箔抹灰,构造(mm):15+70+15	100	0.85	难燃
11	钢龙骨两面钉表右侧材料的隔墙	1. 纸面石膏板,构造:			
		20mm+46mm(空)+12mm	78	0.33	不燃
		2×12mm+70mm(空)+2×12mm	118	1.20	不燃
		2×12mm+70mm(空)+3×12mm	130	1.25	不燃
		2×12mm+75mm(填岩棉,容重为 100kg/m^3)+2×12mm	123	1.50	不燃
		2×12mm+75mm(填 50mm 玻璃棉)+12mm	99	0.50	不燃
		2×12mm+75mm(填 50mm 玻璃棉)+2×12mm	123	1.00	不燃
		3×12mm+75mm(填 50mm 玻璃棉)+3×12mm	147	1.50	不燃
		12mm+75mm(空)+12mm	99	0.52	不燃
		12mm+70mm(其中 5.0%厚岩棉)+12mm	99	0.90	不燃
		15mm+9.5mm+75mm+15mm	123	1.50	不燃
		2. 复合纸面石膏板,构造(mm):			
		10+55(空)+10	75	0.60	不燃
		15+75(空)+1.5+9.5(双层板受火)	101	1.10	不燃
		3. 耐火纸面石膏板,构造: 12+75mm(其中 5.0%厚岩棉)+12mm	99	1.05	不燃
		2×12mm+75mm+2×12mm	123	1.10	不燃
		2×15mm+100mm(其中 8.0%厚岩棉)+15mm	145	1.50	不燃
		4. 双层石膏板,板内掺纸纤维,构造:2×12mm+75mm(空)+2×12mm	123	1.10	不燃
		5. 单层石膏板,构造(mm):			
		12+75(空)+12	99	0.50	不燃
		12+75(填 50mm 厚岩棉,容重为 100kg/m^3)+12	99	1.20	不燃
		6. 双层石膏板,构造:			
		18mm+70mm(空)+18mm	106	1.35	不燃
		2×12mm+75mm(空)+2×12mm	123	1.35	不燃
		2×12mm+75mm[(填岩棉,容重为 100kg/m^3)]+2×12mm	123	2.10	不燃
		7. 防火石膏板,板内掺玻璃纤维,岩棉容重为 60kg/m^3,构造:			
		2×12mm+75mm(空)+2×12mm	123	1.35	不燃
		2×12mm+75mm(填 40mm 岩棉)+2×12mm	123	1.60	不燃
		2×12mm+75mm(填 50mm 岩棉)+12mm	99	1.20	不燃
		3×12mm+75mm(填 50mm 岩棉)+3×12mm	147	2.00	不燃
		4×12mm+75mm(填 50mm 岩棉)+4×12mm	171	3.00	不燃
		8. 单层玻璃砂光防火板,硅酸铝纤维棉容重为 180kg/m^3,构造:			
		8mm+75mm(填硅酸铝纤维棉)+8mm	91	1.50	不燃
		10mm+75mm(填硅酸铝纤维棉)+10mm	91	2.00	不燃

续表

序号	构件名称		构件厚度或截面最小尺寸/mm	耐火极限/h	燃烧性能
11	钢龙骨两面钉表右侧材料的隔墙	9. 布面石膏板,构造:			
		12mm+75mm(空)+3×12mm	99	0.40	难燃
		12mm+75mm(填玻璃棉)+12mm	99	0.50	难燃
		2×12mm+75mm(空)+2×12mm	123	1.00	难燃
		2×12mm+75mm(填玻璃棉)+2×12mm	123	1.20	难燃
		10. 矽酸钙板(氧化镁板)填岩棉,岩棉容重为180kg/m^3,构造:			
		8mm+75mm+8mm	91	1.50	不燃
		10mm+75mm+10mm	95	2.00	不燃
		11. 硅酸钙板填岩棉,岩棉容重为100kg/m^3,构造:			
		8mm+75mm+8mm	91	1.00	不燃
		2×8mm+75mm+2×8mm	107	2.00	不燃
		9mm+100mm+9mm	118	1.75	不燃
		10mm+100mm+10mm	120	2.00	不燃
12	轻钢龙骨两面钉表右侧材料的隔墙	1. 耐火纸面石膏板,构造:			
		3×12mm+100mm(岩棉)+2×12mm	160	2.00	不燃
		3×15mm+100mm(50mm 厚岩棉)+2×12mm	169	2.95	不燃
		3×15mm+100mm(80mm 厚岩棉)+2×15mm	175	2.82	不燃
		3×15mm+150mm(100mm 厚岩棉)+3×15mm	240	4.00	不燃
		9.5mm+3×12mm+100mm(空)+100mm(80mm 厚岩棉)+2×12mm+9.5mm+12mm	291	3.00	不燃
		2. 水泥纤维复合硅酸钙板,构造(mm):			
		4(水泥纤维板)+52(水泥聚苯乙烯粒)+4(水泥纤维板)	60	1.20	不燃
			100	2.10	不燃
		20(水泥纤维板)+60(岩棉)+20(水泥纤维板)			
		4(水泥纤维板)+92(岩棉)+4(水泥纤维板)	100	2.00	不燃
		3. 单层双面夹矿棉硅酸钙板	100	1.50	不燃
			90	1.00	不燃
			140	2.00	不燃
		4. 双层双面夹矿棉硅酸钙板			
		钢筋骨水泥刨花板,构造(mm):12+76(空)+12	100	0.45	难燃
		钢筋骨石棉水泥板,构造(mm):12+75(空)+6	93	0.45	难燃
13	两面用强度等级32.5[#]硅酸盐水泥 1∶3 水泥砂浆的抹面的隔墙	1. 钢筋网架矿棉或聚苯乙烯夹芯板隔墙,构造(mm):			
		25(砂浆)+50(矿棉)+25(砂浆)	100	2.00	不燃
		25(砂浆)+50(聚苯乙烯)+25(砂浆)	100	1.07	难燃
		2. 钢丝网聚苯乙烯泡沫塑料复合板隔墙,构造(mm):25(砂浆)+54(聚苯乙烯)+25(砂浆)	100	1.30	难燃

续表

序号	构件名称		构件厚度或截面最小尺寸/mm	耐火极限/h	燃烧性能
13	两面用强度等级 32.5[#]硅酸盐水泥 1∶3 水泥砂浆的抹面的隔墙	3. 钢丝网塑夹芯板(内自熄性聚苯乙烯泡沫)隔墙	76	1.20	难燃
		4. 钢丝网架石膏复合墙板,构造(mm):15(石膏板)+50(硅酸盐水泥)+50(岩棉)+50(硅酸盐水泥)+15(石膏板)	180	4.00	不燃
		5. 钢丝网岩棉夹芯复合板	110	2.00	不燃
		6. 钢丝网架水泥聚苯乙烯夹芯板隔墙,构造(mm):35(砂浆)+50(聚苯乙烯)+35(砂浆)	120	1.00	难燃
14	增强石膏轻质板墙 增强石膏轻质内墙板(带孔)		60 90	1.28 2.50	不燃 不燃
15	空心轻质板墙	1. 孔径 38,表面为 10mm 水泥砂浆	100	2.00	不燃
		2. 63mm 孔空心板拼装,两侧抹灰 19mm(砂:碳:水泥比为 5∶1∶1)	100	2.00	不燃
16	混凝土砌块墙	1. 轻集料小型空心砌块	330×140 330×190	1.98 1.25	不燃 不燃
		2. 轻集料(陶粒)混凝土砌块	330×240 330×290	2.92 4.00	不燃 不燃
		3. 轻集料小型空心砌块(实体墙体)	330×190	4.00	不燃
		4. 普通混凝土承重空心砌块	330×140 330×190 330×290	1.65 1.93 4.00	不燃 不燃 不燃
17	纤维增强硅酸钙板轻质复合隔墙		50~100	2.00	不燃
18	纤维增强水泥加压平板墙		50~100	2.00	不燃
19	1. 水泥聚苯乙烯粒子复合板(纤维复合)墙		60	1.20	不燃
	2. 水泥纤维加压板墙		100	2.00	不燃
20	采用纤维水泥加轻质粗细填充骨料混合浇筑,振动滚压成型玻璃纤维增强水泥空心板隔墙		60	1.50	不燃
21	金属岩棉夹芯板隔墙,构造: 双面单层彩钢板,中间填充岩棉(容重为 100kg/m^3)		50 80 100 120 150 200	0.30 0.50 0.80 1.00 1.50 2.00	不燃 不燃 不燃 不燃 不燃 不燃
22	轻质条板隔墙,构造: 双面单层 4mm 硅钙板,中间填充聚苯混凝土		90 100 120	1.00 1.20 1.50	不燃 不燃 不燃
23	轻质料混凝土条板隔墙		90 120	1.50 2.00	不燃 不燃

续表

序号	构件名称		构件厚度或截面最小尺寸/mm	耐火极限/h	燃烧性能
24	灌浆水泥个板墙,构造(mm)	6+75(中灌聚苯混凝土)+6 9+75(中灌聚苯混凝土)+9 9+100(中灌聚苯混凝土)+9 12+150(中灌聚苯混凝土)+12	87 93 118 174	2.00 2.50 3.00 4.00	不燃 不燃 不燃 不燃
25	双面单层彩钢面玻镁夹芯板隔墙	1. 内衬一层 5mm 玻镁板,中空	50	0.30	不燃
		2. 内衬一层 10mm 玻镁板,中空	50	0.50	不燃
		3. 内衬一层 12mm 玻镁板,中空	50	0.60	不燃
		4. 内衬一层 5mm 玻镁板,中填容重为 100kg/m^3 的岩棉	50	0.90	不燃
		5. 内衬一层 10mm 玻镁板,中填铝蜂窝	50	0.60	不燃
		6. 内衬一层 12mm 玻镁板,中填铝蜂窝	50	0.70	不燃
26	双面单层彩钢面石膏复合板隔墙	1. 内衬一层 12mm 石膏板,中填纸蜂窝	50	0.70	难燃
		2. 内衬一层 12mm 石膏板,中填岩棉(120kg/m^3)	50 100	1.00 1.50	不燃 不燃
		3. 内衬一层 12mm 石膏板,中空	75 100	0.70 0.90	不燃 不燃
27	钢框架间填充墙、混凝土墙,当钢框架为	1. 用金属网抹灰保护,其厚度为:25mm	—	0.75	不燃
		2. 用砖砌面或混凝土保护,其厚度为: 60mm 120mm	 — —	 2.00 4.00	 不燃 不燃
三	柱				
1	钢筋混凝土柱		180×240 200×200 200×300 240×240 300×300 200×400 200×500 300×500 370×370	1.20 1.40 2.50 2.00 3.00 2.70 3.00 3.50 5.00	不燃 不燃 不燃 不燃 不燃 不燃 不燃 不燃 不燃
2	普通黏土砖柱		370×370	5.00	不燃
3	钢筋混凝土圆柱		直径 300 直径 450	3.00 4.00	不燃 不燃
4	有保护层的钢柱,保护层	1. 金属网抹 M5 砂浆,厚度(mm): 25 50	 — —	 0.80 1.30	 不燃 不燃
		2. 加气混凝土,厚度(mm): 40 50 70 80	 — — — —	 1.00 1.40 2.00 2.33	 不燃 不燃 不燃 不燃

续表

序号	构件名称		构件厚度或截面最小尺寸/mm	耐火极限/h	燃烧性能
4	有保护层的钢柱,保护层	3. C20混凝土,厚度(mm):			
		25	—	0.80	不燃
		50	—	2.00	不燃
		100	—	2.85	不燃
		4. 普通黏土砖,厚度(mm):			
		120	—	2.85	不燃
		5. 陶粒混凝土,厚度(mm):			
		80	—	3.00	不燃
		6. 薄涂型钢结构防火涂料,厚度(mm):			
		5.5	—	1.00	不燃
		7.0	—	1.50	不燃
		7. 厚涂型钢结构防火涂料,厚度(mm):			
		15	—	1.00	不燃
		20	—	1.50	不燃
		30	—	2.00	不燃
		40	—	2.50	不燃
		50	—	3.00	不燃
5	有保护层的钢管混凝土圆柱($\lambda \leqslant 60$)保护层	金属网抹M5砂浆,厚度(mm):			
		25	$D=200$	1.00	不燃
		35		1.50	不燃
		45		2.00	不燃
		60		2.50	不燃
		70		3.00	不燃
		金属网抹M5砂浆,厚度(mm):			
		20	$D=600$	1.00	不燃
		30		1.50	不燃
		35		2.00	不燃
		45		2.50	不燃
		50		3.00	不燃
		金属网抹M5砂浆,厚度(mm):			
		18	$D=1000$	1.00	不燃
		26		1.50	不燃
		32		2.00	不燃
		40		2.50	不燃
		45		3.00	不燃
		金属网抹M5砂浆,厚度(mm):			
		15	$D \geqslant 1400$	1.00	不燃
		25		1.50	不燃
		30		2.00	不燃
		36		2.50	不燃
		40		3.00	不燃

续表

序号	构件名称		构件厚度或截面最小尺寸/mm	耐火极限/h	燃烧性能
5	有保护层的钢管混凝土圆柱($\lambda \leqslant 60$)保护层	厚涂型钢结构防火涂料,厚度(mm): 8 10 14 16 20	$D=200$	1.00 1.50 2.00 2.50 3.00	不燃 不燃 不燃 不燃 不燃
		厚涂型钢结构防火涂料,厚度(mm): 7 9 12 14 16	$D=600$	1.00 1.50 2.00 2.50 3.00	不燃 不燃 不燃 不燃 不燃
		厚涂型钢结构防火涂料,厚度(mm): 6 8 10 12 14	$D=1000$	1.00 1.50 2.00 2.50 3.00	不燃 不燃 不燃 不燃 不燃
		厚涂型钢结构防火涂料,厚度(mm): 5 7 9 10	$D \geqslant 1400$	1.00 1.50 2.00 2.50	不燃 不燃 不燃 不燃
		厚涂型钢结构防火涂料,厚度(mm): 12	$D \geqslant 1400$	3.00	不燃
6	有保护层的钢管混凝土方柱、矩形柱($\lambda \leqslant 60$)保护层	金属网抹 M5 砂浆,厚度(mm): 40 55 70 80 90	$B=200$	1.00 1.50 2.00 2.50	不燃 不燃 不燃 不燃
		金属网抹 M5 砂浆,厚度(mm): 30 40 55 65 70	$B=600$	1.00 1.50 2.00 2.50 3.00	不燃 不燃 不燃 不燃 不燃
		金属网抹 M5 砂浆,厚度(mm): 25 35 45 55 65	$B=1000$	1.00 1.50 2.00 2.50 3.00	不燃 不燃 不燃 不燃 不燃

续表

序号	构件名称		构件厚度或截面最小尺寸/mm	耐火极限/h	燃烧性能
6	有保护层的钢管混凝土方柱、矩形柱（$\lambda \leqslant 60$）保护层	金属网抹 M5 砂浆，厚度（mm）：	$D \geqslant 1400$		
		20		1.00	不燃
		30		1.50	不燃
		40		2.00	不燃
		45		2.50	不燃
		55		3.00	不燃
		厚涂型钢结构防火涂料，厚度（mm）：	$D=200$		
		8		1.00	不燃
		10		1.50	不燃
		14		2.00	不燃
		18		2.50	不燃
		25		3.00	不燃
		厚涂型钢结构防火涂料，厚度（mm）：	$D=600$		
		6		1.00	不燃
		8		1.50	不燃
		10		2.00	不燃
		12		2.50	不燃
		15		3.00	不燃
		厚涂型钢结构防火涂料，厚度（mm）：	$D=1000$		
		5		1.00	不燃
		6		1.50	不燃
		8		2.00	不燃
		10		2.50	不燃
		12		3.00	不燃
		厚涂型钢结构防火涂料，厚度（mm）：	$D=1400$		
		4		1.00	不燃
		5		1.50	不燃
		6		2.00	不燃
		8		2.50	不燃
		10		3.00	不燃
四	梁				
	简支的钢筋混凝土梁	1. 非预应力钢筋，保护层厚度（mm）：			
		10	—	1.20	不燃
		20	—	1.75	不燃
		25	—	2.00	不燃
		30	—	2.30	不燃
		40	—	2.90	不燃
		50	—	3.50	不燃
		2. 预应力钢筋或高强度钢丝，保护层厚度（mm）：			
		25	—	1.00	不燃
		30	—	1.20	不燃
		40	—	1.50	不燃
		50	—	2.00	不燃

续表

序号	构件名称		构件厚度或截面最小尺寸/mm	耐火极限/h	燃烧性能
	简支的钢筋混凝土梁	3. 有保护层的钢筋： 15mm 厚 LG 防火隔热涂料保护层 20mm 厚 LY 防火隔热涂料保护层	 — —	 1.50 2.30	 不燃 不燃
五	楼板和屋顶承重构件				
1	非预应力简支钢筋混凝土圆孔空心楼板，保护层厚度（mm）： 10 20 30		 — — —	 0.90 1.25 1.50	 不燃 不燃 不燃
2	预应力简支钢筋混凝土圆孔空心楼板，保护层厚度（mm）： 10 20 30		 — — —	 0.40 0.70 0.85	 不燃 不燃 不燃
3	四边简支钢筋混凝土楼板，保护层厚度（mm）： 10 15 20 30		 70 80 80 90	 1.40 1.45 1.50 1.85	 不燃 不燃 不燃 不燃
4	现浇的整体式梁板，保护层厚度（mm）： 10 15 20		 80 80 80	 1.40 1.45 1.50	 不燃 不燃 不燃
	现浇的整体式梁板，保护层厚度（mm）： 10 20		 90 90	 1.75 1.85	 不燃 不燃
	现浇的整体式梁板，保护层厚度（mm）： 10 15 20 30		 100 100 100 100	 2.00 2.00 2.10 2.15	 不燃 不燃 不燃 不燃
	现浇的整体式梁板，保护层厚度（mm）： 10 15 20 30		 110 110 110 110	 2.25 2.30 2.30 2.40	 不燃 不燃 不燃 不燃
	现浇的整体式梁板，保护层厚度（mm）： 10 20		 120 120	 2.50 2.65	 不燃 不燃

续表

序号	构件名称		构件厚度或截面最小尺寸/mm	耐火极限/h	燃烧性能
5	钢丝网抹灰粉刷的钢梁，保护层厚度(mm)： 10 20 30		 — — —	 0.50 1.00 1.25	 不燃 不燃 不燃
6	屋面板	1. 钢筋加气混凝土屋面板，保护厚度 10mm	—	1.25	不燃
		2. 钢筋充气混凝土屋面板，保护厚度 10mm	—	1.60	不燃
		3. 钢筋混凝土方孔屋面板，保护厚度 10mm	—	1.20	不燃
		4. 预应力钢筋混凝土槽形屋面板，保护厚度 10mm	—	0.50	不燃
		5. 预应力钢筋混凝土槽瓦，屋面板，保护厚度 10mm	—	0.50	不燃
		6. 轻型纤维石膏板屋面板	—	0.50	不燃
六	吊顶				
1	木吊顶搁栅	1. 钢丝网抹灰	15	0.25	难燃
		2. 板条抹灰	15	0.25	难燃
		3. 1∶4 水泥石棉浆钢丝网抹灰	20	0.50	难燃
		4. 1∶4 水泥石棉浆板条抹灰	20	0.50	难燃
		5. 钉氧化镁锯末复合板	13	0.25	难燃
		6. 钉石膏装饰板	10	0.25	难燃
		7. 钉平面石膏板	12	0.30	难燃
		8. 钉纸面石膏板	9.5	0.25	难燃
		9. 钉双层石膏板(各厚 8mm)	16	0.45	难燃
		10. 钉珍珠岩复合石膏板(穿孔板和吸音板各厚 15min)	30	0.30	难燃
		11. 钉矿棉吸音板	—	0.15	难燃
		12. 钉硬质木屑板	10	0.20	难燃
2	钢吊顶搁栅	1. 钢丝网(板)抹灰	15	0.25	不燃
		2. 钉石棉板	10	0.85	不燃
		3. 钉双层石膏板	10	0.30	不燃
		4. 挂石棉型硅酸钙板	10	0.30	不燃
		5. 两侧挂 0.5mm 厚薄钢板，内填容重为 $100kg/m^3$ 的陶瓷棉复合板	40	0.40	不燃
3	双面单层彩钢面岩棉夹芯板吊顶，中间填容重为 $120kg/m^3$ 的岩棉		50 100	0.30 0.50	不燃 不燃
4	钢龙骨单面钉表右侧材料	1. 防火板，填容重为 $100kg/m^3$ 的岩棉，构造： 9mm+75mm(岩棉) 12mm+100mm(岩棉) 2×9mm+100mm(岩棉)	 84 112 118	 0.50 0.75 0.90	 不燃 不燃 难燃

续表

序号	构件名称		构件厚度或截面最小尺寸/mm	耐火极限/h	燃烧性能
4	钢龙骨单面钉表右侧材料	2. 纸面石膏板,构造: 12mm+2mm 填缝料+60mm(空) 12mm+2mm 填缝料+12mm+2mm 填缝料+60mm(空)	74 86	0.10 0.40	不燃 不燃
		3. 防火纸面石膏板,构造: 12mm+50mm(填 100kg/m^3的岩棉) 15mm+1mm 填缝料+15mm+1mm 填缝料+60mm(空)	62 92	0.20 0.50	不燃 不燃
七	防火门				
1	木质防火门:木质面板或木质面板内设防火板	1. 门扇内填充珍珠岩 2. 门扇内填充氯化镁、氧化镁 丙级 乙级 甲级	40~50 45~50 50~90	0.50 1.00 1.50	难燃 难燃 难燃
2	钢木质防火门	1. 木质面板 (1)钢质或钢木质复合门框、木质骨架,迎/背火面一面或两面设防火板,或不设防火板。门扇内填充珍珠岩,或氯化镁、氧化镁 (2)木质门框、木质骨架,一面或两面设防火板或钢板。门扇内填充珍珠岩,或氯化镁、氧化镁 2. 钢质面板 钢质或钢木质复合门框、钢质或木质骨架,迎/背火面一面或两面设防火板,或不设防火板。门扇内填充珍珠岩,或氯化镁、氧化镁 丙级 乙级 甲级	40~50 45~50 50~90	0.50 1.00 1.50	难燃 难燃 难燃
3	钢质防火门	钢质门框、钢质面板、钢质骨架。迎/背火面一面或两面设防火板,或不设防火板。门扇内填充珍珠岩,或氯化镁、氧化镁	40~50 45~70 50~90	0.50 1.00 1.50	难燃 难燃 难燃
八	防火窗				
1	钢质防火窗	窗框钢质,窗扇钢质,窗框填充水泥砂浆,窗扇内填充珍珠岩,或氧化镁、氯化镁,或防火板。复合防火玻璃	25~30 30~38	1.00 1.50	不燃 不燃
2	木质防火窗	窗框、窗扇均为木质,或均为防火板和木质复合。窗框无填充材料,窗扇迎/背火面外设防火板和木质面板,或为阻燃实木。复合防火玻璃	25~30 30~38	1.00 1.50	不燃 不燃
3	钢木复合防火窗	钢框钢质,窗扇木质,窗框填充采用水泥砂浆、窗扇迎背火面外设防火板和木质面板,或为阻燃实木。复合防火玻璃	25~30 30~38	1.00 1.50	难燃 难燃

续表

序号	构件名称		构件厚度或截面最小尺寸/mm	耐火极限/h	燃烧性能
九	防火卷帘	1. 钢质普通型防火卷帘(卷帘为单层)		1.50~3.00	不燃
		2. 钢质复合型防火卷帘(卷帘为双层)		2.00~4.00	不燃
		3. 无机复合防火卷帘(采用多种无机材料复合而成)		3.00~4.00	不燃
		4. 无机复合轻质防火卷帘(双层,不需水幕保护)		4.00	不燃

注：1. λ 为钢筋混凝土构件长细比，对于圆钢管混凝土，$\lambda=4L/D$；对于方、矩形钢管混凝土，$\lambda=2\sqrt{3}L/B$；L 为构件的计算长度；

2. 对于矩形钢管混凝土柱，B 为截面短边边长；

3. 钢管混凝土柱的耐火极限为根据福州大学土木建筑工程学院提供的理论计算值，未经逐个试验验证；

4. 确定墙的耐火极限不考虑墙上有无洞孔；

5. 墙的总厚度包括抹灰粉刷层；

6. 中间尺寸的构件，其耐火极限建议经试验确定，亦可按插入法计算；

7. 计算保护层时，应包括抹灰粉刷层在内；

8. 现浇的无梁楼板按简支板的数据采用；

9. 无防火保护层的钢梁、钢柱、钢楼板和钢屋架，其耐火极限可按 0.25h 确定；

10. 人孔盖板的耐火极限可参照防火门确定；

11. 防火门和防火窗中的“木质”均为经阻燃处理。

二、民用建筑分类

附表 4-2

名称	高层民用建筑		单、多层民用建筑
	一类	二类	
住宅建筑	建筑高度大于 54m 的住宅建筑(包括设置商业服务网点的住宅建筑)	建筑高度大于 27m，但不大于 54m 的住宅建筑(包括设置商业服务网点的住宅建筑)	建筑高度不大于 27m 的住宅建筑(包括设置商业服务网点的住宅建筑)
公共建筑	1. 建筑高度大于 50m 的公共建筑； 2. 建筑高度 24m 以上部分任一楼层建筑面积大于 1000m^2 的商店、展览、电信、邮政、财贸金融建筑和其他多种功能组合的建筑； 3. 医疗建筑、重要公共建筑； 4. 省级及以上的广播电视和防灾指挥调度建筑、网局级和省级电力调度建筑； 5. 藏书超过 100 万册的图书馆、书库	除一类高层公共建筑外的其他高层公共建筑	1. 建筑高度大于 24m 的单层公共建筑； 2. 建筑高度不大于 24m 的其他公共建筑

注：1. 表中未列入的建筑，其类别应根据本表类比确定。

2. 除本规范另有规定外，宿舍、公寓等非住宅类居住建筑的防火要求，应符合本规范有关公共建筑的规定。

3. 除本规范另有规定外，裙房的防火要求应符合本规范有关高层民用建筑的规定。

三、不同耐火等级建筑相应构件的燃烧性能和耐火极限

附表 4-3　　h

构件名称		耐火等级			
		一级	二级	三级	四级
墙	防火墙	不燃性 3.00	不燃性 3.00	不燃性 3.00	不燃性 3.00
	承重墙	不燃性 3.00	不燃性 2.50	不燃性 2.00	难燃性 0.50
	非承重外墙	不燃性 1.00	不燃性 1.00	不燃性 0.50	可燃性
	楼梯间和前室的墙电梯井的墙住宅建筑单元之间的墙和分户墙	不燃性 2.00	不燃性 2.00	不燃性 1.50	难燃性 0.50
	疏散走道两侧的隔墙	不燃性 1.00	不燃性 1.00	不燃性 0.50	难燃性 0.25
	房间隔墙	不燃性 0.75	不燃性 0.50	难燃性 0.50	难燃性 0.25
柱		不燃性 3.00	不燃性 2.50	不燃性 2.00	难燃性 0.50
梁		不燃性 2.00	不燃性 1.50	不燃性 1.00	难燃性 0.50
楼板		不燃性 1.50	不燃性 1.00	不燃性 0.50	可燃性
屋顶承重构件		不燃性 1.50	不燃性 1.00	可燃性 0.50	可燃性
疏散楼梯		不燃性 1.50	不燃性 1.00	不燃性 0.50	可燃性
吊顶(包括吊顶搁栅)		不燃性 0.25	难燃性 0.25	难燃性 0.15	可燃性

四、不同耐火等级厂房和仓库建筑构件的燃烧性能和耐火极限

附表 4-4　　h

构件名称		耐火等级			
		一级	二级	三级	四级
墙	防火墙	不燃性 3.00	不燃性 3.00	不燃性 3.00	不燃性 3.00
	承重墙	不燃性 3.00	不燃性 2.50	不燃性 2.00	难燃性 0.50
	楼梯间和前室的墙电梯井的墙	不燃性 2.00	不燃性 2.00	不燃性 1.50	难燃性 0.50
	疏散走道两侧的隔墙	不燃性 1.00	不燃性 1.00	不燃性 0.50	难燃性 0.25
	非承重外墙房间隔墙	不燃性 0.75	不燃性 0.50	难燃性 0.50	难燃性 0.25
柱		不燃性 3.00	不燃性 2.50	不燃性 2.00	难燃性 0.50
梁		不燃性 2.00	不燃性 1.50	不燃性 1.00	难燃性 0.50
楼板		不燃性 1.50	不燃性 1.00	不燃性 0.75	难燃性 0.50
屋顶承重构件		不燃性 1.50	不燃性 1.00	难燃性 0.50	可燃性
疏散楼梯		不燃性 1.50	不燃性 1.00	不燃性 0.75	可燃性
吊顶(包括吊顶搁栅)		不燃性 0.25	难燃性 0.25	难燃性 0.15	可燃性

五、厂房的层数和每个防火分区的最大允许建筑面积

附表 4-5

生产的火灾危险性类别	厂房的耐火等级	最多允许层数	每个防火分区最大允许建筑面积/m^2			
			单层厂房	多层厂房	高层厂房	地下或半地下厂房（包括地下和半地下室）
甲	一级	宜采用单层	4000	3000	—	—
	二级		3000	2000	—	—
乙	一级	不限	5000	4000	2000	—
	二级	6	4000	3000	1500	—
丙	一级	不限	不限	6000	3000	500
	二级	不限	8000	4000	2000	500
	三级	2	3000	2000	—	—
丁	一级、二级	不限	不限	不限	4000	1000
	三级	3	4000	2 000	—	—
	四级	1	1000	—	—	—
戊	一级、二级	不限	不限	不限	6000	1000
	三级	3	5000	3000	—	—
	四级	1	1500	—	—	—

注：① 防火分区之间应用防火墙分隔。除甲类厂房外的一、二级耐火等级厂房，当其防火分区的建筑面积大于本表规定，且设置防火墙确有困难时，可采用防火卷帘或防火分隔水幕分隔。采用防火卷帘时，应符合《建筑设计防火规范》GB50016-2014 第 6. 5. 3 条的规定；采用防火分隔水幕时，应符合现行国家标准《自动喷水灭火系统设计规范》GB 50084 的规定；

② 除麻纺厂房外，一级耐火等级的多层纺织厂房和二级耐火等级的单层、多层纺织厂房，其每个防火分区的最大允许建筑面积可按本表的规定增加 0. 5 倍，但厂房的原棉开包、清花车间与厂房内其他部位之间均应采用耐火极限不低于 2. 50h 的防火墙分隔，需要开设门、窗、洞口时，应设置甲级防火门、窗；

③ 一、二级耐火等级的单层、多层造纸生产联合厂房，其防火分区最大允许建筑面积可按本表的规定增加 1. 5 倍。一、二级耐火等级的湿式造纸联合厂房，当纸机烘缸罩内设置自动灭火系统，完成工段设置有效灭火设施保护时，其每个防火分区的最大允许建筑面积可按工艺要求确定；

④ 一、二级耐火等级的谷物筒仓工作塔，当每层工作人数不超过 2 人时，其层数不限；

⑤ 一、二级耐火等级卷烟生产联合厂房内的原料、备料及成组配方、制丝、储丝和卷接包、辅料周转、成品暂存、二氧化碳膨胀烟丝等生产用房应划分独立的防火分隔单元，当工艺条件许可时，应采用防火墙进行分隔。其中制丝、储丝和卷接包车间可划分为一个防火分区，且每个防火分区的最大允许建筑面积可按工艺要求确定。但制丝、储丝及卷接包车间之间应采用耐火极限不低于 2. 00h 的墙体和 1. 00h 的楼板进行分隔。厂房内各水平和竖向分隔间的开口应采取防止火灾蔓延的措施；

⑥ 厂房内的操作平台、检修平台，当使用人数少于 10 人时，平台的面积可不计入所在防火分区的建筑面积内；

⑦ “—”表示不允许。

六、仓库的层数和面积

附表 4-6

储存物品的火灾危险性类别		仓库的耐火等级	最多允许层数	每座仓库的最大允许占地面积和每个防火分区的最大允许建筑面积/m^2						
				单层库房		多层库房		高层库房		地下、半地下仓库或仓库的地下室、半地下室
				每座库房	防火分区	每座库房	防火分区	每座库房	防火分区	防火分区
甲	3、4项	一级	1	180	60	—	—	—	—	—
甲	1、2、5、6项	一级、二级	1	750	250	—	—	—	—	—
乙	1、3、4项	一级、二级	3	2000	500	900	300	—	—	—
乙	1、3、4项	三级	1	500	250	—	—	—	—	—
乙	2、5、6项	一级、二级	5	2800	700	1500	500	—	—	—
乙	2、5、6项	三级	1	900	300	—	—	—	—	—
丙	1项	一级、二级	5	4000	1000	2800	700	—	—	150
丙	1项	三级	1	1200	400	—	—	—	—	—
丙	2项	一级、二级	不限	6000	1500	4800	1200	4000	1000	300
丙	2项	三级	3	2100	700	1200	400	—	—	—
丁		一级、二级	不限	不限	3000	不限	1500	4800	1200	500
丁		三级	3	3000	1000	1500	500	—	—	—
丁		四级	1	2100	700	—	—	—	—	—
戊		一级、二级	不限	不限	不限	不限	2000	6000	1500	1000
戊		三级	3	3000	1000	2100	700	—	—	—
戊		四级	1	2100	700	—	—	—	—	—

注：① 仓库中的防火分区之间必须采用防火墙分隔，甲、乙类厂库内防火分区之间的防火墙不应开设门、窗、洞口；地下或半地下厂库(包括地下或半地下室)的最大允许占地面积，不应大于相应类别地上厂库的最大允许占地面积；

② 石油库区的桶装油品仓库应符合现行国家标准《石油库设计规范》GB 50074 的规定；

③ 一、二级耐火等级的煤均化库，每个防火分区的最大允许建筑面积不应大于 12000m^2；

④ 独立建造的硝酸铵仓库、电石仓库、聚乙烯等高分子制品仓库、尿素仓库、配煤仓库、造纸厂的独立成品仓库，当建筑的耐火等级不低于二级时，每座仓库的最大允许占地面积和每个防火分区的最大允许建筑面积可按本表的规定增加 1.0 倍；

⑤ 一、二级耐火等级粮食平房仓的最大允许占地面积不应大于 12000m^2，每个防火分区的最大允许建筑面积不应大于 3000m^2；三级耐火等级粮食平房仓的最大允许占地面积不应大于 3000m^2，每个防火分区的最大允许建筑面积不应大于 1000m^2；

⑥ 一、二级耐火等级且占地面积不大于 2000m^2 的单层棉花库房，其防火分区的最大允许建筑面积不应大于 2000m^2；

⑦ 一、二级耐火等级冷库的最大允许占地面积和防火分区的最大允许建筑面积，应按现行国家标准《冷库设计规范》GB 50072 的有关规定执行；

⑧ “—”表示不允许。

七、厂房之间及与乙、丙、丁、戊类仓库、民用建筑等的防火间距

附表 4-7

m

名称			甲类厂房	乙类厂房(仓库)			丙、丁、戊类厂房(仓库)				民用建筑				
			单、多层	单、多层		高层	单、多层			高层	裙房，单、多层			高层	
			一、二级	一、二级	三级	一、二级	一、二级	三级	四级	一、二级	一、二级	三级	四级	一类	二类
甲类厂房	单、多层	一、二级	12	12	14	13	12	14	16	13	25			50	
乙类厂房	单、多层	一、二级	12	10	12	13	10	12	14	13					
		三级	14	12	14	15	12	14	16	15					
	高层	一、二级	13	13	15	13	13	15	17	13					
丙类厂房	单、多层	一、二级	12	10	12	13	10	12	14	13	10	12	14	20	15
		三级	14	12	14	15	12	14	16	15	12	14	16	25	20
		四级	16	14	16	17	14	16	18	17	14	16	18		
	高层	一、二级	13	13	15	13	13	15	17	13	13	15	17	20	15
丁、戊类厂房	单、多层	一、二级	12	10	12	13	10	12	14	13	10	12	14	15	13
		三级	14	12	14	15	12	14	16	15	12	14	16	18	15
		四级	16	14	16	17	14	16	18	17	14	16	18		
	高层	一、二级	13	13	15	13	13	15	17	13	13	15	17	15	13
室外变、配电站	变压器总油量(t)	≥5，≤10	25	25	25	25	12	15	20	12	15	20	25	20	
		>10≤50					15	20	25	15	20	25	30	25	
		>50					20	25	30	20	25	30	30	35	30

注：① 乙类厂房与重要公共建筑的防火间距不宜小于 50m；与明火或散发火花地点，不宜小于 30m。单、多层戊类厂房之间及与戊类仓库的防火间距可按本表的规定减少 2m，与民用建筑的防火间距可将戊类厂房等同民用建筑按表 4-7 的规定执行。为丙、丁、戊类厂房服务而单独设置的生活用房应按民用建筑确定，与所属厂房的防火间距不应小于 6m。确需相邻布置时，应符合表 4-8 中的 2、3 的规定；

② 两座厂房相邻较高一面外墙为防火墙，或相邻两座高度相同的一、二级耐火等级建筑中相邻任一侧外墙为防火墙且屋顶的耐火极限不低于 1.00h 时，其防火间距不限，单甲类厂房之间不应小于 4m。两座丙、丁、戊类厂房相邻两面外墙均为不燃性墙体，当无外露的可燃性屋檐，每面外墙上的门、窗、洞口面积之和各不大于外墙面积的 5%，且门、窗、洞口不正对开设时，其防火间距可按本表的规定减少 25%。甲、乙类厂房(仓库)不应与本规范第 3.3.5 条规定外的其他建筑贴临；

③ 两座一、二级耐火等级的厂房，当相邻较低一面外墙为防火墙且较低一座厂房的屋顶无天窗，屋顶的耐火极限不低于 1.00h，或相邻较高一面外墙的门、窗等开口部位设置甲级防火门。窗或防火分隔水幕或按《建筑设计防火规范》GB 50016-2014 第 6.5.3 条的规定设置防火卷帘时，甲、乙类厂房之间的防火间距不应小于 6m；丙、丁、戊类厂房之间的防火间距不应小于 4m。

④ 发电厂的主变压器，其油量可按单台确定；

⑤ 耐火等级低于四级的既有厂房，其耐火等级可按四级确定；

⑥ 当丙、丁、戊类厂房与丙、丁、戊类仓库相邻时，应符合本表注 2、3 的规定。

八、甲类仓库之间及与其他建筑、明火或散发火花地点、铁路、道路等的防火间距

附表 4-8　　m

名称		甲类仓库(储量，t)			
		甲类储存物品第 3、4 项		甲类储存物品第 1、2、5、6 项	
		≤5	>5	≤10	>10
高层民用建筑、重要公共建筑		50			
甲类仓库		20			
裙房、其他民用建筑、明火或散发火花地点		30	40	25	30
厂房和乙、丙、丁、戊类仓库	一、二级耐火等级	15	20	12	15
	三级耐火等级	20	25	15	20
	四级耐火等级	25	30	20	25
电力系统电压为 35~500kV 且每台变压器容量在 10MV·A 以上的室外变、配电站，工业企业的变压器总油量大于 5t 的室外降压变电站		30	40	25	30
厂外铁路线中心线		40			
厂内铁路线中心线		30			
厂外道路路边		20			
厂内道路路边	主要	10			
	次要	5			

注：甲类仓库之间的防火间距，当第 3、4 项物品储量小于等于 2t，第 1、2、5、6 项物品储量小于等于 5t 时，不应小于 12m，甲类仓库与高层仓库之间的防火间距不应小于 13m。

九、乙、丙、丁、戊类仓库之间及与民用建筑的防火间距

附表 4-9　　m

名称			乙类仓库			丙类仓库				丁戊类仓库			
			单、多层		高层	单、多层			高层	单、多层			高层
			一、二级	三级	一、二级	一、二级	三级	四级	一、二级	一、二级	三级	四级	一、二级
乙、丙、丁、戊类仓库	单、多层	一、二级	10	12	13	10	12	14	13	10	12	14	13
		三级	12	14	15	12	14	16	15	12	14	16	15
		四级	14	16	17	14	16	18	17	14	16	18	17
	高层	一、二级	13	15	13	13	15	17	13	13	15	17	13
民用建筑	裙房，单、多层	一、二级	25			10	12	14	13	10	12	14	13
		三级				12	14	16	15	12	14	16	15
		四级				14	16	18	17	14	16	18	17
	高层	一类	50			20	25	25	20	15	18	18	15
		二类				15	20	20	15	13	15	15	13

十、地下民用建筑内部各部位装修材料的燃烧性能等级

附表 4-10

建筑物及场所	装修材料燃烧性能等级						
	顶棚	墙面	地面	地面	固定家具	装饰织物	其他装饰材料
休息室和办公室等、旅馆的客房及公共活动用房等	A	B_1	B_1	B_1	B_1	B_1	B_2
娱乐场所、旱冰场等、舞厅、展览厅等、医院的病房、医疗用房等	A	A	B_1	B_1	B_1	B_1	B_2
电影院的观众厅、商场的商业厅	A	A	A	B_1	B_1	B_1	B_2
停车库、人行横道、图书资料库、档案库	A	A	A	A	A		

十一、工厂厂房内部各部位装修材料的燃烧性能等级

附表 4-11

工业厂房分类	建筑规模	装修材料燃烧性能等级			
		顶棚	墙面	地面	隔断
甲、乙类厂房、有明火的丁类厂房		A	A	A	A
丙类厂房	地下厂房	A	A	A	B_1
	高层厂房	A	B_1	B_1	B_2
	高度>24m 的单层厂房 高度≤24m 的单层、多层厂房	B_1	B_1	B_2	B_2
无明火的丁类厂房、戊类厂房	地下厂房	A	A	B_1	B_1
	高层厂房	B_1	B_1	B_2	B_2
	高度>24m 的单层厂房 高度≤24m 的单层、多层厂房	B_1	B_2	B_2	B_2

十二、高层建筑内部各部位装修材料的燃烧性能等级

附表 4-12

建筑物	建筑规模、性质	装修材料燃烧性能等级									
		顶棚	墙面	地面	隔断	固定家具	装饰织物				其他装饰材料
							窗帘	帷幕	床罩	家具包布	
高级旅馆	>800 座位的观众厅、会议厅、顶层餐厅	A	B_1	B_1	B_1	B_1	B_1	B_1		B_1	B_1
	≤800 座位的观众厅、会议厅	A	B_1	B_1	B_1	B_2	B_1	B_1		B_2	B_1
	其他部位	A	B_1	B_1	B_2	B_2	B_1	B_2	B_1	B_2	B_1

续表

建筑物	建筑规模、性质	装修材料燃烧性能等级									
		顶棚	墙面	地面	隔断	固定家具	装饰织物				其他装饰材料
							窗帘	帷幕	床罩	家具包布	
商业楼、展览楼、综合楼、商住楼、医院病房楼	一类建筑	A	B_1	B_1	B_1	B_2	B_1	B_1		B_2	B_1
	二类建筑	B_1	B_1	B_2	B_2	B_2	B_2	B_2		B_2	B_2
电信楼、财贸金融楼、邮政楼、广播电视楼、电力调度楼、防灾指挥调度楼	一类建筑	A	A	B_1	B_1	B_1	B_1	B_1		B_2	B_1
	二类建筑	B_1	B_1	B_2	B_2	B_2	B_1	B_2		B_2	B_2
教学楼、办公楼、科研楼、档案楼、图书馆	一类建筑	A	B_1	B_1	B_1	B_2	B_1	B_1		B_1	B_1
	二类建筑	B_1	B_1	B_2	B_1	B_2	B_1	B_2		B_2	B_2
住宅、普通旅馆	一类普通旅馆 高级住宅	A	B_1	B_2	B_1	B_2	B_1		B_1	B_2	B_1
	二类普通旅馆 普通住宅	B_1	B_1	B_2	B_2	B_2	B_2		B_2	B_2	B_2

十三、高层民用建筑室内消火栓给水系统用水量

附表 4-13 L/s

建 筑 物 名 称	建筑高度/m	消火栓消防用水量		每根立管最小流量	每支水枪最小流量
		室外	室内		
普通住宅	≤50	15	10	10	5
	>50	15	20	10	5
高级住宅；医院；建筑高度不超过 50m 教学楼和普通的旅馆、办公楼、科研楼、图书馆、档案馆；省级以下邮政楼等；面积≤1000m^{2}的百货楼、展览楼；面积≤800m^{2}的电信楼、财贸金融楼、市广播楼、电信楼；电力调度楼、防洪指挥调度楼	≤50	20	20	10	5
	>50	20	30	15	5
高级旅馆；建筑高度超过 50m 或每层建筑面积≤1000m^{2}的百货楼、展览楼，综合楼、财贸金融楼、电信楼；中央和省级广播电视楼、电力调度楼； 建筑高度超过 50m 或每层建筑面积超过 1500m^{2}的商住楼；省级邮政楼、防灾指挥调度楼；广播电视楼重要的办公楼、科研楼、档案楼；藏书超过 100 万册的图书馆、书库；建筑高度超过 50m 的教学楼和普通的旅馆、办公楼、科研楼、档案楼等。	≤50	30	30	15	5
	>50	30	40	15	5

注：建筑高度不超过 50m，室内消火栓用水量超过 20L/s，且设有自动喷水灭火系统的建筑物，其室内、外消防用水量可按本表减少 5L/s。

十四、低层建筑室内消火栓用水量

附表 4-14

建筑物名称	高度 H，层数，体积 V，或座位数	消火栓设备用水量 L/s	同时使用水枪支数/支	每支水枪最小流量 L/s	每根立管最小流量 L/s
科研楼，试验楼等	$H≤24m$，$V≤10000m^3$	10	2	5	10
	$H≤24m$，$V>10000m^3$	15	3	5	10
厂房	$H≤24m$，$V≤10000m^3$	5	2	2.5	5
	$H≤24m$，$V>10000m^3$	10	2	5	10
	$H>24m$ 至 50m	25	5	5	15
	$H>50m$	30	6	5	15
库房	$H≤24m$，$V≤5000m^3$	5	1	5	10
	$H≤24m$，$V>5000\ m^3$	10	2	5	10
	$H>24m$ 至 50m	30	6	5	15
	$H>50m$	40	8	5	15
车站、码头、机场建筑物和展览馆等	$5001\sim25000m^3$	10	2	5	10
	$25001\sim50000m^3$	15	3	5	10
	$>50000m^3$	20	4	5	15
商场、病房楼、教学楼等	$5001\sim10000m^3$	5	2	2.5	5
	$10001\sim25000m^3$	10	2	5	10
	$>25000m^3$	15	3	5	10
剧院、电影院、俱乐部、礼堂体育馆	801~1200 个	10	2	5	10
	1201~5000 个	15	3	5	10
	5001~10000 个	20	4	5	15
	>10000 个	30	6	5	15
住宅	7~9 层	5	2	2.5	5
其他建筑	≥6 层或体积 $≥10000m^3$	15	3	5	10
国家文物保护单位的砖木及木结构古建筑	体积 $≤10000m^3$	20	4	5	10
	体积 $>10000m^3$	25	5	5	15

十五、减压节流孔板的水头损失

附表 4-15

消防管直径/mm	孔板孔径/mm																	
	33	34	35	36	37	38	39	40	41	42	43	44	45	46	47	48	49	50
50	3.5	2.9	2.4	2.0	1.7	1.4	1.1	0.9	0.8	—	—	—	—	—	—	—	—	—
70	19.9	17.3	15.1	13.1	11.5	10.0	8.8	7.7	6.8	5.9	5.2	4.6	4.0	3.6	3.1	2.8	2.4	2.1
80	37.0	32.3	28.3	24.8	21.8	19.2	17.0	15.1	13.3	11.8	10.5	9.4	8.4	7.5	6.7	5.8	5.3	4.7

续表

消防管直径/mm	孔板孔径/mm																	
	33	34	35	36	37	38	39	40	41	42	43	44	45	46	47	48	49	50
100	99.1	87.1	76.8	67.9	60.1	53.4	47.6	42.5	38.0	34.1	30.6	27.5	24.8	22.4	20.2	18.3	16.6	15.1
125	255.9	225.9	200.0	177.2	157.9	141.0	126.0	113.1	101.8	91.6	82.8	74.9	67.8	61.5	55.9	51.0	46.6	42.5
150	547.0	483.4	428.7	381.3	340.2	304.3	276.0	245.4	221.2	199.0	180.9	164.1	149.1	135.8	123.8	113.1	103.5	94.9

十六、设置自动喷水灭火系统的原则

附表 4-16

自动喷水灭火系统类型	设　置　原　则
设置闭式喷水灭火系统（湿式、干式、预作用式）	1. 不小于50000纱锭的棉纺厂的开包、清花车间；不小于5000锭的麻纺厂的分级、梳麻车间；火柴厂的烤梗、筛选部位；占地面积>1500m^{2}或总面积>3000m^{2}的单、多层制鞋、制衣、玩具及电子等类似生产的厂房；面积>1500m^{2}的木器厂房；泡沫塑料厂的预发、成型、切片、压花部位；高层乙类、丙类厂房；建筑面积大于500 m^{2}地下或半地下丙类厂房； 2. 建筑面积>1000m^{2}的棉毛丝、麻、化纤、毛皮及其制品的仓库；每座占地面积>600m^{2}火柴仓库；邮政建筑内建筑面积大于500m^{2}的空邮带库；可燃、难燃物品的高架库房和高层库房；设计温度高于0℃的高架仓库，设计温度高于0℃且每个防火分区建筑面积大于1500 m^{2}非高架冷库；总建筑面积大于500m^{2}的可燃物品地下仓库；每座占地面积大于1500m^{2}或总建筑面积大于3000m^{2}的其他单层或多层物品仓库； 3. 一类高层公共建筑（除游泳池、溜冰场外）及地下、半地下室；二类高层公共建筑及地下、半地下室的公共活动用房、走道、办公室和旅馆的客房、可燃物品库房、自动扶梯底部；建筑高度大于100m的住宅建筑；高层民用建筑物内的歌舞娱乐放映游艺场所； 4. 特等、甲等剧场，超过>1500个座位的其他等级的剧院，>2000个座位的会堂或礼堂，>3000个座位的体育馆，>53000个座位的体育场的室内人员休息室与器材间等；任一建筑面积大于1500m^{2}或总建筑面积大于3000m^{2}展览、商店、餐饮和旅馆建筑以及医院中同样建筑规模的病房楼、门诊楼和手术部；设置送回风道的集中空调系统且总建筑面积大于3000m^{2}的办公建筑等；藏书量超过50万册的图书馆；大、中型幼儿园，总建筑面积大于500m^{2}老年建筑；总建筑面积大于500m^{2}的地下或半地下商店；设置在地下或半地下或地上四层及以上楼层的歌舞娱乐放映游艺场所（除游泳场所外），设置在首层、二层和三层且任一层建筑面积大于300m^{2}的地上歌舞娱乐放映游艺场所； 5. 难以设置自动喷水灭火系统的展览厅、观众厅等人员密集的场所和丙类生产车间、库房等高大空间场所，应设置其他自动灭火系统，并宜采用固定消防炮等灭火系统
设置水幕系统	1. 特等、甲等剧场，>1500个座位的剧院和>2000个座位的会堂、礼堂和高层民用建筑内超过800座位的剧场货礼堂的舞台口以及上述与舞台口相连的侧台、后台的洞口； 2. 应设置防火墙等防火分隔物而无法设置的局部开口部位； 3. 需要防护冷却的防火卷帘或防火幕的上部
设置雨淋灭火系统	1. 火柴厂的氯酸钾压碾厂房，建筑面积>100m^{2}且生产或使用硝化棉、喷漆棉、火胶棉、赛璐珞胶片、硝化纤维的厂房； 2. 建筑面积>60m^{2}或储存量>2t的硝化棉、喷漆棉、赛璐珞胶片、硝化纤维的仓房； 3. 日装瓶数量>3000瓶的液化石油储备站的灌瓶间、实瓶库； 4. 特等、甲等剧场，超过1500个座位的其他等级剧院和2000个座位的会堂舞台的葡萄架下部； 5. 乒乓球厂的轧坯、切片、磨球、分球检验部位； 6. 建筑面积>400m^{2}的演播室；建筑面积不小于500m^{2}的电影摄影棚

续表

自动喷水灭火系统类型	设 置 原 则
设置水喷雾灭火系统	1. 单台容量在 40MV · A 及以上的厂矿企业油浸变压器，单台容量在 90MV · A 及以上的电厂油浸变压器，单台容量在 125MV · A 及以上的独立油浸变压器； 2. 飞机发电机试验台的试车部位； 3. 充可燃油并设置在高层民用建筑建筑内的高压电容器和多油开关等
气体灭火系统	1. 国家、省级或人口超过 100 万的城市广播电视发射塔内的微波机房、米波机房、变配电室和不间断电源室； 2. 国家电信局、大区中心、省中心和一万路以上的地区中心内的长途程控交换机房、控制室和信令转接点室； 3. 两万线以上的市话汇接点和六万线以上的市话端局内的程控、控制室和信令转接点室； 4. 中央及省级公安、防灾和网局级以上的电力等调度指挥中心内的通信机房和控制室； 5. A、B 级电子信息系统机房内的主机房和基本工作间的已记录磁（纸）介质库； 6. 中央、省级广播电视中心内建筑面积不小于 120m^2 的音像制品库房； 7. 国家、省级或藏书量超过 100 万册的图书馆内的特藏库；中央和省级档案馆内的珍藏库和非纸质档案库；大、中型博物馆内的珍品库方；一级纸绢文物的陈列室； 8. 其他特殊主要设备室
甲、乙、丙类液体储罐灭火系统	1. 单罐容量大于 1000m^3 的固定顶罐应设置固定式泡沫灭火系统； 2. 罐壁高度小于 7m 或容量不大于 200m^3 的储罐可采用移动式泡沫灭火系统； 3. 其他储罐宜采用半固定式泡沫灭火系统； 4. 石油库、石油化工、石油天然气工程中甲、乙、丙类液体储罐灭火系统设置应符合现行国家标准《石油库设计规范》GB 50074 等标准的规定

十七、一个报警阀控制的最多喷头数

附表 4-17

系统类型		危险级别		
		轻危险级	普通危险级	严重危险级
		喷头数/个		
充水式喷水灭火系统		500	800	1000
冲气式喷水灭火系统	有排气装置	250	500	500
	无排气装置	125	250	—

十八、建筑物构筑物危险等级举例

附表 4-18

危险等级	举 例
严重危险级建筑物、构筑物	1. 氯酸钾压碾厂房，生产和使用硝化棉、喷漆棉、火胶棉、赛璐珞胶片、硝化纤维的厂房； 2. 硝化棉、喷漆棉、火胶棉、赛璐珞胶片、硝化纤维的厂房； 3. 液化石油储备站的灌瓶车间、实瓶库； 4. 剧院、会堂、舞台的葡萄架下部； 5. 乒乓球厂的轧坯、切片、磨球、分球检验部位； 6. 演播室、电影摄影棚； 7. 可燃物品的高架仓库、地下库房

续表

危险等级	举 例
中危险级建筑物、构筑物	1. 棉纺厂的开包、清花车间；梳麻车间；服装、针织高层厂房；木器厂房，火柴厂的烤梗、筛选部位，泡沫塑料厂的预发、成型、切片、压花部位； 2. 棉、毛、丝、麻、化纤、毛皮及其制品库房；香烟、火柴库房，可燃、难燃物品的高架库房和高层库房(冷库除外)； 3. 院观众厅、舞台上部、化妆室、道具室、贵宾室，礼堂的观众厅、舞台上部、储藏室、贵宾室； 4. 省级邮政楼的信函和包裹分检间，邮袋库、百货楼、展览楼； 5. 设有空气调节系统的旅馆、综合办公室内的走道、办公室、餐厅、商店、库房和无楼层服务台的客房； 6. 飞机发动机实验台的准备部位； 7. 国家级文物保护单位的重点砖木或木结构建筑； 8. 一类高层民用建筑的舞台、观众厅、展览厅、多功能厅、门厅、电梯厅、舞厅、餐厅、厨房、商场营业厅和保龄球房等公共活动用房，走道、办公室和每层无服务台的客房，停车库，自动扶梯底部和垃圾道顶部，避难层或避难区； 9. 双排的地下停车库、多层停车库和底层停车库； 10. 二类高层民用建筑中的商业营业厅、展览厅、可燃物陈列室； 11. 建筑高度>100m 超高层建筑(卫生间、厕所除外)； 12. 高层民用建筑物顶层附近的观众厅、会议厅
轻危险级建筑物、构筑物	单排地下停车库、多层停车库和底层停车库。 医院、疗养院 体育馆、博物馆 旅馆、办公楼、教学楼

十九、*A*—比阻值(流量以 L/s 计)

附表 4-19

公称管径/mm	管材	
	钢管(S2/L2)	铸铁管(S2/L2)
20	1.643	
25	0.4367	
32	0.09386	
40	0.04453	
50	0.01108	
70	0.002893	
80	0.001168	
100	0.0002674	0.0003653
150	0.00003395	0.0004148
200	0.000009273	0.0000092092

附录5

一、固定顶油罐低倍数泡沫灭火计算表

附表 5-1

油罐容量/m^3	底圈直径/m	罐壁高度/m	燃烧面积/m^2	泡沫供给强度/(L/s. m^2)	计算泡沫量/(L/s)	泡沫生产器型号	产生器数量	额定泡沫量/(L/s)	泡沫混合液量/(L/s)	泡沫液量/(L/s)	配制泡沫用水量/(L/s)	一次灭火泡沫液用量/m^3	一次灭火配制泡沫液用量/m^3
100	5.17	5.3	21	0.6	12.60	PC4	1	25	4	0.24	3.76	0.43	6.77
200	6.62	6.47	34.42	0.6	20.65	PC8	1	50	8	0.48	7.52	0.86	13.54
300	7.75	7.07	17.17	0.6	28.30	PC8	1	50	8	0.48	7.52	0.86	13.54
400	8.29	8.24	53.97	0.6	32.38	PC8	1	50	8	0.48	7.52	0.86	13.54
500	8.98	8.81	63.33	0.6	37.99	PC8	1	50	8	0.48	7.52	0.86	13.54
700	10.26	9.41	82.67	0.6	49.60	PC16	1	100	16	0.96	15.04	1.73	27.07
1000	11.58	10.58	105.32	0.6	63.19	PC16	1	100	16	0.96	15.04	1.73	27.07
2000	15.78	11.37	195.57	0.6	117.34	PC16	1	200	34	1.92	30.08	3.46	54.14

二、不同规格泡沫产生器的泡沫液量及储存量

附表 5-2

产生器数量		1个		2个		3个		4个	
产生器型号	泡沫液量/(L/s) 泡沫量	用液量/(L/s)	储液量/m^3	用液量/(L/s)	储液量/m^3	用液量/(L/s)	储液量/m^3	用液量/(L/s)	储液量/m^3
PC4	25	0.24	0.43	0.48	0.86	0.72	1.29	0.96	1.72
PC8	50	0.48	0.86	0.96	1.72	1.44	2.58	1.92	3.44
PC16	100	0.96	1.73	1.92	3.46	2.88	5.19	3.84	6.92
PC24	150	1.44	2.59	2.88	5.18	4.32	7.77	5.76	10.36

注：泡沫液存储量按 30min 计算。

三、同规格泡沫产生器配制泡沫混合液的用水量及储水量

附表 5-3

产生器数量		1个		2个		3个		4个	
产生器型号	用水量 泡沫量/(L/s)	用水量/(L/s)	储水量/m^3	用水量/(L/s)	储水量/m^3	用水量/(L/s)	储水量/m^3	用水量/(L/s)	储水量/m^3
PC4	25	3.76	6.77	7.52	13.54	11.28	20.31	15.04	27.08
PC8	50	7.52	13.54	15.04	27.08	22.56	40.62	30.08	54.16
PC16	100	15.04	27.07	30.08	54.14	45.12	81.21	60.16	108.28
PC24	150	22.56	40.61	45.12	81.22	67.68	121.83	90.24	162.44

注：配制泡沫混合液用水储量按 30min 计算。

四、浮顶油罐低倍数泡沫灭火计算参考表

附表 5-4

油罐容量/m^3	油罐内径/m	油罐高度/m	油罐周长/m	泡沫产生器型号	产生器数量	额定泡沫量/(L/s)	泡沫混合液量/(L/s)	泡沫液量/(L/s)	配制泡沫用水量/(L/s)	一次灭火泡沫液用量/m^3	一次灭火配制泡沫用水量/m^3
1000	12.0	9.52	37.70	PC8	2	100	16	0.96	15.04	1.73	27.07
2000	14.5	12.69	45.55	PC8	2	100	16	0.96	15.04	1.73	27.07
3000	16.5	14.27	51.84	PC16	2	200	32	1.92	30.08	3.46	54.14
5000	22.0	14.27	69.12	PC16	2	200	32	1.92	30.08	3.46	54.14
10000	28.5	15.85	89.54	PC16	2	300	48	2.88	45.12	3.18	81.22
20000	40.5	15.85	127.23	PC16	2	400	64	3.84	60.16	6.91	108.29

五、浮顶油罐移动式消防冷却用水量计算参考表

附表 5-5

浮顶有关公称容积/m^3	罐壁高度/m	油罐内径/m	油罐周长/m	消防冷却水供应强度/(L/ s. m)	计算冷却水量/(L/s)	水枪配制数量/支	设计冷却水量/(L/s)	设计储存水量/m^3
1000	9.52	12.0	37.68	0.45	19.95	3	22.5	324
2000	12.69	14.5	45.55	0.45	20.5	3	22.5	324
3000	14.27	16.5	51.84	0.45	23.32	4	30	432
5000	14.27	22.0	69.12	0.45	31.10	5	37.5	540
10000	15.85	28.5	89.54	0.45	40.30	6	45	684
20000	15.85	40.5	127.23	0.45	57.25	8	60	864

注：1. 本表适用于浮顶油罐采用移动式水枪冷却，不考虑邻近有关冷却。

2. 每支水枪的出水量按 7.5L/s 计算，水枪喷嘴口径为 ϕ19mm，其工作压力为 0.35MPa。

3. 设计储水量按规定以 4h 计。

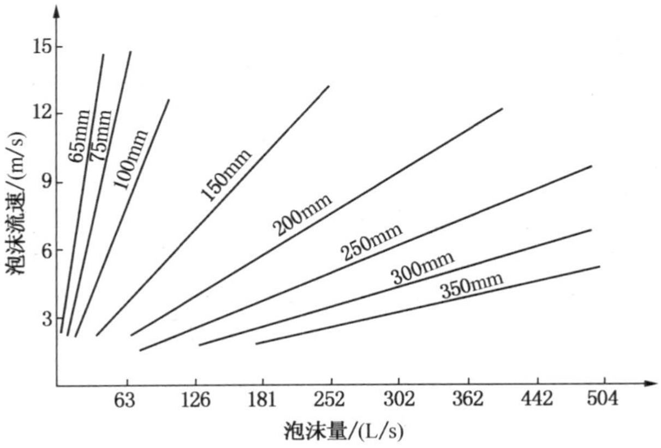

附图 I　泡沫管径计算图

附录6

一、CO_2灭火设计浓度

附表 6-1

可燃物质	物质系数 K_b	二氧化碳灭火设计浓度/%	抑制时间/min
Ⅰ. 液体与气体类			
丙酮	1.0	34	
乙炔	2.57	66	
航空燃油 115/45	1.06	36	
苯、粗苯	1.1	37	
丁二烯	1.26	41	
丁烷	1.0	34	
1-丁烷	1.1	37	
二硫化碳	3.03	72	
一氧化碳	2.43	64	
煤气、天然气	1.1	37	
环丙烷	1.1	37	
柴油	1.0	34	
乙醚	1.22	40	
二甲醚	1.22	40	
二甲苯	1.47	46	
乙烷	1.22	40	
乙醇	1.34	43	
二乙醚	1.47	46	
乙烯	1.6	49	
二氯乙烯	1.0	34	
环氧乙烯	1.8	53	
汽油	1.0	34	
己烷	1.03	35	
庚烷	1.03	35	
氢	3.3	75	
硫化氢	1.06	36	
异丁烷	1.06	36	
异丁烯	1.0	34	
二异丁甲酸酯	1.0	34	
JP-4	1.06	36	
煤油	1.0	34	
甲烷	1.0	34	
乙醋甲酯	1.03	35	

续表

可燃物质	物质系数 K_b	二氧化碳灭火设计浓度/%	抑制时间/min
甲醇	1.22	40	
1-甲基丁烯	1.06	36	
甲基乙基甲酮	1.22	40	
甲基酯	1.18	39	
戊烷	1.03	35	
丙烷	1.06	36	
丙烯	1.06	36	
淬火油、润滑油	1.0	34	
Ⅱ. 固体类			
纤维材料	2.25	62	20
棉花	2.0	58	20
纸、皱纹纸	2.25	62	20
颗粒状塑料	2.0	58	20
聚苯乙烯	1.0	34	
聚氨基甲酸酯(硬化的)	1.0	34	
Ⅲ. 特种场合			
电缆室、电缆通道	1.5	47	10
数据存储区	2.25	62	20
电子计算机设备	1.5	47	10
电器开关和配电设备	1.2	40	
发电机及其冷却设备	2.0	58	至停止
克油变压	2.0	58	
输出终端打印设备(区域)	2.25	62	20
喷漆和干燥设备	1.2	40	
纺织机	2.0	58	

二、CO_2与空气混合气体中某些物质维持燃烧的极限含氧量

附表 6-2

燃料	甲烷	乙烷	丙烷	丁烷	正庚烷	己烷	汽油	乙烯	天然气	苯	氢	一氧化碳	甲醇	乙醇	乙醚	二硫化碳
极限含氧量/%(体积比)	14.6	13.4	14.1	14.5	14.4	14.5	14.4	11.7	14.4	13.9	5.9	5.9	13.5	13	13	8

三、喷头规格和等效孔口面积

附表 6-3

喷头规格代号	8	9	10	11	12	14	16	18	20	22	24	26	28
等效孔口面积/cm^2	0.3168	0.4006	0.4948	0.5987	0.7129	0.9697	1.267	1.603	1.979	2.395	2.850	3.345	3.879

注：扩充喷头规格，应以等效空口的单孔直径 0.79375mm 倍数设置。

四、增压压力为4.2MPa(表压)时七氟丙烷灭火系统喷头等效孔口单位面积喷射率

附表 6-4

喷头入口绝对压力/MPa(绝对压力)	喷射率/[kg/(s·cm²)]	喷头入口压力/MPa(绝对压力)	喷射率/[kg/(s·cm²)]
3.4	6.04	1.6	3.50
3.2	5.83	1.4	3.05
3.0	5.61	1.3	2.80
2.8	5.37	1.2	2.50
2.6	5.12	1.1	2.20
2.4	4.85	1.0	1.93
2.2	4.55	0.9	1.62
2.0	4.25	0.8	1.27
1.8	3.90	0.7	0.90

注：等效孔口流量系数为0.98。

五、七氟丙烷喷头性能规格

附表 6-5

型号	接管尺寸/in	当量标准号	喷口计算面积/cm²	保护半径/m	应用高度/m
JP—6	ZG0.5″(阴)	6	0.178	5.0	5.0
JP—7	ZG0.5″(阴)	7	0.243	5.0	5.0
JP—8	ZG0.5″(阴)	8	0.317	5.0	5.0
JP—9	ZG0.5″(阴)	9	0.401	5.0	5.0
JP—10	ZG0.75″(阴)	10	0.495	5.0	5.0
JP—11	ZG0.75″(阴)	11	0.599	5.0	5.0
JP—12	ZG0.75″(阴)	12	0.713	5.0	5.0
JP—13	ZG0.75″(阴)	13	0.836	5.0	5.0
JP—14	ZG0.75″(阴)	14	0.970	5.0	5.0
JP—15	ZG0.75″(阴)	15	1.113	5.0	5.0
JP—16	ZG1″(阴)	16	1.267	5.0	5.0

参 考 文 献

[1] 吴龙标，袁宏永编．火灾探测与控制(第 2 版)．北京：中国科学技术出版社，2013.

[2] 李志红．火灾中常见有害燃烧产物的毒害机理与急救措施. 安全与环境工程，2010(3)：93-101.

[3] 林明．浅谈几种传统灭火剂与环境保护. 价值工程，2010(7)：137.

[4] 刘方，朱伟，王贵学．火灾烟气中毒性成分 CO 的生物毒性. 重庆大学学报(自然科学版)，2009(5)：577~581.

[5] 张亮．火灾对环境的影响及对策. 消防管理研究，2008，27(5)：375-377.

[6] 梁运，马文革，张爽．灼烧对保护地土壤化学性质的影响. 延边大学农学学报，2006，28(3)：177-181.

[7] USA Brian J. Meacham. 在性能化设计中综合考虑人的因素．国外建筑火灾人员安全疏散研究[M]. 2005.